高等学校"十三五"重点规划
机械设计制造及其自动化系列

JIDIAN CHUANDONG JI KONGZHI

机电传动及控制

第3版

主 编 王克义 路敦民 王 岚

主 审 张立勋

U0285402

哈尔滨工程大学出版社

内 容 简 介

本书共分 9 章。第 1 章为绪论,简要介绍机电传动系统的特点及发展历史;第 2 章介绍机电传动系统的动力学基础;第 3 章介绍直流电动机的工作特性;第 4 章介绍交流电动机的工作特性;第 5 章介绍传动系统中电动机的选择;第 6 章介绍机电传动系统电器控制;第 7 章介绍各种伺服电动机的特性;第 8 章介绍步进电动机特性;第 9 章介绍直流调速系统。

本书是机械设计制造及其自动化专业本科生教材,并可作为其他机械类与近机械类专业本科生教材,亦可供从事机电一体化工作的工程技术人员参考。

图书在版编目(CIP)数据

机电传动及控制 / 王克义,路敦民,王岚主编. —
3 版. —哈尔滨:哈尔滨工程大学出版社,2017.9(2023.2 重印)
ISBN 978 – 7 – 5661 – 1579 – 9

Ⅰ. ①机… Ⅱ. ①王… ②路… ③王… Ⅲ. ①电力传动控制设备 – 高等学校 – 教材 Ⅳ. ①TM921.5

中国版本图书馆 CIP 数据核字(2017)第 181600 号

选题策划 石 岭
责任编辑 马佳佳
封面设计 博鑫设计

出版发行 哈尔滨工程大学出版社
社 址 哈尔滨市南岗区南通大街 145 号
邮政编码 150001
发行电话 0451 – 82519328
传 真 0451 – 82519699
经 销 新华书店
印 刷 黑龙江天宇印务有限公司
开 本 787 mm × 1 092 mm 1/16
印 张 13.5
字 数 360 千字
版 次 2017 年 9 月第 3 版
印 次 2023 年 2 月第 4 次印刷
定 价 29.80 元
http://www.hrbeupress.com
E-mail:heupress@ hrbeu.edu.cn

前　言

本书是高等学校机械设计制造及其自动化专业的专业基础课，是从事机电系统设计必备知识的重要组成部分。通过本课程的学习，使学生了解机电传动的基本知识，注重理论分析的同时强化学生的工程实践意识，培养学生的分析问题能力、动手能力和创新能力。

本书主要内容包括机电传动及控制发展简介、机电传动系统动力学建模、直流电动机及拖动、交流电动机及拖动、机电传动系统中电动机的选择、机电传动系统的电器控制、伺服电动机以及直流调速的伺服控制。

本书的特色体现在理论讲解、仿真分析与实际案例相结合，在讲授基本理论的同时，以典型实际案例为例题，加强学生对知识应用能力的培养，每一章后均附有习题，加强课余训练；结构简图与实物相结合，在讲授电动机、控制元件的基本结构和工作方式时，通过结构简图介绍基本原理，增强学生感性认识和学习兴趣。

全书共分9章，第1章、第3章和第7章由路敦民编写；第2章、第4章和第6章由王克义编写；第5章、第8章和第9章由王岚编写。全书由王克义统稿，张立勋教授主审。

作者在编写过程中参考或引用了国内一些专家学者的论著，在此表示感谢！

由于作者水平有限，书中难免有错误或不妥之处，敬请广大读者批评指正。

编　者

2017 年 7 月

前　言

目　　录

第1章 绪 论

1.1 机电传动的特点及其地位

人类科技发展史经历了从简单手工工具到复杂机械设备的漫长历程。在动力方面,古代利用人力、畜力、自然力(如风力、水力等)。在瓦特发明蒸汽机后,蒸汽机迅速成为机器的动力,极大地推动了生产力的发展。后来出现了电能,由于其具有适宜大量生产、集中管理、远距离传输和自动控制等优点,从而取代了蒸汽动力而成为工业发展的主要动力,推动了第二次工业革命的发展。当今时代,电能在现代化工农业生产、交通运输、科学技术、国防建设以及日常生活中的应用非常广泛。

电能是国民经济各部门中应用最广泛的能源,它的广泛应用是和电机紧密相关的。电能的产生一般是通过发电机,它把其他形式的能源转化成电能,而电能的应用主要是转化成机械能,这是通过电动机来实现的。电机根据能量传递关系分为发电机和电动机两大类。

机电传动(又称电气传动或电力拖动)是以电动机作为原动机驱动生产机械系统的总称。机电传动系统是将电能转变为机械能的装置,通过对电动机的控制,用以实现生产机械的启动、停止、速度调节以及各种生产工艺过程的要求。其主要强调电动机的结构、工作原理和控制特性。

运动控制系统是以机械运动的驱动设备——电动机为控制对象,以控制器为核心,以电力电子功率变换装置为执行机构,在自动控制理论的指导下组成的机电传动自动控制系统。其主要强调对电动机进行驱动和伺服控制,是以机电传动作为基础的。

1.1.1 机械系统驱动装置特点

现在机械系统的驱动装置,按动力源分为液压、气动和电动三大类,根据需要也可由这三种基本类型组合成复合式的驱动系统。这三类基本驱动系统各有自己的特点。

1. 液压驱动系统

液压驱动系统是一种比较成熟的技术,能够以较小的驱动器输出较大的驱动力或力矩,即获得较大的功率重量比,普通液压系统的压力一般为 0.5~32 MPa。可以把驱动油缸直接做成关节的一部分,故结构简单紧凑、刚性好,易于实现直接驱动。由于液体的不可压缩性,故液压驱动系统能快速响应、定位精度高,并可实现任意位置的开停;液压驱动调速比较简单和平稳,能在很大调整范围内实现无级调速;使用安全阀可简单而有效地防止过载现象发生;润滑性能好、寿命长。但液压系统需进行能量转换(电能转换成液压能),速度控制多数情况下采用节流调速,效率比电动驱动系统低。液压系统的油液容易泄漏,这不仅影响工作的稳定性与定位精度,而且会造成环境污染,工作噪声也较高。因油液黏度随温度而变化,且在高温与低温条件下很难应用。另外,它也容易混入气泡、水分等,使系统的刚性降低,速度特性及定位精度降低。

液压驱动系统大多用于要求输出力较大而运动速度较低的场所,系统需配备压力源及复杂的管路系统,成本高,可靠性差,维修保养麻烦。

2. 气动驱动系统

气动驱动系统包括三个子系统:空气压缩和处理、控制(通过阀门)和输出驱动(缸或电机)。这些组件在操作过程中很少需要维护,这样使用寿命会延长。压缩空气是很容易获得的,也不会带来任何火灾或爆炸危险。然而,生产和准备压缩空气是很昂贵的,并且排气的刺耳噪音必须得压制。压缩空气对温度的变化不敏感,如果出现泄漏,也不会影响机器的安全或是污染环境。在广泛的范围内,制动器速度和力度是可以简单控制的,但可能很难实现恒定和均匀的活塞速度。

气动所使用的气压一般为 $0.4 \sim 0.6$ MPa,最高可达 1 MPa。由于压缩空气的黏性小,流速快,一般压缩空气在管路中流速可达 180 m/s,所以驱动快速性好;气动装置的废气可直接排入大气不会造成污染,但会发出尖锐的噪声;可以通过调节气量实现无级调速;由于空气的可压缩性,气动驱动系统具有很好的缓冲作用,但也因此很难保证高的定位精度。

可见,气动驱动系统具有速度快、系统结构简单,工作安全可靠、维修方便、价格低、不污染环境以及适于在恶劣环境下工作等特点。适于在中小负荷的机械系统中采用。但因难于实现伺服控制,多用于程序控制的机械人中,如在上下料、冲压机器人,仪表及轻工行业中小型零件的输送和自动装配等作业,食品包装及输送,电子产品输送、自动插接、弹药生产自动化等方面获得广泛应用。且多数情况下是用于实现推力偏小,两位式或有限点位的控制中,不能实现精确的中间位置调节。

3. 电动驱动系统

电动驱动是利用各种电动机产生力和力矩,直接或经过机械传动去驱动执行机构,以获得系统的各种运动。其因为省去了中间能量转换的过程,所以比液压、气动驱动效率高,使用方便且成本低。电机驱动精确度高,调速方便,但推力相比液压驱动较小,如实现大推力时,系统结构庞大、成本高。

1.1.2 机电传动系统的地位

电能的广泛应用使轻便灵活的电动机成为机械的主要动力源。以电动机为原动机构成的机电传动系统是现代化生产中必不可少的传动系统,相比其他拖动方法(例如风力拖动、水力拖动、内燃机拖动等),具有许多无法比拟的优点。最主要的优点是启动、调速、制动、反转等都比其他方法容易实现,而且可获得所需的静态特性和动态特性,特别是数控技术和计算机技术的应用,进一步提高了机电传动的性能指标,使采用机电传动时的生产率和产品质量进一步提高。它为生产过程的自动化提供了十分有利的条件,是生产过程电气化、自动化的重要前提。

机电传动与国民经济、人民生活有着密切的联系并起着重要的作用,广泛用于冶金、机械、轻工、矿山、港口、石化、航空航天等各个行业以及日常生活之中。它既有轧钢机、起重机、泵、风机、精密机床等大型调速系统,也有空调机、电冰箱、洗衣机等小容量调速系统。据统计,机电传动系统的用电量占我国总发电量的60%以上。2000—2010 年我国机电传动产品市场需求年增长率约为15%,市场前景广阔。因此,机电传动是国民经济中充满活力的基础技术和高新技术,它的发展和进步已成为更经济地使用材料、能源及提高劳动生产率的合理手段,成为促进国民经济不断发展的重要因素,成为国家现代化的重要标志之一。

正确使用机电传动系统并使之进一步向前发展,对国民经济建设具有十分重要的现实意义。

1.2 机电传动及控制的发展状况

机电传动系统的组成如图1-1所示。

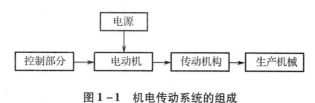

图1-1 机电传动系统的组成

1.2.1 传动方式的发展

机电传动及其控制系统总是随着社会生产的发展而发展。单就机电传动而言,它的发展大体上经历了成组传动、单机传动和多机传动三个阶段。初期的机电传动都是成组传动的,就是一台电动机拖动一根天轴,然后再由天轴通过皮带轮和皮带分别拖动各个生产机械,即一台电动机拖动成组的生产机械。这种方式生产效率较低,劳动条件较差,一旦电动机发生故障,将造成成组的生产机械停车。以后改进成单机传动,即一台电动机拖动一台生产机械,它省去了大量中间传动机构,效率高,控制线路简单,生产安全。随着设备的大型复杂化,一台生产机械具有多个工作机构,运动形式也各不相同,进而发展成多机传动,即多台电动机分别拖动生产机械的多个工作部位,例如龙门刨床的刨台、左右垂直刀架与侧刀架、横梁及其夹紧机构,均分别由一台电动机拖动,它不仅可以简化机械结构,而且控制灵活,便于实现自动化,所以,现代化机电传动基本上均采用这种传动方式。上述发展是从传动效率角度来看机电传动的演变过程。

1.2.2 电机的发展状况

随着生产力的发展,蒸汽动力在使用和管理上的不便,迫使人们去寻找新的能源和动力,此时电磁学得到了兴起和发展。1820年,奥斯特发现了电流的磁感应,从而揭开了研究电磁本质的序幕;1821年,法拉第进行了电流在磁场中受到电磁力的实验以后,出现了电动机的雏形;1831年,法拉第提出了电磁感应定律,同年10月他发明了世界第一台发电机。

机电传动系统根据速度是否可调分为不调速和调速两大类,而在调速系统中,又根据速度是否可以连续调节分为无级调速和有级调速两类。按照电动机的类型不同,机电传动又分为直流与交流传动两大类。直流机电传动与交流机电传动在19世纪先后诞生,但当时的机电传动系统是不调速系统。随着社会化大生产的不断发展,生产制造技术越来越复杂,对生产工艺的要求越来越高。这就要求生产机械能够在工作速度、启动和制动、正反转运行等方面具有较好的静态和动态性能,从而推动电动机的调速技术不断向前发展。

由于直流电动机的调速性能和转矩控制性能较好,20世纪30年代起,就开始使用直流调速系统。由最初的旋转变流机组控制发展为电机放大机、磁放大机控制,再进一步用晶闸管、电力晶体管控制,使系统快速性、可靠性和经济性不断提高,应用非常广泛。然而,由于直流电动机具有电刷和换向器,所以制造工艺复杂、成本高、维护麻烦,单机容量和转速都受到限制,它的局限性也逐渐显露出来。

交流电动机中的异步电动机,具有结构简单、制造容易、价格低廉、运行可靠、维护方便、效率较高等一系列优点,早就普遍应用于恒速运行的生产机械中。由于其调速性能和转矩控制性能不够理想,长期以来难以推广使用。近三十年来,由于电力电子技术的发展,才出现各种类型的交流调速系统。例如:变频调速、串极调速、磁场定向控制调速等系统。发明矢量控制之后,使得交流调速系统逐步具备了宽的调速范围、高的稳态精度、快的动态响应以及在四象限做可逆运行等良好的技术性能,在调速性能方面完全可与直流调速系统相媲美,所以才逐渐得到应用。计算机控制技术和现代控制理论应用于交流调速系统后,为其发展创造了更加有利的条件,使交流调速系统成为当前发展和研究的重点。采用微机控制以后,用软件实现矢量控制算法,使硬件电路规范化,从而降低了成本,提高了可靠性,而且还有可能进一步实现更复杂的控制技术。电力电子和微机控制技术的迅速进步是推动交流调速系统不断更新的动力。交流传动正逐步取代直流传动而成为机电传动的主流,未来机电传动的发展方向将趋于交流化、高频化。不过由于交流调速控制系统比较复杂,中小容量的调速装置价格偏高,实现四象限运行要比直流传动复杂。交流调速的上述缺点如果不能完全克服,直流调速仍会在许多场合继续发挥作用。

1.2.3　控制手段的发展状况

从控制手段的发展来看,早期机械系统由人工手动控制,操作者通过眼、耳等感觉器官观察机械的运行状态,同时运用其经验和知识进行分析、判断,通过手脚操作机械,该方式系统运行状态取决于操作者的操作水平。后来一些简单的机械控制机构代替了操作者的部分劳动,进一步提高了系统运行效率。随着控制器件的发展,特别是功率器件、放大器件的不断更新,最后发展成为电气控制。

20世纪初,开始采用继电器、接触器和行程开关等控制电器,实现对控制对象的启动、停止以及有级调速等控制,是一种断续开关量控制。这种电器控制装置适用于动作比较简单、控制规模小的场合,具有结构简单、价格低廉、维护方便、抗干扰强等特点,因此广泛应用于各类机床和机械设备上。采用这种控制装置相比人工手动控制可以方便地实现生产过程自动化,而且还可以实现集中控制和远距离控制。但继电器、接触器控制线路也存在一定的缺点,如由于是固定接线形式,在进行程序控制时,改变控制程序不方便,灵活性差;采用有触点的开关动作,工作频率低,触点易损坏,可靠性差,另外它的控制速度慢,控制精度低。尽管如此,这种控制装置仍能满足在一定范围内的机械设备的自动控制。目前,继电器接触器控制仍然是机床和其他机械设备最基本的电气控制形式之一。

20世纪30年代出现了电机放大机控制,它使控制系统从断续控制发展成连续控制,连续控制系统可随时检查控制对象的工作状态,它的快速性及控制精度都大大超过了最初的断续控制,并简化了控制系统,减少了电路中的触点,提高了可靠性,使生产效率大为提高。20世纪四五十年代出现了磁放大器控制和大功率可控水银整流器控制。

20世纪50年代末期出现了大功率固体可控整流元件——晶闸管,后又出现了功率晶体管控制。由于二极管、晶体管、集成电路等半导体逻辑元件,组成了可靠性较高的无触点逻辑控制装置,这种控制装置与继电器接触器控制装置相比较,具有体积小、可靠性好、反应速度快、寿命长等优点,晶闸管的出现为机电传动自动控制系统开辟了新纪元。然而,这种装置也是固定接线,仍不能更好地解决通用性和灵活性问题。此方法适用于专机的专用控制系统。

20世纪60年代电子计算机的出现及其在工业控制中的大量应用,大大提高了控制装置的通用性和灵活性,使控制系统发展到一个新阶段——采样控制。采样控制虽然也是一种断续控制,但和最初的断续控制不同,它具有采样速度快和控制功能强等优点。但对于某些开关量的自动控制来说,不需要复杂的数学运算,而要求编制程序简单,使用维修方便。如果采用通用的电子计算机来完成开关量的控制,则存在不经济等问题。因此,需要一种比电气控制装置和半导体逻辑控制装置通用性和灵活性强,又比计算机控制装置简便而经济的开关量控制装置,顺序控制器就是适应这样的需要而产生的。顺序控制器是通过组合逻辑元件插接或编程来实现继电接触控制线路功能的装置。顺序控制器的类型较多,它可以满足程序经常改变的控制要求,使机床和机械设备的控制系统具有较大的灵活性和通用性。它的主要优点是:通用性强,程序可变,编程容易,可靠性高和使用、维护方便。但这种控制系统的输入/输出端数目往往受到矩阵板本身结构的限制,而且抗干扰性差。由于电力电子元件的发展以及价格的降低,目前顺序控制器已较少应用了。

目前,由于大规模集成电路的发展,以及微处理机的价格低廉,因此采用微处理机组成的可编程序控制器已获得了广泛的应用。可编程序控制器的核心为可编程序逻辑控制器,简称PLC,是1969年才开始发展的。它按照成熟而有效的继电接触控制概念和设计思想,利用不断发展的新技术、新电子器件,逐步形成了具有特色的各种系列产品。

20世纪70年代初,计算机数字控制(CNC)系统应用于数控机床和加工中心,这不仅加强了自动化程度,而且提高了机床的通用性和加工效率,在生产上得到了广泛应用。20世纪80年代以来,出现了由数控机床、工业机器人、自动搬运车等组成的统一由中心计算机控制的机械加工自动线——柔性制造系统(FMS),它是实现自动化车间和自动化工厂的重要组成部分。机械制造自动化高级阶段是走向设计、制造一体化,即利用计算机辅助设计(CAD)与计算机辅助制造(CAM)形成产品设计和制造过程的完整系统,对产品构思和设计直至装配、试验和质量管理这一全过程实现自动化。

尽管机电控制已向无触点、连续控制、弱电化、微机化的方向发展,但由于继电器接触器控制系统所用的控制电器结构简单、价格便宜,能够满足生产设备一般生产的需要,目前仍得到广泛的应用。继电器接触器控制的设计方法是设计机械设备过程控制的基础。掌握了它的设计方法后,学习其他的控制方法便更容易。

1.2.4 控制元件的发展

机电传动控制装置主要是各种电力电子变流器,它为电动机提供可控的直流或交流电流,并成为弱电控制强电的媒介。

电力电子技术的前身是汞弧整流器、闸流管变流技术。1957年晶闸管(SCR)的诞生标志着电力电子技术的问世,1960—1980年为电力电子技术第一代,其特征是以晶闸管及其相控变流技术为代表,称之为整流器时代。

1980年以后进入大功率晶体管(GTR)、可关断晶闸管(GTO)等电流控制自关断电力电子器件及逆变技术为代表的第二代,称之为逆变时代。

1990年以后进入复合电力电子器件及变频技术为代表的第三代,复合器件具有快速关断、工作频率高等特点,其典型代表是绝缘栅双极型晶体管(IGBT)和电力场效应晶体管(Power MOSFET)等。第三代变频技术和变频器得到了空前的发展,故称其为变频时代。

从现在开始正逐步进入电力电子智能化时代,其特点是电力电子器件进一步采用微电子集成电路技术,实现电力电子器件和装置的智能化。

1.3 课程内容及任务

机电传动及控制是高等学校机械设计制造及其自动化专业的一门专业基础课。本课程的教学内容主要包括机电传动系统的动力学基础,直流电动机、交流电动机、步进电动机的各种特性,机电传动系统中电动机的选择,机电传动系统电器控制,直流自动调速系统等。

本课程的作用和任务是使学生了解机电传动的基本知识,了解电机直流自动调速系统;掌握直流、交流电动机,步进电动机的工作原理、应用和选择方法,机电传动系统电器控制等内容。

习题与思考题

1-1　机电传动系统与运动控制系统有何异同?

1-2　机电传动系统的主要特点是什么?

1-3　从传动效率角度来看机电传动的演变过程主要分成哪几类?

1-4　从能量传递关系角度来看电机分成哪两类?

1-5　简述直流电动机和交流电动机的特点。

第 2 章　机电传动系统动力学

2.1　单轴机电传动系统动力学方程

机电传动系统是机、电统一的运动系统,是由电动机拖动,并通过传动机构带动生产机械运转的动力学整体。生产生活中电动机的种类繁多、特性各异、传动形式多样、负载性质和控制方法也各不相同,但它们之间都满足一种内在规律,即动力学规律,通过建立动力学模型能够深入地分析和研究机电传动系统的运动特性。

现以最简单的机电传动系统为对象,即由一台电动机通过联轴节直接与生产机械相连,该系统只包含一根轴,所以称为单轴机电传动系统,又称单轴拖动系统,如图 2 - 1 所示。

在该系统中电动机 M 的输出转矩为 T_M,用于克服生产机械的负载转矩 T_L,以带动系统运动。此时,如果两个转矩大小相等,由牛顿第一定律可知,系统的运动状态处于静态或者稳态,角速度 ω 为常数,角加速度 $d\omega/dt = 0$;如果 $T_M \neq T_L$ 时,由牛顿第二定律可知,系统运动状态将处于动态,角

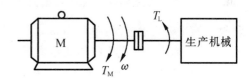

图 2 - 1　单轴拖动系统

速度 ω 就要发生变化,角加速度 $d\omega/dt \neq 0$,该变化的大小与传动系统的转动惯量 J 和作用在系统上的合力矩($T_M - T_L$)的值有关。把上述关系用方程式表示,即为

$$T_M - T_L = J \frac{d\omega}{dt} \tag{2 - 1}$$

式中　T_M——电动机输出的转矩,N·m;

　　　T_L——传动系统的负载转矩,N·m;

　　　J——传动系统的转动惯量,kg·m²;

　　　ω——传动系统的角速度,rad/s;

　　　t——时间,s。

式(2 - 1)就是国际单位制情况下的单轴机电传动系统的动力学方程式,考虑到转矩和转速均为矢量,参考图 2 - 1 和式(2 - 1)作如下定义:规定系统某一旋转方向为正,并以此方向作为参照,电动机的转矩 T_M 的方向与所规定的正方向相同时为正,相反时为负,为正时加速系统运行,是驱动转矩,为负时减速系统运行,是制动转矩;负载转矩 T_L 的方向规定与电动机转矩 T_M 方向规定正好相反,即与所规定的正方向相同时为负,相反时为正,为正时减速系统运行,是制动转矩,为负时加速系统运行,是驱动转矩。以上矢量方向关系可以用图 2 - 2 所示轴端图来表示,图中选择逆时针旋转方向为正。

在工程实际中式(2 - 1)国际单位制的动力学方程应用并不方便,描述传动系统的惯性时往往不用转动惯量 J(kg·m²)而用飞轮惯量(又称飞轮转矩)GD^2(N·m²),不用角速度 ω(rad/s),而用转速 n(r/min)。由理论力学可知 $J = m\rho^2 = \frac{1}{4}mD^2$,而 $G = mg$,所以

$$J = \frac{1}{4}mD^2 = \frac{GD^2}{4g} \qquad (2-2)$$

式中　g——重力加速度，$\mathrm{m/s^2}$；

　　　m——旋转部分的质量，kg；

　　　G——系统旋转部分的重力，N；

　　　ρ——系统旋转部分的惯性半径，m；

　　　D——系统旋转部分的惯性直径，m。

旋转运动角速度为

$$\omega = \frac{2\pi}{60}n \qquad (2-3)$$

式中　ω——系统旋转角速度，rad/s；

　　　n——系统旋转速度，r/min。

将式(2-2)和式(2-3)代入式(2-1)，可得

$$T_{\mathrm{M}} - T_{\mathrm{L}} = J\frac{\mathrm{d}\omega}{\mathrm{d}t} = \frac{GD^2}{4g} \cdot \frac{\mathrm{d}\omega}{\mathrm{d}t} = \frac{GD^2}{375} \cdot \frac{\mathrm{d}n}{\mathrm{d}t} \qquad (2-4)$$

这里 GD^2 我们认为是一个整体，不再理解为 G 和 D^2 的乘积。注意：375 是 $\frac{4 \times 60g}{2\pi}$ 计算所得，故它的量纲为加速度，单位为 $\mathrm{m/s^2}$。

动力学方程式是研究机电传动系统最基本的方程式，它决定着系统运动的特征。处于动态时，由达朗伯定律可知系统中必然存在一个动态转矩，即

$$T_{\mathrm{d}} = \frac{GD^2}{375} \cdot \frac{\mathrm{d}n}{\mathrm{d}t} \qquad (2-5)$$

它使系统的运动状态发生变化。这样，运动方程式(2-1)或式(2-4)也可以写成转矩平衡方程式，即

$$T_{\mathrm{M}} - T_{\mathrm{L}} = T_{\mathrm{d}} \text{ 或 } T_{\mathrm{M}} = T_{\mathrm{d}} + T_{\mathrm{L}} \qquad (2-6)$$

就是说，电动机所产生的转矩在任何情况下，总是由轴上的负载转矩（即静态转矩）和动态转矩之和所平衡。

例2-1　已知轴端图2-3，各矢量方向和大小在图中已标出，飞轮惯量为 GD^2，试求：

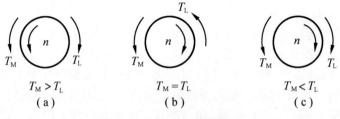

图2-3　例2-1的轴端图

(1)根据图示情况，列出各机电传动系统的动力学方程式；

(2)说明各图中 T_{M}，T_{L} 是驱动转矩，还是制动转矩；

(3)根据各图中所示情况，说明各系统的运行状态是加速、减速还是匀速。

解　(1)按各矢量方向的约定:当 T_M 与 n 同向时,T_M 为正,否则为负;当 T_L 与 n 反向时,T_L 为正,否则为负。故,图 2 - 3(a)的动力学方程为 $T_M - T_L = \dfrac{GD^2}{375} \cdot \dfrac{\mathrm{d}n}{\mathrm{d}t}$;图 2 - 3(b)的动力学方程为 $-T_M - T_L = \dfrac{GD^2}{375} \cdot \dfrac{\mathrm{d}n}{\mathrm{d}t}$;图 2 - 3(c)的动力学方程为 $-T_M + T_L = \dfrac{GD^2}{375} \cdot \dfrac{\mathrm{d}n}{\mathrm{d}t}$。

(2)因为力矩 T 与 n 同向时,T 为驱动转矩;T 与 n 反向时,T 为制动转矩。从图中矢量方向或动力学方程中可以看出:图 2 - 3(a)中,T_M 为驱动转矩,T_L 为制动转矩;图 2 - 3(b)中,T_M 为制动转矩,T_L 为制动转矩;图 2 - 3(c)中,T_M 为制动转矩,T_L 为驱动转矩。

(3)当动态转矩 $T_d > 0$ 时,机电传动系统为加速;$T_d < 0$ 时为减速;$T_d = 0$ 时为匀速。从图中各矢量的大小和方向或者根据动力学方程所得的动态转矩可知:图 2 - 3(a)中加速运行状态;图 2 - 3(b)中减速运行状态;图 2 - 3(c)中加速运行状态。

2.2　多轴机电传动系统动力学方程

上节所介绍的是单轴传动系统的动力学方程,但在实际应用中,很多生产机械都是采用多轴机电传动系统,即包含多个轴,且多个轴之间具有一定的运动关系,原因在于许多生产机械为了满足其工艺要求,例如需要较低的转速,或者需要平移、升降等不同的运动形式,而在制造电动机时,为了合理地利用材料和降低成本,除特殊情况外(例如力矩电动机,额定转速较低;又如直线电动机,输出直线位移),一般都做成额定转速较高的旋转电动机,因此在电动机与工作机械之间必须装设变速机构,如齿轮变速、蜗轮蜗杆变速、皮带变速等。

建立多轴传动系统动力学方程,可以按照分析单轴系统的方法,分别列写每根轴的动力学方程式,以及各轴之间相互联系的关系式,然后再将这些方程式联立,即可求得系统的运动规律,这种方法称为联立约束法。这种方法当传动轴越多时,列写的方程式就越多,工作量就越大,但对于有些情况(例如非线性传动系统、含弹性阻尼特性的传动系统等)需要采用该种方法建立动力学方程。实际分析和计算多轴传动时,通常采用折算方法,即将所有轴的负载转矩和惯量都折算到同一根轴上(通常折算到电动机轴上,这样方便电动机的计算),将系统等效为图 2 - 1 所示的典型单轴系统,然后使用基本动力学方程式求解。折算时的基本原则是折算前的多轴系统和折算后的单轴系统,在能量关系上保持不变,即在负载转矩折算时功率不变,在惯量折算时系统储存的动能不变。下面介绍不同运动形式时系统的折算方法。

2.2.1　旋转运动负载转矩和惯量的折算

旋转运动是指工作机构输出的运动形式为旋转。

1. 负载转矩的折算

负载转矩是静态转矩,描述的是静态特性,所以根据静态时功率守恒原则进行折算。

图 2 - 4 所示为一工作机械做旋转运动的多轴系统,设定工作机械负载转矩为 T_g,折算到电动机轴上后为 T_L。折算的原则是系统传递的功率不变。传动机构的损耗在传动效率 η_c 中考虑。

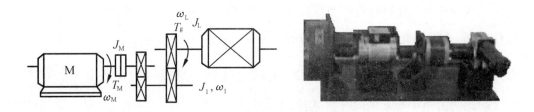

图2-4　旋转运动多轴系统

（1）电动机工作在电动状态

电动机工作在电动状态是指运动从电动机传到工作机构,传动损耗由电动机承担。对图2-4所示的系统,令系统稳态转速为ω_L,则生产机械的负载功率为

$$P_g = T_g \omega_L \qquad (2-7)$$

式中　T_g——生产机械的负载转矩;

　　　ω_L——生产机械的旋转角速度。

设T_g折算到电动机轴上的负载转矩为T_L,则电动机轴上的输出功率为

$$P_L = T_L \omega_M \qquad (2-8)$$

其中,ω_M为电动机的旋转角速度。

考虑到传动机构在传递功率过程中的损耗,有

$$\eta_c = \frac{输出功率}{输入功率} = \frac{P_g}{P_L} = \frac{T_g \omega_L}{T_L \omega_M}$$

于是可得折算到电动机轴上的负载转矩,即

$$T_L = \frac{T_g \omega_L}{\eta_c \omega_M} = \frac{T_g}{\eta_c i} \qquad (2-9)$$

式中　i——传动机构的速比,$i = \omega_M / \omega_L$;

　　　η_c——电动机拖动生产机械运动时的传动效率。

（2）电动机工作在发电状态

电动机工作在发电状态是指运动从工作机构传到电动机,传动损耗由工作机构承担。传送到电动机的功率小于工作机构轴上的功率,按传递功率不变的原则,可得

$$T_L = \frac{T_g \eta_c'}{i} \qquad (2-10)$$

其中,η_c'为生产机械拖动电动机运动时的传动效率。

式(2-10)中其他各符号的含义与式(2-9)中相同,其中总的速比$i = \frac{\omega_M}{\omega_L}$为电动机轴与工作机构轴的转速比,在多轴电力拖动系统中,应为各级速比的乘积,即$i = i_1 \cdot i_2 \cdot i_3 \cdots$。一般设备中,电动机的转速高于工作机构的转速,即$i > 1$,因而工作机构的转矩折算到电动机轴上变小了许多。总的传动效率在多轴电力拖动系统中,应为各级传动效率的乘积,即$\eta_c = \eta_1 \cdot \eta_2 \cdot \eta_3 \cdots$。各级传动效率的大小随各级传动机构的不同而不同。

2. 惯量的折算

由于转动惯量和飞轮转矩描述的是运动特性,与运动系统的动能有关,与传动效率无关,所以不存在电动机工作状态的差异,因此可根据动能守恒原则进行折算。

对于旋转运动（如图2-4所示的拖动系统）,折算前的动能为

$$W_{\mathrm{g}} = \frac{1}{2} J_{\mathrm{g}} \omega_{\mathrm{L}}^2 \tag{2-11}$$

设 J_{g} 折算到电动机轴上的转动惯量为 J_{L}，则电动机轴上的动能为

$$W_{\mathrm{L}} = \frac{1}{2} J_{\mathrm{L}} \omega_{\mathrm{M}}^2 \tag{2-12}$$

由 $W_{\mathrm{g}} = W_{\mathrm{L}}$ 可得

$$J_{\mathrm{L}} = J_{\mathrm{g}} \frac{\omega_{\mathrm{L}}^2}{\omega_{\mathrm{M}}^2} = \frac{J_{\mathrm{g}}}{i^2} \tag{2-13}$$

由此可得折算到电动机轴上的总转动惯量为

$$J_{\mathrm{a}} = J_{\mathrm{M}} + \frac{J_1}{i_1^2} + \frac{J_{\mathrm{g}}}{i^2} \tag{2-14}$$

式中　$J_{\mathrm{M}}, J_1, J_{\mathrm{g}}$——电动机轴、中间传动轴、生产机械轴上的转动惯量；

$\quad\quad i_1$——电动机轴与中间传动轴之间的速比，$i_1 = \dfrac{\omega_{\mathrm{M}}}{\omega_1}$；

$\quad\quad i$——电动机轴与生产机械轴之间的速比，$i = \dfrac{\omega_{\mathrm{M}}}{\omega_{\mathrm{L}}}$；

$\quad\quad \omega_{\mathrm{M}}, \omega_1, \omega_{\mathrm{L}}$——电动机轴、中间传动轴、生产机械轴上的角速度。

根据转动惯量和飞轮转矩之间的关系，不难得出折算到电动机轴上的总飞轮转矩为

$$(GD^2)_{\mathrm{a}} = (GD^2)_{\mathrm{M}} + \frac{(GD^2)_1}{i_1^2} + \frac{(GD^2)_{\mathrm{g}}}{i^2} \tag{2-15}$$

其中，$(GD^2)_{\mathrm{M}}, (GD^2)_1, (GD^2)_{\mathrm{g}}$ 分别为电动机轴、中间传动轴、生产机械轴上的飞轮转矩。

当速比 i 较大时，中间传动机构的转动惯量 J_1 或飞轮惯量 $(GD^2)_1$，在折算后占整个系统的比重不大。实际工程中，为了计算方便起见，多采用适当加大电动机轴上的转动惯量 J_{M} 或飞轮惯量 $(GD^2)_{\mathrm{M}}$ 的方法，来考虑中间传动机构的转动惯量 J_1 或飞轮惯量 $(GD^2)_1$ 的影响，于是有

$$J_{\mathrm{a}} = \delta J_{\mathrm{M}} + \frac{J_{\mathrm{g}}}{i^2} \tag{2-16}$$

或

$$(GD^2)_{\mathrm{a}} = \delta (GD^2)_{\mathrm{M}} + \frac{(GD^2)_{\mathrm{g}}}{i^2} \tag{2-17}$$

一般 $\delta = 1.1 \sim 1.25$。为更简便起见，可将负载惯量也加以估算，有

$$J_{\mathrm{a}} = \delta J_{\mathrm{M}} \ 或 (GD^2)_{\mathrm{a}} = \delta (GD^2)_{\mathrm{M}}$$

此时 δ 应稍微增大一些，可取 $\delta = 1.2 \sim 1.3$。

2.2.2　平移运动负载转矩和惯量的折算

平移运动是指工作机构输出的运动形式为水平面内的移动。

1. 负载转矩的折算

某些生产机械的工作机构是作平移运动的，如丝杠螺母机构等。图 2-5 所示为刨床的工作台和工件，它是由电动机通过齿轮变速后，再通过齿轮与齿条啮合带动作平移运动的多轴系统。

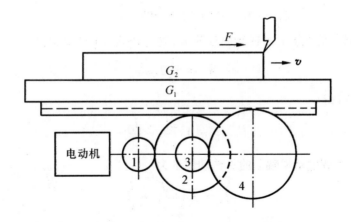

图 2-5　平移运动多轴系统——刨床

电动机工作在电动状态时,设切削时工作台的直线速度为 v ,刨刀作用在工件上所遇的阻力(即切削力)为 F ,则切削时的切削功率为 $P = Fv$ 。折算到电动机轴上的负载转矩 T_L 应满足折算前后功率不变的原则,考虑传动机构中的传动损耗 η_c ,应有

$$T_L \cdot \omega_M \cdot \eta_c = Fv$$

计算得

$$T_L = \frac{Fv}{\omega_M \cdot \eta_c} = \frac{Fv}{\eta_c} \cdot \frac{60}{2\pi n_M} = 9.55 \frac{Fv}{\eta_c n_M} \tag{2-18}$$

式中　T_L——折算到电动机轴上的负载转矩,N·m;

　　　　F——工作机构做直线运动时所克服的阻力,N;

　　　　v——工作机构的线速度,m/s;

　　　　n_M——电动机的转速,r/min;

　　　　η_c——系统总的传动效率。

一般情况下外力无法拖动工作台运动。

2. 惯量的折算

考虑到齿轮旋转部分的惯量折算可由式(2-13)计算,故在这里针对平移运动部分进行惯量的折算。设平移运动部分的总重力 $G_L = m_L g$,则平移运动部分折算前的动能为

$$\frac{1}{2}m_L v^2 = \frac{1}{2}\frac{G_L}{g}v^2 \tag{2-19}$$

设其折算到电动机轴上的转动惯量为 J_L ,相应的飞轮惯量为 $(GD^2)_L$,则折算到电动机轴上后的动能为

$$\frac{1}{2}J_L \omega_M^2 = \frac{1}{2}\frac{(GD^2)_L}{4g}\left(\frac{2\pi n_M}{60}\right)^2 \tag{2-20}$$

根据折算前后动能不变的原则,可得

$$\frac{1}{2}\frac{G_L}{g}v^2 = \frac{1}{2}\frac{(GD^2)_L}{4g}\left(\frac{2\pi n_M}{60}\right)^2 \tag{2-21}$$

整理则得折算到电动机轴上的飞轮转矩的计算公式

$$(GD^2)_L = 4\frac{G_L v^2}{\left(\frac{2\pi}{60}\right)^2 n_M^2} = 365\frac{G_L v^2}{n_M^2} \tag{2-22}$$

2.2.3　升降运动负载转矩和惯量的折算

升降运动是指工作机构输出的运动形式为垂直移动,其运动的外力是重力。该类机械生产和生活中很多,例如起重机械、提升机、电梯等。

1. 负载转矩的折算

图 2-6 为一起重机。电动机通过减速机构带动一个卷筒,卷筒上的钢丝绳悬挂一重物。设重物的质量为 m_L、重力为 $G_L = m_L g$,令提升或下降线速度为 v。

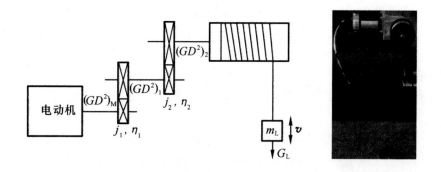

图 2-6　升降运动多轴系统——起重机

提升运动时,电动机带动负载,功率由电动机传给负载,传动损耗由电动机承担。根据传递功率不变的原则,可得

$$T_L \cdot \omega_M \cdot \eta_c = G_L v \tag{2-23}$$

计算得

$$T_L = \frac{G_L v}{\omega_M \cdot \eta_c} = \frac{G_L v}{\eta_c} \cdot \frac{60}{2\pi n_M} = 9.55 \frac{G_L v}{\eta_c n_M} \tag{2-24}$$

式中　T_L——折算到电动机轴上的负载转矩,N·m;

G_L——提升重物的重力,N;

v——提升重物的线速度,m/s;

n_M——电动机的转速,r/min;

η_c——提升时总的传动效率。

该过程与平移运动时相同。

下降运动时,功率的传送方向是由负载到电动机,传动损耗由负载承担。根据传递功率不变原则,可得

$$T_L \cdot \omega_M = G_L v \eta_c' \tag{2-25}$$

计算得

$$T_L = \frac{G_L v}{\omega_M} \eta_c' = G_L v \eta_c' \cdot \frac{60}{2\pi n_M} = 9.55 \frac{G_L v}{n_M} \eta_c' \tag{2-26}$$

式(2-26)中各符号的含义与式(2-24)中相同,只有 η_c' 是下放时的传动效率,现分析与提升同一重物时的传动效率 η_c 的大小关系。在同一速度提升和下放同一重物时,可以认为传动损耗 ΔP 是不变的,则提升时的损耗为

$$\Delta P = \frac{G_L v}{\eta_c} - G_L v = G_L v \left(\frac{1}{\eta_c} - 1 \right) \tag{2-27}$$

下放时的损耗为

$$\Delta P = G_L v - G_L v \eta_c' = G_L v (1 - \eta_c') \tag{2-28}$$

由相等可得

$$\eta_c' = 2 - \frac{1}{\eta_c} \tag{2-29}$$

式(2-29)表明,如果在轻载或空载提升效率 $\eta_c < 0.5$ 时,则下放时,效率 $\eta_c' < 0$,电动机轴上输入的功率 $G_L v \eta_c'$ 为负值,即输出为正值,说明此时工作机械下降的功率不足以克服传动机构的损耗功率,电动机仍工作在电动状态,其输出功率与工作机构共同承担传动损耗。电梯空载下放轿箱时就属于这种工作情况。

2. 惯量的折算

转动惯量和飞轮惯量的折算与传动损耗或效率无关,所以折算方法与平移运动时相同。

例 2-2　有一刨床机电传动系统,其简图如图 2-7 所示。已知电动机 M 的转速 $n_M = 420$ r/min,其转子(或电枢)的飞轮惯量 $(GD^2)_M = 110.5$ N·m²,工作台重 $G_1 = 12\,050$ N,工件重 $G_2 = 17\,650$ N,各齿轮的齿数及飞轮惯量如表 2-1 所示,齿轮 8 的节距为 $t_8 = 25$ mm。试计算,刨床拖动系统在电动机轴上的总飞轮惯量。

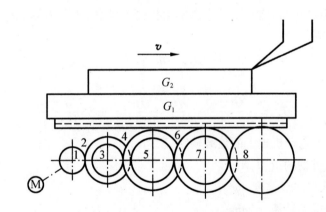

图 2-7　刨床传动系统简图

表 2-1　各齿轮的齿数及飞轮惯量

齿轮号	1	2	3	4	5	6	7	8
齿数 Z	20	55	30	64	30	78	30	66
飞轮惯量 $GD^2/(\text{N·m}^2)$	4	20	10	29	20	41	25	64

解　把刨床运动分为旋转运动和直线运动两部分进行惯量折算。

(1)旋转运动部分的 $(GD^2)_{a1}$

$$(GD^2)_{a1} = (GD^2)_M + (GD^2)_1 + \frac{(GD^2)_2 + (GD^2)_3}{(Z_2/Z_1)^2} + \frac{(GD^2)_4 + (GD^2)_5}{(Z_2/Z_1)^2 (Z_4/Z_3)^2}$$

$$+ \frac{(GD^2)_6 + (GD^2)_7}{(Z_2/Z_1)^2 (Z_4/Z_3)^2 (Z_6/Z_5)^2} + \frac{(GD^2)_8}{(Z_2/Z_1)^2 (Z_4/Z_3)^2 (Z_6/Z_5)^2 (Z_8/Z_7)^2}$$

$$= 110.5 + 4 + \frac{20 + 10}{(55/20)^2} + \frac{29 + 20}{(55/20)^2 (64/30)^2} + \frac{41 + 25}{(55/20)^2 (64/30)^2 (78/30)^2}$$

$$+ \frac{64}{(55/20)^2 (64/30)^2 (78/30)^2 (66/30)^2}$$

$$= 120.23 \text{ N} \cdot \text{m}^2$$

（2）直线运动部分的 $(GD^2)_{a2}$

齿轮 8 的转速 n_8 为

$$n_8 = \frac{n_M}{(Z_2/Z_1)(Z_4/Z_3)(Z_6/Z_5)(Z_8/Z_7)}$$

$$= \frac{420}{(55/20)(64/30)(78/30)(66/30)} = 12.52 \text{ r/min}$$

工作台及工件直线运动的速度为

$$v = Z_8 t_8 n_8 = 66 \times 0.025 \times 12.52 = 20.658 \text{ m/min} = 0.3443 \text{ m/s}$$

$$(GD^2)_{a2} = 365 \frac{(G_1 + G_2)v^2}{n_M^2} = 365 \times \frac{(12\,050 + 17\,650) \times 0.3443^2}{420^2} = 7.28 \text{ N} \cdot \text{m}^2$$

在电动机轴上的总飞轮惯量

$$(GD^2)_a = (GD^2)_{a1} + (GD^2)_{a2} = 120.23 + 7.28 = 127.51 \text{ N} \cdot \text{m}^2$$

例 2 - 3　有某起重机拖动系统如图 2 - 8 所示。已知被提升重物的重力为 $G = 20\,000$ N，提升重物传动齿轮的效率 $\eta_1 = \eta_2 = 0.95$，卷筒的效率 $\eta_3 = 0.9$，卷筒直径 $D = 0.4$ m，传动机构的转速比 $i_1 = 6$，$i_2 = 10$，各转轴上的飞轮惯量为 $(GD^2)_M = 10$ N · m²，$(GD^2)_1 = 24.5$ N · m²，$(GD^2)_2 = 50$ N · m²，忽略钢绳的重力和滑轮传动装置的损耗，试求：

（1）折算到电动机轴上的总飞轮惯量；

（2）重物以 $v = 0.5$ m/s 匀速提升重物时，电动机所输出的转矩和功率；

（3）重物以 $v = 0.5$ m/s 匀速下放重物时，电动机所输出的转矩和功率；

（4）重物以 $v = 0.5$ m/s、加速度 $a = 0.1$ m/s² 提升重物时，电动机所输出的转矩。

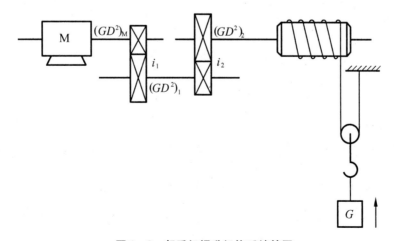

图 1 - 8　起重机提升机构系统简图

解 (1)系统的总飞轮惯量

$$(GD^2)_a = (GD^2)_M + \frac{(GD^2)_1}{i_1^2} + \frac{(GD^2)_2}{i_1^2 i_2^2} + 365 \frac{Gv^2}{n_M^2}$$

卷筒的转速为

$$n_L = 60 \frac{2v}{\pi D} = 60 \times \frac{2 \times 0.5}{\pi \times 0.4} = 47.8 \text{ r/min}$$

电动机的转速为

$$n_M = n_L i = n_L i_1 i_2 = 47.8 \times 6 \times 10 = 2\ 868 \text{ r/min}$$

于是有

$$(GD^2)_a = 10 + \frac{24.5}{6^2} + \frac{50}{6^2 \times 10^2} + 365 \times \frac{20\ 000 \times v^2}{2\ 868^2} = 10.91 \text{ N} \cdot \text{m}^2$$

(2)提升重物时的负载转矩

可以通过力的传递关系进行计算,也可以利用式(2-15)进行计算。在此利用公式进行计算得

$$T_M = T_L = 9.55 \frac{G_L v}{\eta_c n_M} = 9.55 \times \frac{20\ 000 \times 0.5}{0.95 \times 0.95 \times 0.9 \times 2\ 868} = 41 \text{ N} \cdot \text{m}$$

于是,匀速提升重物时电动机轴上输出的功率为

$$P_M = \frac{T_M n_M}{9\ 550} = \frac{41 \times 2\ 868}{9\ 550} = 12.3 \text{ kW}$$

(3)传动机构提升重物时的总效率

$$\eta_c = \eta_1 \cdot \eta_2 \cdot \eta_3 = 0.95 \times 0.95 \times 0.9 = 0.812\ 25$$

则下放重物时的传动效率为

$$\eta_c' = 2 - \frac{1}{\eta_c} = 2 - \frac{1}{0.812\ 25} = 0.768\ 85$$

则当匀速下放重物时,传递到电动机轴上的转矩为

$$T_M = T_L = 9.55 \frac{G_L v}{n_M} \eta_c' = 9.55 \times \frac{20\ 000 \times 0.5}{2\ 868} \times 0.768\ 85 = 25.6 \text{ N} \cdot \text{m}$$

可见,此时电动机工作在制动状态。

下放重物时电动机轴上输入的功率为

$$P_M = \frac{T_M n_M}{9\ 550} = \frac{25.6 \times 2\ 868}{9\ 550} = 7.7 \text{ kW}$$

(4)电动机转速与重物提升速度的关系

$$n_M = n_L i_1 i_2 = 60 \frac{2v}{\pi D} i_1 i_2$$

电动机加速度与重物提升加速度的关系为

$$\frac{\mathrm{d}n_M}{\mathrm{d}t} = \frac{\mathrm{d}}{\mathrm{d}t}\left(60 \frac{2v}{\pi D} i_1 i_2\right) = \frac{120}{\pi D} i_1 i_2 a = \frac{120}{\pi \times 0.4} \times 6 \times 10 \times 0.1 = 573.2 \text{ (r/min)} \cdot \text{s}^{-1}$$

根据动力学方程式得

$$T_M = T_L + \frac{GD^2}{375} \frac{\mathrm{d}n_M}{\mathrm{d}t} = 41 + \frac{10.91}{375} \times 573.2 = 57.7 \text{ N} \cdot \text{m}$$

例 2-4　有某提升机传动系统如图 2-9 所示,罐笼重 $G_0 = 3\,000$ N,重块重 $G_g = 10\,000$ N,平衡块重 $G_P = 5\,000$ N,罐笼提升速度为 $v = 1$ m/s,电动机转速为 $n_M = 1\,450$ r/min,提升传递效率 $\eta_c = 0.8$,机构及鼓轮的转动惯量忽略不计。试求:

(1)升降运动部分折算到电动机轴上的飞轮惯量;

(2)罐笼提升时折算到电动机轴上的负载转。

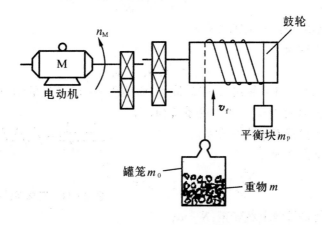

图 2-9　具有平衡块的起重机提升机构系统简图

解　(1)提升部分的重力为

$$G = G_g + G_0 + G_P = 10\,000 + 3\,000 + 5\,000 = 18\,000 \text{ N}$$

故

$$(GD^2)_a = 365\frac{Gv^2}{n_M^2} = 365 \times \frac{18\,000 \times 1^2}{1\,450^2} = 3.12 \text{ N}\cdot\text{m}^2$$

(2)罐笼提升时,将 G_g, G_0, G_P 用一个直线作用力 F 来等效。即该力 F 对鼓轮的作用力矩与 G_g, G_0, G_P 作用的力矩一样。

$$F = G_g + G_0 - G_P = 10\,000 + 3\,000 - 5\,000 = 8\,000 \text{ N}$$

故

$$T_L = 9.55\frac{Fv}{\eta_c n_M} = 9.55 \times \frac{8\,000 \times 1}{0.8 \times 1\,450} = 65.86 \text{ N}\cdot\text{m}$$

2.2.4　联立约束法建立动力学方程

某些线性时不变系统采用折算的方法建立系统的动力学模型相对比较简单、工作量小,但有些系统必须采用联立约束法建立动力学方程,必要时还要采用机构仿真的方法进行动力学特性分析。

机电传动系统中除了具有惯性负载之外,一般都含有阻尼特性负载和弹性负载,现对这两种特性负载进行动力学建模。图 2-10 是一具有惯性和阻尼特性的系统简图,在此我们只讨论黏滞摩擦阻尼负载,该负载特性为力矩与速度差呈线性关系。

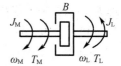

图 2-10　定轴惯性阻尼系统简图

阻尼前端动力学方程为

$$T_M - T_1 = J_M \frac{\mathrm{d}\omega_M}{\mathrm{d}t} \qquad (2-30)$$

其中,T_1 为阻尼前端等效负载转矩,N·m。

阻尼后端动力学方程为

$$T_2 - T_L = J_L \frac{\mathrm{d}\omega_L}{\mathrm{d}t} \qquad (2-31)$$

其中,T_2 为阻尼后端等效驱动转矩,N·m。

阻尼处动力学方程为

$$T_1 - T_2 = B(\omega_M - \omega_L) \qquad (2-32)$$

将式(2-30)、式(2-31)和式(2-32)联立,即为图2-10系统的动力学方程。

如图2-11是一具有惯性和弹性的系统简图,该负载特性为力矩与位移差呈线性关系。

弹簧前端动力学方程为

$$T_M - T_1 = J_M \frac{\mathrm{d}^2\theta_M}{\mathrm{d}t^2} \qquad (2-33)$$

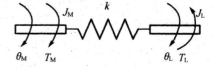

图2-11　定轴惯性弹性系统简图

式中　T_1——弹簧前端等效负载转矩,N·m;

　　　　θ_M——传动系统弹簧前端的角度,rad。

弹簧后端动力学方程为

$$T_2 - T_L = J_L \frac{\mathrm{d}^2\theta_L}{\mathrm{d}t^2} \qquad (2-34)$$

式中　T_2——弹簧后端等效驱动转矩,N·m;

　　　　θ_L——传动系统弹簧后端的角度,rad。

弹簧处动力学方程为

$$T_1 - T_2 = B(\theta_M - \theta_L) \qquad (2-35)$$

将式(2-33)、式(2-34)和式(1-25)联立,即为图2-11系统的动力学方程。

黏滞摩擦和库仑摩擦是传动系统中固有存在的,其系数无法通过理论分析准确得到,一般是通过实测的方法得到。现对测量方法进行介绍,空载模型如图2-12所示。

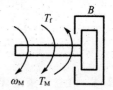

图2-12　空载传动系统简图

首先在该系统上施加一恒定驱动力矩 T_{M1},并待系统稳定运行后测量系统的运行转速 ω_{M1},此时得到力平衡方程

$$T_{M1} = B\theta_{M1} + T_f \qquad (2-36)$$

再施加一恒定驱动力矩 T_{M2},且不与 T_{M1} 相等,待系统稳定运行后测量系统的运行转速 ω_{M2},此时得到力平衡方程

$$T_{M2} = B\theta_{M2} + T_f \qquad (2-37)$$

联立式(2-36)和式(2-37)可得

$$\begin{cases} B = \dfrac{T_{M1} - T_{M2}}{\theta_{M1} - \theta_{M2}} \\[3mm] T_f = \dfrac{T_{M2}\theta_{M1} - T_{M1}\theta_{M2}}{\theta_{M1} - \theta_{M2}} \end{cases} \tag{2-38}$$

下面以曲柄滑块机构为例介绍非线性系统的动力学方程的建立。机构示意图如图 2-13 所示。

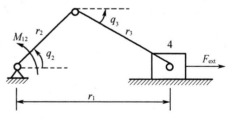

图 2-13　曲柄滑块机构示意图

1. 建立力方程

曲柄滑块机构中,恒定转矩作用于曲柄,恒定外力作用于滑块上。各杆件的受力图如图 2-14 所示。

杆件 2 的受力图如图 2-14(a)所示,对杆件 2 应用牛顿定律,可得其方程为

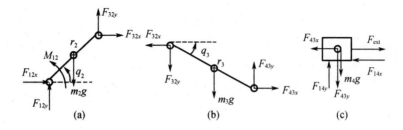

图 2-14　曲柄滑块机构各杆件的受力图

$$\begin{cases} F_{12x} + F_{32x} = m_2 a_{c2x} \\ F_{12y} + F_{32y} - m_2 g = m_2 a_{c2y} \\ -F_{32x}r_2 sq_2 + F_{32y}r_2 cq_2 + M_{12} - m_2 g \cdot r_{c2} cq_2 = I_2 \varepsilon_2 \end{cases} \tag{2-39}$$

式中　m_2, I_2——杆 2 的质量和转动惯量;

　　　a_{c2x}, a_{c2y}——杆 2 质心的加速度在 x, y 轴方向的分量;

　　　ε_2——杆 2 绕其质心的角加速度;

　　　c——代表 cos,下同;

　　　s——代表 sin,下同。

杆件 3 的受力图如图 2-14(b)所示,对杆 3 应用牛顿定律,可得方程为

$$\begin{cases} -F_{32x} + F_{43x} = m_3 a_{c3x} \\ -F_{32y} + F_{43y} - m_3 g = m_3 a_{c3y} \\ F_{43x}(r_3 - r_{c3})sq_3 + F_{43y}(r_3 - r_{c3})cq_3 + F_{32x}r_{c3}sq_3 + F_{32y}r_{c3}cq_3 = I_3 \varepsilon_3 \end{cases} \tag{2-40}$$

式中　m_3, I_3——杆 3 的质量和转动惯量;

　　　a_{c3x}, a_{c3y}——杆 3 质心的加速度在 x, y 轴方向的分量;

　　　ε_3——杆 3 绕其质心的角加速度。

滑块 4 的受力图如图 2-14(c)所示,忽略滑块与机架之间的摩擦力 F_{14x},对滑块 4 应用牛顿定律,可得方程为

$$\begin{cases} -F_{43x} + F_{ext} = m_4\ddot{r}_1 \\ -F_{43y} + F_{14y} - m_4g = 0 \end{cases} \tag{2-41}$$

其中,m_4 为滑块 4 的质量。

式(2-39)~式(2-41)共 8 个方程,即为曲柄滑块机构的力平衡方程。

2. 建立闭环矢量方程

从图 2-13 中可以看出,$\boldsymbol{r}_2$,$\boldsymbol{r}_3$ 和 $\boldsymbol{r}_1$ 构成一个封闭的三角形,用矢量表示为

$$\boldsymbol{r}_2 + \boldsymbol{r}_3 = \boldsymbol{r}_1 \tag{2-42}$$

将矢量方程分解到 x,y 坐标轴上,则有

$$\begin{cases} r_2cq_2 + r_3cq_3 = r_1 \\ r_2sq_2 - r_3sq_3 = 0 \end{cases} \tag{2-43}$$

对式(2-43)两次求导,得到各杆件的速度(角速度)与加速度(角加速度)之间的关系

$$\begin{cases} \ddot{r}_1 + r_3sq_3\varepsilon_3 + r_2sq_2\varepsilon_2 = -r_2cq_2\omega_2^2 - r_3cq_3\omega_3^2 \\ r_2cq_2\varepsilon_2 - r_3cq_3\varepsilon_3 = r_2sq_2\omega_2^2 - r_3sq_3\omega_3^2 \end{cases} \tag{2-44}$$

3. 建立质心加速度方程

杆 2 质心的位置方程为

$$\begin{cases} r_{c2x} = r_{c2}cq_2 \\ r_{c2y} = r_{c2}sq_2 \end{cases} \tag{2-45}$$

杆 3 质心的位置方程为

$$\begin{cases} r_{c3x} = r_2cq_2 + r_{c3}cq_3 \\ r_{c3y} = r_2sq_2 - r_{c3}sq_3 \end{cases} \tag{2-46}$$

其中,r_{c2},r_{c3} 为杆 2、杆 3 的质心分别距其左端的距离。

将式(2-33)及式(2-34)两次求导,得到质心加速度方程为

$$\begin{cases} a_{c2x} = -r_{c2}sq_2\varepsilon_2 - r_{c2}cq_2\omega_2^2 \\ a_{c2y} = r_{c2}cq_2\varepsilon_2 - r_{c2}sq_2\omega_2^2 \\ a_{c3x} = -r_2sq_2\varepsilon_2 - r_2cq_2\omega_2^2 - r_{c3}sq_3\varepsilon_3 - r_{c3}cq_3\omega_3^2 \\ a_{c3y} = r_2cq_2\varepsilon_2 - r_2sq_2\omega_2^2 - r_{c3}cq_3\varepsilon_3 + r_{c3}sq_3\omega_3^2 \end{cases} \tag{2-47}$$

上述式(2-39)~式(2-41)8 个力平衡方程,以及式(2-44)~式(2-47)共 6 个运动约束方程为曲柄滑块的动力学方程组。该方程组的进一步解算在此不详细介绍。

对于图 2-13 所示这样复杂的机电传动系统而言,也可以通过机构仿真的方法了解系统的动力学特性。在此利用 MATLAB/SimMechanics 软件对例 2-2 所示刨床传动系统进行机构仿真,分析等效到电动机轴上的转动惯量,意在介绍机构仿真的方法和思想。有关 MATLAB/SimMechanics 软件的使用请参考其他书籍。例 2-2 所示刨床传动系统的仿真模型如图 2-15 所示,在这里利用丝杠螺母机构代替了齿轮齿条机构。在该模型的电动机转动副上施加驱动力矩,同时再检测角加速度,两者相除得到系统的等效惯量。

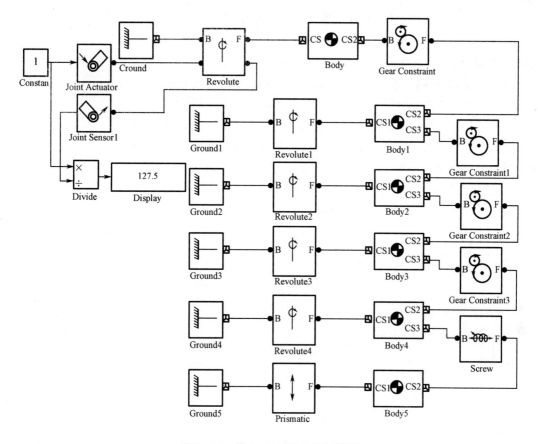

图 2 – 15 例 2 – 2 的机构仿真模型

2.3 负载机械特性方程

从上文所介绍的系统动力学方程式(2 – 4)中可以看出,要分析机电传动系统的动力学关系,实现对传动系统的运动控制,必须了解负载转矩,而负载转矩是由生产机械决定的,其可能是不变的常数,也可能是速度的函数。实际上大多数生产机械的负载转矩都可以表示成与速度的关系,我们将同一转轴的生产机械负载转矩与转速的关系称为生产机械的负载转矩特性,或者称为生产机械的机械特性。在实际应用中,为了便于和电动机的机械特性配合起来分析传动系统的运行情况,今后提及生产机械的机械特性时,除特别说明外,均指电动机轴上的负载转矩和电动机轴转速之间的函数关系,即 $T_L = f(n_L)$。

不同类型的生产机械在运动中受阻力的性质不同,其机械特性曲线的形状也有所不同,大体上可以归纳为恒转矩型机械特性、恒功率型机械特性、离心式通风机型机械特性和直线型机械特性等几种典型的机械特性。

2.3.1 恒转矩型机械特性

它的特点是负载转矩 T_L 恒定不变,与转速 n 无关,即 T_L = 常数。这种负载称为恒转矩负载,这种机械特性称为恒转矩负载机械特性。恒转矩负载又分为反抗性恒转矩负载和位能性恒转矩负载两种。它们的机械特性也分为两种。

1. 反抗性恒转矩型机械特性(又称为摩擦转矩负载)

其特点是负载转矩的大小恒定不变,但其方向总是与运动方向相反的。当运动方向改变时,负载转矩的方向也随之改变,它总是阻碍运动的。摩擦,非弹性体的压缩、拉伸与扭转等作用产生的负载转矩,机床加工过程中切削力所产生的负载转矩就是这类负载特性。反抗性恒转矩负载的机械特性如图2-16所示,总在第一或第三象限。

2. 位能性恒转矩型机械特性

其特点是负载转矩的大小恒定不变,而且具有固定的方向,不随转速方向的改变而改变。这种负载称为位能性恒转矩负载,它的机械特性称为位能性恒转矩型机械特性,如图2-17所示,总在第一或第四象限。起重机类机械提升和下放重物时产生的负载转矩是典型的位能性恒转矩,这类机械的机械特性为典型的位能性恒转矩型机械特性。

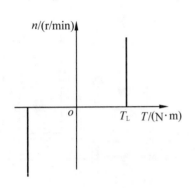

图 2-16 反抗性恒转矩型机械特性

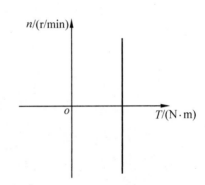

图 2-17 位能性恒转矩型机械特性

当考虑传动机械由于摩擦阻力产生的转矩损耗时,实际的位能性恒转矩负载机械特性如图2-18所示,即同时存在反抗性恒转矩型机械特性。图中虚线所示为重物产生的位能性负载转矩 T_{L1},传动机构的损耗转矩为 ΔT。提升重物时($n>0$),损耗转矩由电动机承担,折算到电动机轴上的负载转矩应为两者之和,即 $T_L = T_{L1} + \Delta T$;下放重物时($n<0$),损耗转矩由负载承担,折算到电动机轴上的负载转矩应为两者之差,即 $T_L = T_{L1} - \Delta T$。

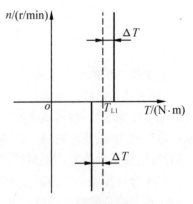

图 2-18 考虑实际摩擦损耗时位能
性恒转矩型机械特性

2.3.2 恒功率型机械特性

其特点是生产机械负载转矩的大小基本上与转速 n 成反比,即

$$T_L = \frac{K}{n}$$

其中,K 为比例常数。

可见这时负载的功率为常数,所以这种负载称为恒功率负载,其机械特性称为恒功率型机械特性。由于此类负载亦属反抗性负载,机械特性在第一和第三象限,第一象限的恒功率负载机械特性如图2-19所示。金属切削机床是典型的恒功率负载,因为它们在粗加

工时,切削量大,切削力和负载转矩大,但通常切削速度较低;在精加工时,切削量小,切削力和负载转矩小,但切削速度较高,切削功率则基本不变。所以,金属切削机床的机械特性属于恒功率型机械特性。

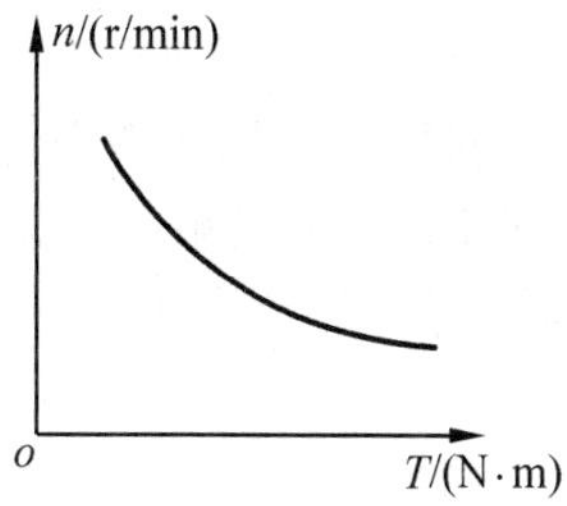

图 2 - 19　恒功率型机械特性

2.3.3　离心式通风机型机械特性

这一类型机械是按离心力原理工作的。其特点是负载转矩的大小基本上与转速的平方成正比,即

$$T_L = Cn^2 \qquad (2-48)$$

其中,C 为常数。

该负载属于反抗性负载,即转速反向时,负载转矩亦随之反向。机械特性在第一和第三象限,第一象限的机械特性如图 2 - 20 中的实线所示,第三象限的特性与第一象限的特性为关于原点对称。属于该类负载的生产机械有工业上应用很广的离心式鼓风机、水泵、油泵等。考虑传动机械摩擦阻力产生转矩损耗时,实际离心式通风机型的机械特性应为 $T_L = Cn^2 + T_{L0}$,如图2 - 20 中的虚线所示。

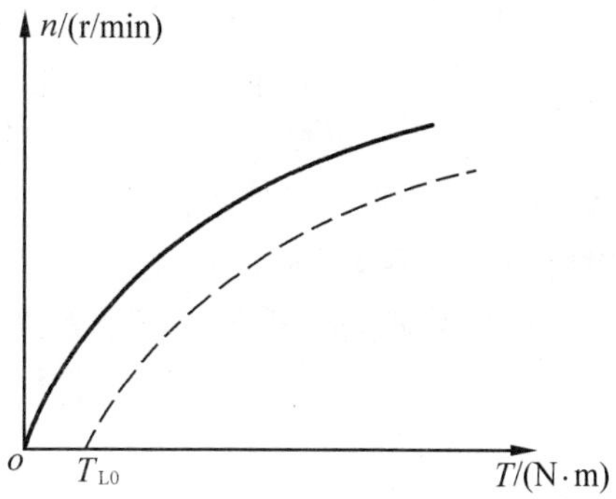

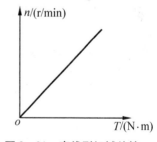

图 2 - 20　离心式通风机型机械特性

2.3.4　直线型机械特性

其特点是机械的负载转矩 T_L 是随 n 的增加成正比地增大,如图 2 - 21 所示。实验室中作模拟负载用的他励直流发电机,当励磁电流和电枢电阻固定不变时,其电磁转矩与转速即成正比。

除了上述几种类型的生产机械外,还有一些生产机械具有各自的转矩特性,如带曲柄连杆机构的生产机械,它们的负载转矩 T_L 是随转角的变化而变化的,而球磨机、碎石机等生产机械,其负载转矩则随时间做无规律的随机变化等。

图 2 - 21　直线型机械特性

还应指出,实际负载可能是单一类型的,也可能是几种类型的综合。

2.4　机电传动系统的稳定运行

对机电传动系统的研究一般都是将系统等效变换成电动机与负载同轴相连的单轴系统。这样可以把电动机的机械特性与生产机械的机械特性画在同一个坐标系中,对系统的运行性能进行讨论。为了使系统运行合理,就要使电动机的机械特性与生产机械的机械特性尽量相匹配,其中最基本的要求是系统能稳定地运行。机电传动系统稳定运行有两方面的含义:一是指系统能以一定的速度匀速运行;二是系统在受外部干扰(如电压波动、负载波动等)的作用后,会离开平衡点,但在新的条件下可达到新的平衡(到达一个新的平衡点),而干扰消除后系统又能回到原来的平衡点匀速运行。

为保证系统匀速稳定运行,必要条件是电动机轴上的拖动转矩 T_M 和折算到电动机轴上的负载转矩 T_L 大小相等,方向相反,这样才能达到相互平衡。从 $T-n$ 坐标平面上看,即机械特性曲线上看,这意味着电动机的机械特性曲线和生产机械的机械特性曲线必须有交点,该交点被称为拖动系统的平衡点,但该平衡点是否为稳定平衡点还需进一步分析。图 2-22 所示为一传动系统的机械特性曲线,其中曲线 1 为电动机的机械特性曲线,曲线 2 为生产机械的机械特性曲线,其平衡点为 a 和 b。

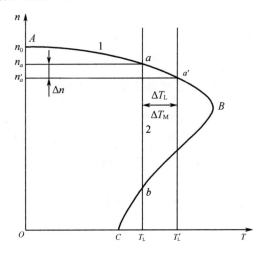

图 2-22　稳定工作的判别

分析 a 点。在系统出现干扰时,例如负载转矩突然增加了 ΔT_L,则 T_L 变为 T'_L,这时,电动机来不及反应,仍工作在原来的 a 点,其转矩为 T_M,于是 $T_M < T'_L$,由拖动系统运动方程可知,系统要减速,即 n 要沿着机械特性曲线下降到 $n'_a = n_a - \Delta n$,从电动机机械特性的 AB 段可看出,电动机转矩 T_M 将增大为 $T'_M = T_M + \Delta T_M$。电动机的工作点转移到 a' 点,在该点稳定运行。当干扰消除后,必有 $T'_M > T_L$ 迫使电动机加速,转速 n 沿机械特性曲线上升,而 T_M 又要随 n 的上升而减小,直到 $\Delta n = 0$,$T_M = T_L$,系统重新回到原来的运行点 a;反之,若 T_L 突然减小,n 上升,当干扰消除后,也能回到 a' 点工作,所以 a 点是系统的稳定平衡点。

分析 b 点。若 T_L 突然增加,n 要下降,从电动机机械特性的 BC 段可看出,T_M 要减小,当干扰消除后,则有 $T_M < T_L$ 使得 n 又要下降,T_M 随 n 的下降而进一步减小,使 n 进一步下降,一直到 $n = 0$,电动机停转;反之,若 T_L 突然减小,n 上升,使 T_M 增大,促使 n 进一步上升,直至越过 B 点进入 AB 段的 a 点工作,所以 b 点不是系统的稳定平衡点。

从以上对于稳定运行的分析可以总结出,机电传动系统稳定运行的必要充分条件是:

(1)电动机的机械特性曲线与负载的机械特性曲线有交点,即系统存在平衡点;

(2)当转速大于平衡点所对应的转速时,$T_M < T_L$,即若干扰使转速上升,当干扰消除后应有 $T_M - T_L < 0$,转速向平衡点处回落;而当转速小于平衡点所对应的转速时,$T_M > T_L$,即若干扰使转速下降,当干扰消除后应有 $T_M - T_L > 0$,转速向平衡点处上升。总之就是干扰产生后,系统偏离平衡点,干扰消除后,系统回到平衡点。

只有满足上述两个条件的平衡点,才是传动系统的稳定平衡点,即只有这样的特性匹配,系统在受到外部干扰后,才具备恢复到原来平衡状态稳定运行的能力。

例 2-5　图 2-23 所示传动系统的机械特性曲线中,曲线 1 为电动机的机械特性曲线,

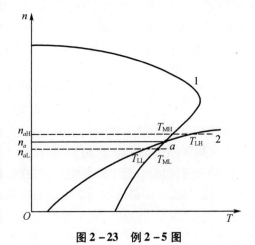

图 2-23　例 2-5 图

曲线 2 为生产机械的机械特性曲线,试判断图中交点 a 的稳定性。

解　a 点是两条机械特性曲线的交点,即为平衡点,满足稳定运行的必要条件 $T_M = T_L$。当转速为 n_{aH} 时,有 $n_{aH} > n_a$,$T_{MH} < T_{LH}$;反之,当转速为 n_{aL} 时,有 $n_{aL} < n_a$,$T_{ML} > T_{LL}$,满足充分条件。所以,a 点为稳定平衡点。

习题与思考题

2-1　机电传动系统动力学方程式中,T_M,T_L 和 n 的正方向是如何规定的?

2-2　说明 J 和 GD^2 的概念,它们之间有什么关系?

2-3　从动力学方程式中如何看出系统是处于加速、减速、匀速等运动状态?

2-4　分析多轴机电传动系统时为什么要折算为单轴系统,折算的原则是什么?

2-5　起重机提升和下放重物时,传动机构的损耗由电动机承担还是重物承担? 提升和下放同一重物时,传动机构损耗的大小如果相同,传动机构的效率是否相等?

2-6　典型负载的机械特性有哪几种类型,各有什么特点?

2-7　什么叫稳定运行,机电传动系统稳定运行的条件是什么?

2-8　试列出图 2-24 所示几种情况下系统的动力学方程式,并说明系统的运行状态是加速、减速还是匀速?(图中箭头方向表示转矩的实际作用方向)

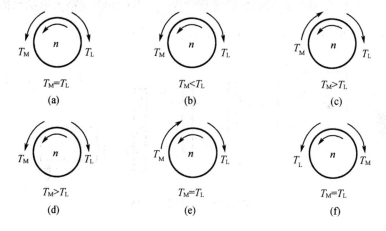

图 2-24　习题 2-8 图

2-9　图 2-25 所示机电传动系统,减速机构为两级减速箱。已知齿轮齿数之比 $Z_2/Z_1 = 3$,$Z_4/Z_3 = 5$,减速机构的效率 $\eta_c = 0.92$,各齿轮的飞轮惯量分别为 $(GD^2)_1 = 29.4$ N·m²,$(GD^2)_2 = 78.4$ N·m²,$(GD^2)_3 = 49$ N·m²,$(GD^2)_4 = 196$ N·m²,电动机的飞轮惯量 $(GD^2)_M = 294$ N·m²,负载的飞轮惯量 $(GD^2)_g = 450.8$ N·m²,负载转矩 $T_g = 470.4$ N·m,试求:

(1)折算到电动机轴上的负载转矩 T_L;

(2)折算到电动机轴上系统的飞轮惯量 $(GD^2)_a$。

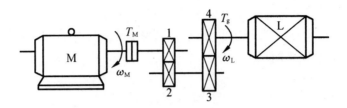

图 2-25 习题 2-9 图

2-10 图 2-26 所示的某车床电力拖动系统中,已知切削力 $F = 2\,000$ N,工件直径 $d = 150$ mm,电动机转速 $n_M = 1\,450$ r/min,传动机构的各级速比,$i_1 = 2$,$i_2 = 1.5$,$i_3 = 2$,各转轴的飞轮惯量为 $(GD^2)_M = 3.5$ N·m²,$(GD^2)_1 = 2$ N·m²,$(GD^2)_2 = 2.7$ N·m²,$(GD^2)_3 = 9$ N·m²,各级传动效率都是 $\eta_c = 0.9$,试求:

(1)切削功率;

(2)电动机输出功率;

(3)系统总的飞轮惯量;

(4)忽略电动机的空载制动转矩时,电动机的电磁转矩;

(5)车床开车未切削时,若电动机转速加速度 $\dfrac{\mathrm{d}\omega}{\mathrm{d}t} = 84$ rad/s²,略去电动机的空载制动转矩但不忽略传动机构的损耗转矩时,求电动机的电磁转矩。

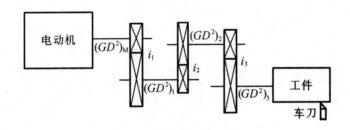

图 2-26 习题 2-10 图

2-11 图 2-27 所示为提升机构传动系统,电动机转速 $n_M = 950$ r/min,齿轮减速箱的传动比 $i_1 = i_2 = 4$,卷筒直径 $D = 0.24$ m,起重负载力 $G = 100$ N,电动机的飞轮惯量 $(GD^2)_M = 1.05$ N·m²,齿轮、滑轮和卷筒总的传动效率为 $\eta_c = 0.83$,试求提升速度 v 和折算到电动机轴上的静态转矩 T_L 以及折算到电动机轴上整个拖动系统的等效飞轮惯量 $(GD^2)_a$。

2-12 在图 2-28 中,曲线 1 和 2 分别为电动机和负载的机械特性,试判断哪些是系统的稳定平衡点,哪些不是。

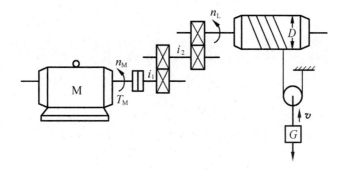

图 2 − 27 习题 2 − 11 图

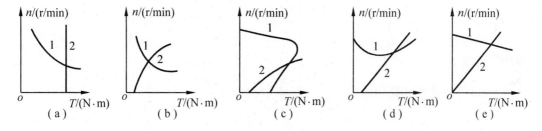

图 2 − 28 习题 2 − 12 图

第3章 直流电动机及拖动

直流电动机是一种将直流电能转换为机械能的装置。它的最大优点是调速性能好,可以在宽广的范围内实现无级调速;另外,它的启动转矩大,过载能力强。因此,直流电动机被广泛应用于运输、起重、轧钢等领域中。例如无轨电车、电动机车、船舶设备、轧钢机、起重吊车等大多采用直流电动机作为动力。

3.1 直流电动机的结构和工作原理

直流电动机是最早出现的电动机。随着科学技术的发展,材料和工艺的完善,以及工程技术的需要,直流电动机成为发展最快、品种变化最多的一种电动机,各种新结构、新品种的直流电动机不断涌现。

3.1.1 直流电动机的结构

一般直流电动机的结构如图3-1所示。

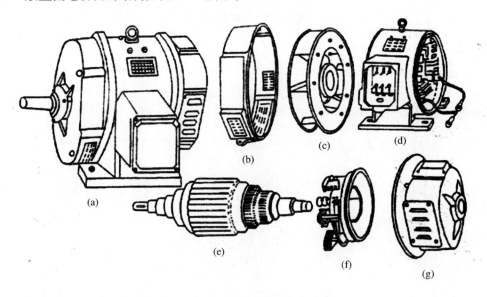

图3-1 直流电动机的结构图

(a)直流电机外形图;(b)前端盖;(c)风扇;(d)定子;(e)转子;(f)电刷装置;(g)后端盖

直流电动机由定子和转子两大部分组成,在定子和转子之间是空气隙。

1.定子(静止部分)

定子的作用是产生主磁场和支撑电机,它主要由主磁极、机座、电刷装置、端盖和轴承等组成。图3-2为定子的结构示意图。

主磁极由主磁极铁芯(包括极芯1和极掌2)和绕在其上面的励磁绕组3组成,主要作用是产生主磁场,如图3-3所示。极掌的作用是使通过空气隙中的磁通分布最为合适,并使励磁绕组能牢固地固定在极芯上。主磁极铁芯由冲成 1~1.5 mm 厚的钢板叠压铆合而成,目的是减小涡流损耗。励磁绕组用绝缘铜线绕成。

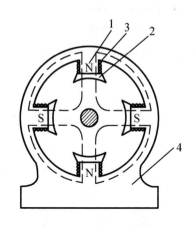

图 3-2　定子结构示意图

1—极芯;2—极掌;3—励磁绕组;4—机座

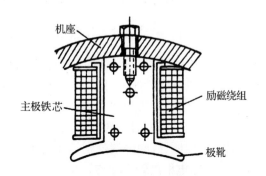

图 3-3　主磁极结构图

机座 4 的作用是:一方面作为磁通的通路;另一方面在其上安装主磁极,并通过端盖支持电枢部分。机座通常采用铸钢或钢板制成。

电刷装置的作用是通过固定的电刷和旋转的换向器之间的滑动接触,使旋转的转子电路与静止的外电路相连接。电刷装置由电刷、刷握、刷杆、刷杆座等组成。

前后端盖用来安装轴承和支撑电枢,一般为铸铁件或铸钢件。

2. 转子或电枢(转动部分)

对于直流电动机,转子的作用是产生机械转矩以实现能量的转换。转子主要由电枢铁芯、电枢绕组、换向器、转轴和风扇等组成,如图 3-4 所示。

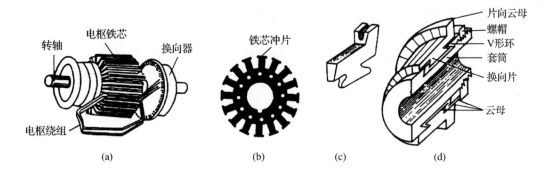

图 3-4　转子结构简图

(a)电枢;(b)铁芯冲片;(c)换向片;(d)换向器

电枢铁芯的作用是通过磁通以减小磁路的磁阻和嵌放电枢绕组。一般用硅钢片叠压而成,呈圆柱形,表面冲了槽,电枢绕组就嵌放在槽里面。为了加快铁芯的冷却,电枢铁芯上有轴向的通风孔,如图 3-4(b)所示。

电枢绕组的作用是产生感应电动势并通过电流,使电机实现能量的转换。绕组一般由铜线绕成,包上绝缘后嵌入电枢铁芯的槽中。为了防止离心力将绕组甩出槽外,一般用槽楔将绕组楔在槽内。

在直流电动机中,换向器的作用是将电刷间的直流电势和电流转换为电枢绕组的交变电流,并保证每一磁极下,电枢电流的方向不变,以产生恒定的电磁转矩。换向器由很多彼此绝缘的铜片叠合而成,这些铜片称为换向片,每个换向片都和电枢绕组连接。

转轴的作用是用来传递转矩,转轴一般用合金钢锻压而成。

3.1.2　直流电动机的工作原理

任何电机的工作原理都是建立在电磁力和电磁感应基础上的,对直流电动机也是如此。

为了讨论问题方便,可把复杂的直流电动机结构简化为图3-5所示的工作原理图。直流电动机的定子上具有一对方向固定的磁极,电枢绕组只是一个线圈,线圈两端分别连在两个换向片上(换向片随电枢旋转而旋转),换向片上压着电刷 A 和 B(电刷是固定不动的),直流电源通过电刷引入电枢绕组。

直流电源的极性及流过电枢的电流方向如图3-5所示。通电导体在磁场中受到电磁力,该力的方向可根据左手定则确定,由此可判断出从换向器这一侧看过去,电枢受到顺时针方向的

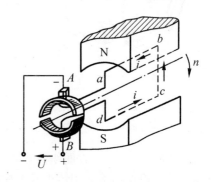

图3-5　直流电动机的工作原理图

电磁转矩,电枢顺时针方向旋转。当电枢绕组的 ab 段从 N 极下转到 S 极下时(对应绕组 cd 段从 S 极下转到 N 极下),如果流过其中的电流方向不变,则该段导体受到的电磁力方向改变,电枢受到逆时针方向电磁转矩的作用。由上可知,要使电枢受到一个方向不变的电磁转矩的作用,必须保证每个磁极下绕组中的电流始终是一个方向。亦即电枢绕组中的电流方向随着所在磁极的不同而改变,即电流是交变的。而这正是由换向片和电刷来实现的,它们把直流电源转换为电枢绕组中的交流电,使电枢受到方向不变的电磁转矩的作用,从而能连续运转。

实际的直流电动机,电枢圆周上均匀地嵌放许多线圈,相应地换向器由许多换向片组成,使电枢线圈所产生的总的电磁转矩足够大并且比较均匀,电动机的转速也就比较均匀。

1.电枢绕组的感应电动势

设某一转子绕组处于图3-5所示位置,其有效长度为 l、宽度为 D,系统磁感应强度为 B,此时导体电动势为

$$e = Blv \tag{3-1}$$

将导体线速度 v 用转速 n 表示,即

$$v = \frac{D}{2} \cdot 2\pi \cdot \frac{n}{60} \tag{3-2}$$

将式(3-2)代入式(3-1)有

$$e = Bl\frac{D}{2} \cdot 2\pi \cdot \frac{n}{60} = \frac{\pi}{60}\Phi n \tag{3-3}$$

考虑其他转子绕组后,电动机的感应电动势为

$$E = ce = c\frac{\pi}{60}\Phi n = K_e\Phi n \tag{3-4}$$

式中　E——反电动势,V;

K_e——反电动势常数,仅与电动机结构有关;

Φ——主磁极磁通,Wb;

n——电枢转速,r/min。

考虑到这个电动势的方向(可由右手定则确定)与电流或外加电压总是相反的,故称之为反电动势。

2. 电磁转矩

电动机运行时,电枢中都有电流流过,该电流在磁场中必然产生电磁力,从而对转轴形成转矩,称其为电磁转矩 T,如图 3 - 5 所示位置。令电枢电流为 I_a,则该绕组一侧有效边产生的电磁力为

$$f = BlI_a \tag{3 - 5}$$

则对转轴的作用转矩为

$$t = BlI_a \frac{D}{2} = \frac{1}{2}\Phi I_a \tag{3 - 6}$$

考虑其他转子绕组后,电动机的电磁力矩为

$$T = ct = \frac{c}{2}\Phi I_a = K_t \Phi I_a \tag{3 - 7}$$

式中　T——电磁转矩,N·m;

Φ——主磁极磁通,Wb;

K_t——转矩常数,仅与电动机结构有关的常数;

I_a——电枢电流,A。

根据式(3 - 4)和式(3 - 7)可知,同一电动机反电动势常数和转矩常数的关系为

$$K_t = \frac{30}{\pi}K_e \approx 9.55K_e \tag{3 - 8}$$

直流发电机的模型与直流电动机相同,不同的是电刷上不加直流电压,而是用原动机拖动电枢朝某一方向,例如逆时针方向旋转(从换向器端看过去),如图 3 - 5 所示。这时导体 ab 和 cd 分别切割 N 极和 S 极下的磁力线,感应产生电动势,电动势的方向用右手定则确定。图示情况,导体 ab 中电动势的方向由 b 指向 a,导体 cd 中电动势的方向由 d 指向 c,所以电刷 A 为正极性,电刷 B 为负极性。电枢旋转 180°时,导体 cd 转至 N 极下,感应电动势的方向由 c 指向 d,电刷 A 与 d 所连换向片接触,仍为正极性;导体 ab 转至 S 极下,感应电动势的方向变为 a 指向 b,电刷 B 与 a 所连换向片接触,仍为负极性。可见,直流发电机电枢线圈中的感应电动势的方向是交变的,而通过换向器和电刷的作用,在电刷 A、B 两端输出的电动势是方向不变的直流电动势。若在电刷 A,B 之间外接负载,发电机就能向负载供给直流电能。

从以上分析可以看出,一台直流电机原则上既可以作为电动机运行,也可以作为发电机运行。具体工作于哪种状态,取决于外界的条件。将直流电源加于电刷,输入电能,电机能将电能转换为机械能,拖动生产机械旋转,作电动机运行;如用原动机拖动直流电机的电枢旋转,输入机械能,电机能将机械能转换为直流电能,从电刷上引出直流电动势,作发电机运行。同一台电机,既能作电动机运行,又能作发电机运行的原理,称为电机的可逆原理。

3.2　直流电动机的分类及工作特性

3.2.1　直流电动机的分类

按照励磁方式(即获得磁通 Φ 的方式)和励磁绕组与电枢绕组连接方式的不同,直流电动机可分为并励式、串励式、他励式、复励式和永磁式等,如图 3-6 所示。

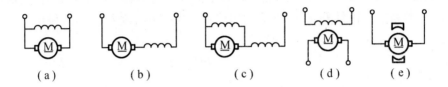

图 3-6　不同励磁方式的电动机结构示意图
(a)并励式;(b)串励式;(c)复励式;(d)他励式;(e)永磁式

并励式直流电动机是励磁绕组与电枢绕组并联,其特点是

$$I = I_a + I_f$$

而励磁电流 $I_f \approx (1\% \sim 5\%)I_N$,所以励磁绕组的导线细而匝数多。

串励式直流电动机的励磁绕组与电枢绕组串联,其特点是

$$I = I_a = I_f$$

由于励磁电流等于电枢电流,所以励磁绕组导线粗而匝数少。

复励式直流电动机的每个主磁极上所套励磁绕组分为两个部分,一部分与电枢绕组并联,另一部分与电枢绕组串联,当两部分励磁绕组产生的磁动势方向相同时,称为积复励,相反则称为差复励,通常选择积复励。

他励式直流电动机的励磁绕组与电枢绕组都是由各自电源供电,因此励磁电流不受电枢端电压或电枢电流的影响。其特点是

$$I = I_a$$

永磁式直流电动机所需磁场是由永久磁铁产生的,因此它的磁场强度大小是固定的,不能进行调节。所以有时用 C_e 和 C_t 来表示 $K_e\Phi$ 和 $K_t\Phi$,即 $C_e = K_e\Phi, C_t = K_t\Phi$。

并励、串励及复励电动机,其励磁电流就是电枢电流或电枢电流的一部分,所以也称为自励电动机。

按照使用场合的不同可选择各种不同类型的电动机,在伺服控制中通常采用永磁式直流电动机,而在动力控制中,常使用他励式的直流电动机。鉴于他励电动机应用较为广泛,所以本章主要讨论直流他励电动机的工作特性。

3.2.2　直流电动机的基本方程

直流电动机的基本方程式是指直流电动机稳定运行时,电路系统的电压平衡方程式、机械系统的转矩平衡方程式、能量转换过程中的功率平衡方程式。

1. 电压平衡方程

根据图 3-7,用基尔霍夫电压定律,可得电压平衡方程为

$$U = E + I_a R_a \tag{3-9}$$

其中,R_a 为电枢绕组电阻和电刷与换向器的接触电阻总和,通常称为电枢电阻。

由式(3-9)可见,直流电动机中 $E < U$,这是判断直流电动机电动运行状态的依据。而当电动机工作在发电运行状态时,$E > U, U = E - I_a R_a$。

2. 功率平衡方程

直流电动机稳定运行时,从电网输入给电动机的功率为 $P_1 = UI$,该功率不可能全部转换成电动机轴上的机械功率,在能量转换过程中总有一些损耗。从 P_1 中首先扣除电枢回路铜耗($P_{Cu} = I_a^2 R_a$),此时便得到电磁功率 P_M,电与磁相互作用全部转换成机械功率,即 $P_M = T \cdot \omega$;而电动机运

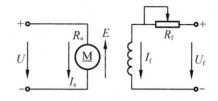

图 3-7 他励直流电动机电路图

行时,还应从 P_M 中扣除机械损耗(P_j)和铁耗(P_{Fe}),剩下的功率才是电动机轴上的输出功率 P_2。所以有

$$P_1 = P_M + P_{Cu} = P_2 + P_j + P_{Fe} + P_{Cu} \tag{3-10}$$

其中,$P_{Fe} + P_{Cu}$ 称为空载损耗,一般用 P_0 表示;P_j 为电动机内部的机械损耗。

3. 转矩平衡方程

当电动机稳定运行时,作用在电动机轴上有 3 个转矩:一是电枢电流与磁场相互作用产生的电磁转矩 T;二是电动机空载阻转矩 T_0;三是电动机轴上的输出转矩 T_2,该值与负载 T_L 相平衡。它们之间的关系为

$$T = T_2 + T_0$$

由于 T_0 很小,一般 $T_0 \approx (2\% \sim 6\%) T_N \approx 0$,将其省略后,有

$$T \approx T_2 \tag{3-11}$$

式(3-11)说明,稳定运行时,电磁转矩 T 与负载转矩 T_L 大小相等,方向相反。

3.2.3 直流电动机的机械特性方程

机械特性是电动机的主要特性,是分析电动机启动、调速、制动等问题的重要工具。所谓机械特性是指电动机的电磁转矩与转速之间的关系,即 $n = f(T)$,其描述的特性属于静特性。

参见图 3-7,考虑电压平衡方程式(3-9),将式(3-4)带入得

$$n = \frac{U}{K_e \Phi} - \frac{R_a}{K_e \Phi} I_a \tag{3-12}$$

将式(3-7)带入式(3-12)得

$$n = \frac{U}{K_e \Phi} - \frac{R_a}{K_e K_t \Phi^2} T \tag{3-13}$$

式(3-13)即为他励直流电动机的机械特性方程,可用于运行特性分析。有时利用式(3-12)进行运行特性分析显得更为方便。

在图 3-7 中,由于直流他励电动机的磁通 Φ 与电枢电流无关,当 U_f, R_f 不变时磁通 Φ 不变,而 K_e, K_t 是与电动机结构有关的常数,R_a 是电枢电阻,也为常数。因此,当电动机电枢两端的电压 U 不变时,机械特性曲线为一条直线,如图 3-8 所示。

式(3-13)中，$T=0$ 时的转速 $n_0 = U/K_e\Phi$ 称为理想空载转速。实际上，电动机总存在空载制动转矩，靠电动机本身的作用是不可能使其转速上升到 n_0 的，"理想"的含义就在这里。

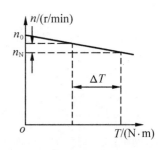

图3-8 他励直流电动机
的机械特性

为了衡量机械特性的平直程度，引进一个机械特性硬度的概念，记作 β。其定义为

$$\beta = \mathrm{d}T/\mathrm{d}n = \Delta T/\Delta n \times 100\% \qquad (3-14)$$

即转矩变化 $\mathrm{d}T$ 与所引起的转速变化 $\mathrm{d}n$ 的比值。参考机械特性方程式(3-13)可以得到

$$\beta = \frac{K_e K_t \Phi^2}{R_a} \qquad (3-15)$$

根据 β 值的不同，可将电动机机械特性分为三类：

(1)绝对硬特性($\beta \to \infty$)，如交流同步电动机的机械特性；

(2)硬特性($\beta > 10$)，如直流他励电动机的机械持性，交流异步电动机机械特性的上半部；

(3)软特性($\beta < 10$)，如直流串励电动机和直流积复励电动机的机械特性。

在实际生产中，应根据生产机械和工艺过程的具体要求来决定选用何种特性的电动机。例如，一般金属切削机床、连续式冷轧机、造纸机等需选用硬特性的电动机，而对起重机、电车等则需选用软特性的电动机。

1. 固有机械特性

当电枢上加额定电压 U_N、磁通为额定磁通 Φ_N、电枢回路不串任何电阻，即 $U = U_N$，$\Phi = \Phi_N$，$R_{ad} = 0$，这种情况下的机械特性称为直流他励电动机的固有机械特性。其方程式为

$$n = \frac{U_N}{K_e \Phi_N} - \frac{R_a}{K_e K_t \Phi_N^2} T \qquad (3-16)$$

其特性曲线如图3-9所示。

他励直流电动机固有机械特性具有如下特点：

(1)由于 R_a 很小，斜率 $|k| = R_a/K_e K_t \Phi_N^2$ 也很小，特性较平，属于硬特性，当转矩变化时，转速变化较小；

(2)当 $T=0$ 时，$n = n_0 = U_N/K_e \Phi_N$ 为理想空载转速，此时，$I_a = 0$，$E = U_N$。

直流他励电动机的固有机械特性可以根据电动机的铭牌数据来绘制。由式(3-16)知，由于特性曲线是一条直线，只要确定其中的两个点就能

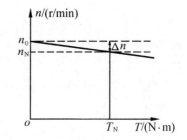

图3-9 他励电动机的固有机械特性

画出这条直线，一般就用理想空载点 $(0, n_0)$ 和额定运行点 (T_N, n_N) 来作出直线。通常在电动机铭牌上给出了额定功率 P_N、额定电压 U_N、额定电流 I_N、额定转速 n_N 等，电枢电阻 R_a 有时给出，有时不给出。由这些已知数据就可求出固有特性，其计算步骤如下。

如果 R_a 已经给出，则：

(1)计算 $K_e\Phi_N$ 和 $K_t\Phi_N$

$$K_e\Phi_N = \frac{U_N - I_N R_a}{n_N}, K_t\Phi_N = \frac{60}{2\pi}K_e\Phi_N$$

(2)计算理想空载点数据

$$T = 0, n_0 = \frac{U_N}{K_e\Phi_N}$$

(3)计算额定转矩

$$T_N = K_t\Phi_N I_N$$

或利用 $T_N = 9.55 P_N/n_N$(两式计算结果之间相差空载损耗转矩),根据计算所得 $(0, n_0)$ 和 (T_N, n_N) 两点就可以绘出电动机的固有机械特性。

如果电枢电阻 R_a 未给出,则需采取估算或实测的方法得出。

①估算

可按下式计算,即

$$R_a = \left(\frac{1}{2} \sim \frac{2}{3}\right)\frac{U_N I_N - P_N}{I_N^2} \tag{3 - 17}$$

其中,P_N 为额定输出功率,单位为 W。

式(3 - 17)是一个经验公式,它表示在额定负载下,电动机的电枢铜损耗占电动机全部损耗的 $1/2 \sim 2/3$。

②实测

如果已经有电动机,可以采取实测的方法测出 R_a。由于电刷与换向器表面接触电阻是非线性的,电枢电流很小时,表现的电阻值很大,不反映实际情况。为此不能用万用表直接测量正、负电刷之间的电阻,一般采用伏安法来测量。实测时,励磁绕组要开路,并卡住电枢不使其旋转。在测量过程中,可以让电枢转动几个位置进行测量,然后取其平均值。这种方法,只适用于容量几千瓦以下的小型电动机。当容量较大时,可以采用估算法。

前面讨论的是直流他励电动机正转时的机械特性,它在 $T - n$ 直角坐标平面的第一象限内。实际上电动机既可正转,也可反转。若将式(3 - 13)的等号两边乘以负号,即得电动机反转时的机械特性表示式。因为 n 和 T 均为负,故其特性应在 $T - n$ 平面的第三象限中,如图 3 - 10 所示。

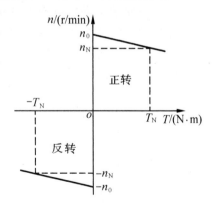

图 3 - 10　直流他励电动机正反转时的固有机械特性

2. 人为机械特性

人为机械特性就是指式(3 - 13)中供电电压 U 或磁通 Φ 不是额定值、电枢电路内接有外加电阻 R_{ad} 时的机械特性,亦称人为特性。下面分别介绍直流他励电动机的三种人为机械特性。

(1)电枢回路中串接附加电阻时的人为机械特性

如图 3 - 11(a)所示,当 $U = U_N$,$\Phi = \Phi_N$,电枢回路中串接附加电阻 R_{ad},若以 $R_{ad} + R_a$ 代替式(3 - 13)中的 R_a,就可求得人为机械特性方程式,即

$$n = \frac{U_{\mathrm{N}}}{K_{\mathrm{e}}\Phi_{\mathrm{N}}} - \frac{R_{\mathrm{ad}} + R_{\mathrm{a}}}{K_{\mathrm{e}}K_{\mathrm{t}}\Phi_{\mathrm{N}}^2}T = n_0 - \Delta n \qquad (3-18)$$

将它与固有机械特性式(3-16)比较可看出,当 U 和 Φ 都是额定值时,二者的理想空载转速 n_0 是相同的,而转速降 Δn 却变大了,即特性变软。R_{ad} 越大,特性越软,在不同的 R_{ad} 值时,可得一族过同一点 $(0, n_0)$ 的人为特性曲线,如图 3-11(b)所示。

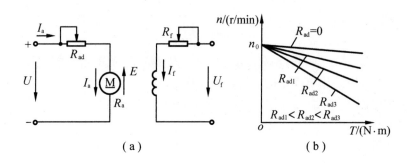

(a)　(b)

图 3-11　电枢回路中串接附加电阻的他励电动机

(a)原理图;(b)机械特性图

(2)改变电动机供电电压时的人为机械特性

改变供电电压时,机械特性的条件是:U 可变,$\Phi = \Phi_{\mathrm{N}}$,$R_{\mathrm{ad}} = 0$,与固有特性比较,只有 U 改变,机械特性方程式变为

$$n = \frac{U}{K_{\mathrm{e}}\Phi_{\mathrm{N}}} - \frac{R_{\mathrm{a}}}{K_{\mathrm{e}}K_{\mathrm{t}}\Phi_{\mathrm{N}}^2}T \qquad (3-19)$$

改变供电电压时,人为机械特性的特点是:

①斜率不变,各条特性曲线互相平行;

②理想空载转速 n_0 与 U 成正比。

由于一般要求电动机电枢的外加电压不超过其额定值,所以外加电压通常是在额定电压以下改变。改变外加电压时的机械特性曲线是从固有特性往下移,而且是平行于固有特性的一族直线,如图 3-12 所示。

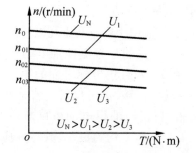

(3)减弱电动机磁通时的人为特性

图 3-13(a)所示的是减弱磁通时的原理图。此时 $U = U_{\mathrm{N}}$,$R_{\mathrm{ad}} = 0$,所以机械特性方程式为

图 3-12　改变电枢电压的人为特性曲线

$$n = \frac{U_{\mathrm{N}}}{K_{\mathrm{e}}\Phi} - \frac{R_{\mathrm{a}}}{K_{\mathrm{e}}K_{\mathrm{t}}\Phi^2}T \qquad (3-20)$$

由式(3-20)可看出,减弱磁通时,理想空载转速 n_0 将增高,又由于转速降落与 Φ^2 成反比,故机械特性随磁通减弱而变软,如图 3-13(b)所示。

在设计时,为节省铁磁材料,电机在正常运行时磁路已接近饱和,所以要改变磁通,只能是减弱磁通,因此对应的人为特性曲线在固有特性的上方。

在减弱磁通时必须注意:当磁通过分削弱后,在输出转矩一定的条件下,电动机电流将大大增加而会严重过载。另外,若处于严重弱磁状态,则电动机的速度会上升到机械强度

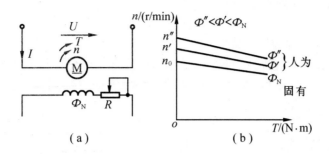

图 3 – 13　弱磁他励直流电动机原理及机械特性

（a）原理图；（b）机械特性图

不允许的数值,俗称"飞车"。因此,直流他励电动机启动时,必须先加励磁电流,在运行过程中,决不允许励磁电路断开或励磁电流为零,为此,直流他励电动机通常设有"失磁"保护。

上面讨论了机械特性曲线位于直角坐标系第一象限的情况(通常称该直角坐标系为 n – T 平面),它是指转速与电磁转矩均为正的情况;倘若电动机反转,电磁转矩也随 n 的方向一同变化,机械特性曲线的形状仍是相同的,只是位于 n – T 平面的第三象限,称为反转电动状态,如图3 – 14 所示。

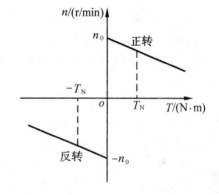

例 3 – 1　有一台 Z 型他励直流电动机,其铭牌数据为: $P_N = 40$ kW, $U_N = 220$ V, $I_N = 210$ A, $n_N = 750$ r/min,其中设定铜耗占总损耗的一半。求:

（1）固有机械特性;

图 3 – 14　他励电动机正反转时的机械特性

（2）电枢串入 0.4 Ω 电阻的人为机械特性;

（3） $U = 110$ V 的人为机械特性;

（4） $\Phi = 0.8\Phi_N$ 的人为机械特性。

解　在计算机械特性时,必须先求出电动机的电枢电阻 R_a 及 $K_e\Phi_N$, $K_t\Phi_N$ 的值。

$$R_a = \frac{1}{2} \times \frac{U_N I_N - P_N}{I_N^2} = \frac{1}{2} \times \frac{220 \times 210 - 40 \times 10^3}{210^2} = 0.07 \ \Omega$$

$$K_e\Phi_N = \frac{U_N - I_N R_a}{n_N} = \frac{220 - 210 \times 0.07}{750} = 0.273\ 7 \ \text{V} \cdot \text{min/r}$$

$$K_t\Phi_N = 9.55 K_e\Phi_N = 9.55 \times 0.273\ 7 = 2.613\ 8 \ \text{N} \cdot \text{m/A}$$

（1）固有机械特性

$$n = \frac{U_N}{K_e\Phi_N} - \frac{R_a}{K_e K_t \Phi_N^2}T = \frac{220}{0.273\ 7} - \frac{0.07}{0.273\ 7 \times 2.613\ 8}T = 804 - 0.097\ 8T$$

可得

$$T = 0, n = n_0 = 804 \ \text{r/min}$$

$$T_N = K_t\Phi_N I_N = 2.613\ 8 \times 210 = 548.9 \ \text{N} \cdot \text{m}, n_N = 750 \ \text{r/min}_\circ$$

过上述两点作直线即得固有特性，如图 3 – 15 中曲线 1 所示。

(2) $R_{ad} = 0.4\ \Omega$ 的人为机械特性

$$n = \frac{U_N}{K_e \Phi_N} - \frac{R_{ad} + R_a}{K_e K_t \Phi_N^2} T$$

$$= 804 - \frac{0.07 + 0.4}{0.273\ 7 \times 2.613\ 8} T$$

$$= 804 - 0.657 T$$

可得 $T = 0$ 时，$n_0 = 804$ r/min；$T_N = 548.9$ N·m时，$n = 804 - 0.657 \times 548.9 = 443$ r/min。

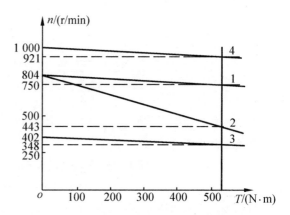

图 3 – 15 他励直流电动机的固有特性及人为特性

过上述两点作直线即得 $R_{ad} = 0.4\ \Omega$ 的人为特性，如图 3 – 15 中曲线 2 所示。

(3) $U = 110$ V 的人为机械特性

$$n = \frac{U}{K_e \Phi_N} - \frac{R_a}{K_e K_t \Phi_N^2} T = \frac{110}{0.273\ 7} - \frac{0.07}{0.273\ 7 \times 2.613\ 8} T = 402 - 0.097\ 8 T$$

可得 $T = 0$ 时，$n = n_0 = 402$ r/min；$T_N = 548.9$ N·m，$n = 402 - 0.097\ 8 \times 548.9 = 348$ r/min。

过上述两点作直线即得 $U = 110$ V 时的人为特性曲线，如图 3 – 15 中曲线 3 所示。

(4) $\Phi = 0.8 \Phi_N$ 的人为机械特性

$$n = \frac{U_N}{K_e \Phi} - \frac{R_a}{K_e K_t \Phi^2} T = \frac{220}{0.8 \times 0.273\ 7} - \frac{0.07}{0.8^2 \times 0.273\ 7 \times 2.613\ 8} T = 1\ 005 - 0.152\ 9 T$$

可得 $T = 0$，$n = n_0 = 1\ 005$ r/min；$T_N = 538.9$ N·m 时，$n = 1\ 005 - 0.152\ 9 \times 548.9 = 921$ r/min。

过上述两点作直线即得 $\Phi = 0.8 \Phi_N$ 时的人为特性，如图 3 – 15 中曲线 4 所示。

最后需要说明的是：弱磁时对应 T_N 的电枢电流 I_a 必然大于额定电流 I_N，所以此时电动机实际上处于过载运行状态，短时间尚可，长时间运行是不可以的。

3.3　直流他励电动机的启动特性

电动机的启动是指电动机接通电源后，由静止状态加速到稳定运行状态的过程。启动时间虽然很短，但如不能采用正确的启动方法，电动机就不能正常安全地投入运行，为此，应对直流电动机的启动过程和方法进行必要的分析。

从生产机械的生产过程来看，启动过程属于非生产过程，所占用的时间属于辅助生产时间。因此，大多数生产机械要求启动过程越短越好，以提高生产效率，对于频繁启、制动的生产机械尤其如此。

3.3.1　启动要求

直流他励电动机的启动一般有以下要求：

(1) 启动过程中启动转矩 T_{st} 足够大，使 $T_{st} > T_L$，电动机的加速度大于零，保证电动机能够启动，且启动过程时间较短，以提高生产效率；

(2) 启动电流的起始值 I_{st} 不能太大，否则会使换向困难，产生强烈火花，损坏电机，还会

产生转矩冲击,影响传动机构等;

(3)启动设备与控制装置简单、可靠、经济性好,操作方便。

由直流电动机的转矩公式 $T = K_t \Phi_N I_a$ 可知,启动转矩 $T_{st} = K_t \Phi_N I_{st}$,为使 T_{st} 较大而 I_{st} 又不致太大,首先要加足励磁,即调节励磁电阻使 $I_f = I_{fN}$,$\Phi = \Phi_N$,或者将励磁回路的调节电阻调至最小,使磁通为最大,再将电枢回路接通电源,通以电枢电流,产生启动转矩,开始启动。

对于直流电动机在不限流的情况下,一般不容许全压启动。全压启动就是直流电动机的电枢直接加以额定电压的启动方法。启动瞬间,由于机械惯性的原因,电动机转速 $n = 0$,则 $E = 0$,这时流过电枢的启动电流为

$$I_{st} = \frac{U - E}{R_a} = \frac{U}{R_a} \qquad (3-21)$$

由于电枢电阻 R_a 很小,I_{st} 的数值可达 $(10 \sim 50) I_N$,远超过电动机所允许的最大电流。

过大的启动电流将造成一些不良影响:

(1)电网电压波动过大,影响接在同一电网的其他用电设备正常工作;

(2)使电动机换向恶化,在换向器与电刷之间产生强烈火花或环火,同时电流过大造成电枢绕组易烧坏;

(3)启动转矩过大,使生产机械和传动机构受到强烈冲击而损坏。

除极小容量直流电动机(如家用电器中采用的某些直流电动机)外,不允许全压启动。

3.3.2　直流他励电动机的启动方法

从式(3-21)可见,限制直流电动机的启动电流大小可采用电枢回路串电阻和降压启动这两种启动方法。

1. 电枢回路串电阻启动

不同的生产工艺过程,对直流电动机启动过程会提出不同要求。例如,市内无轨电车就要求启动时平稳缓慢,启动过快会使乘客感到不适。而对一般生产机械则要求有足够的启动转矩,这样可缩短启动时间,提高生产效率。我国标准控制柜均按快速启动原则设计,用于普通生产机械上。启动速度的快慢可以通过改变启动电阻来实现。

启动电阻的计算应当满足启动过程的要求,即启动转矩要求大些,但也不能太大,因为电动机允许的最大电流受到换向器和机械强度的限制,一般最大允许电流约为额定电流的 $2 \sim 2.5$ 倍。从经济上要求启动设备简单、便宜而且可靠。为此启动电阻段数要少些,但太少则启动过程快速性和平滑性就要受到影响。由此可要求在保证不超过最大允许电流条件下尽可能平滑和快速启动。这就要求各段启动电阻都对应相同的最大电流和切换电流,启动段数一般约为 $3 \sim 4$ 段。

(1)串电阻启动过程分析

现以串三段电阻启动为例来分析启动过程。启动时电气原理图和机械特性如图 3-16(a)(b)所示。

R_{ad1},R_{ad2},R_{ad3} 为启动电阻,$KM_1 \sim KM_3$ 为接触器的常开触头。$R_1 = R_a + R_{ad1}$;$R_2 = R_a + R_{ad1} + R_{ad2}$;$R_3 = R_a + R_{ad1} + R_{ad2} + R_{ad3}$。先将电动机励磁,将 $KM_1 \sim KM_3$ 断开,此时电枢回路总电阻为 R_3,接通电源电压 U_N,在 $n = 0$ 时,启动电流 $I_1 = U_N / R_3$,启动点为 R_3 对应的机械特性与横轴的交点 b。显然,$I_1 > I_L$,即 $T_1 > T_L$,电动机由 b 点开始启动,变化过程沿 R_3 曲线

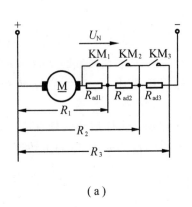
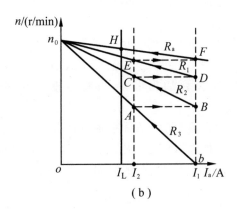

（a） （b）

图 3 – 16 逐级切换电阻启动的线路原理图及特性曲线图

（a）原理图；（b）机械特性图

由 $b \rightarrow A$。

为得到较大的加速转矩，到 A 点时闭合 KM_3，切除 R_{ad3}，一般称切换电阻时的电流 I_2 为切换电流，对应的转矩称为切换转矩。切除 R_{ad3} 后的电枢总电阻为 $R_2 = R_a + R_{ad1} + R_{ad2}$，对应的特性如图中的 R_2 曲线。在切换瞬间，转速不能突变，电枢电势保持不变，可知此时电流从 I_2 突增至 I_1，运行点由 A 过渡到 B。电动机转矩 T 从 T_2 突增到 T_1，得到与开始启动时同样大的加速转矩。变化过程沿 R_2 曲线由 $B \rightarrow C$。

同样，为得到较大的加速转矩，到 C 点时再闭合 KM_2，切除 R_{ad2}，电枢总电阻为 $R_1 = R_a + R_{ad1}$。因切除电阻瞬间，转速来不及变化，电枢电势保持不变。此时，电流和转矩再次突增到 I_1 和 T_1，运行点从 R_2 曲线上 C 点过渡到 R_1 曲线上的 D 点，电动机又获得与开始启动时同样大的加速转矩。变化过程沿 R_1 曲线由 $D \rightarrow E$。

等运行点到达 E 点时，最后闭合 KM_1，切除 R_{ad3}，运行点从 R_1 曲线上的 E 点过渡到固有特性上的 F 点，电流、转矩再一次突增到 I_1，T_1，加速过程一直持续到 H 点。在 H 点，$T = T_L$，$n = n_h$，系统稳定运行，启动过程结束。

在整个启动过程中，电动机启动过程将较平稳运行。

（2）启动最大电流 I_1 和切换电流 I_2 的选择

I_1 选择原则是不超过电动机容许的最大电流 I_{max}，即

$$I_1 = (2 \sim 2.5)I_N \qquad (3 - 22)$$

若要求快速启动，则 I_1 可选大些；若要求平稳缓慢启动，则 I_1 可选小些。

I_2 选择原则是兼顾启动的快速性及启动设备费用的合理性。一般 I_2 选择的范围为

$$I_2 = (1.1 \sim 1.2)I_N \qquad (3 - 23)$$

启动过程的切换电流 I_2 应大于负载电流 I_L，如出现 $I_2 < I_L$，说明启动段数多或者最大启动电流大。

分级启动时，每一级的 I_1（或 T_1）和 I_2 都取相同的值，即图 3 – 16 中的 A,C,E 对应相同的切换电流和 b,B,D,F 对应相同的最大电流，这样可使电机启动时加速度均匀。此时，令 $\lambda = I_1/I_2 = T_1/T_2$，$\lambda$ 称为启动电流比（或启动转矩比）。

（3）启动电阻的计算

由图 3 – 16（b）可知 $n_A = n_B$，即 $\dfrac{U - I_2 R_3}{K_e \Phi} = \dfrac{U - I_1 R_2}{K_e \Phi}$，化简得 $\dfrac{I_1}{I_2} = \dfrac{R_3}{R_2}$。因为 $n_C = n_D$，即

$\dfrac{U - I_2 R_2}{K_e \Phi} = \dfrac{U - I_1 R_1}{K_e \Phi}$，得 $\dfrac{I_1}{I_2} = \dfrac{R_2}{R_1}$。

同理，因为 $\dfrac{I_1}{I_2} = \dfrac{R_1}{R_a}$，所以

$$\frac{R_3}{R_2} = \frac{R_2}{R_1} = \frac{R_1}{R_a} = \frac{I_1}{I_2} = \lambda \qquad (3 - 24)$$

式（3 – 24）说明相邻两级启动电阻之比均等于启动电流比。若已知电枢电阻 R_a 和启动电流比 λ，则各级启动电阻为

$$\begin{cases} R_1 = \lambda R_a \\ R_2 = \lambda R_1 = \lambda^2 R_a \\ R_3 = \lambda R_2 = \lambda^3 R_a \end{cases} \qquad (3 - 25)$$

各级外串电阻为

$$\begin{cases} R_{ad1} = R_1 - R_a = (\lambda - 1) R_a \\ R_{ad2} = R_2 - R_1 = \lambda (\lambda - 1) R_a \\ R_{ad3} = R_3 - R_2 = \lambda^2 (\lambda - 1) R_a \end{cases} \qquad (3 - 26)$$

若启动级数为 m，则最大启动电阻为 $R_m = \lambda^m R_a$，则

$$\lambda = \sqrt[m]{\frac{R_m}{R_a}} \qquad (3 - 27)$$

或者

$$m = \frac{\lg \dfrac{R_m}{R_a}}{\lg \lambda} \qquad (3 - 28)$$

现分两种情况介绍启动电阻的计算步骤。

①启动级数已知为 m

第一步，选定 I_1，按式（3 – 22）；

第二步，计算最大启动电阻，即 $R_m = U / I_1$；

第三步，计算启动电流比，即 $\lambda = \sqrt[m]{\dfrac{R_m}{R_a}}$；

第四步，依据式（3 – 25）和式（3 – 26）计算各级启动电阻及分段外串电阻。

②启动级数未知

第一步，按式（3 – 22）、式（3 – 23）和式（3 – 24）初选 I_1，I_2 和 λ；

第二步，计算最大启动电阻，即 $R_m = U / I_1$；

第三步，按式（3 – 28）计算启动级数 m；若求得 m 为小数，则取邻近的较大的整数（如 m 为 2. 67，则取 $m = 3$），然后将所取整数代入式（3 – 27）中对 λ 值进行修正，再用修正后的 λ 值代入式（3 – 24）中对 I_2 进行修正；修正后的 I_2 应满足取值范围要求，否则应另选级数 m，再重新修正 λ 和 I_2 值；

第四步，将修正后的 λ 值代入式（3 – 25）和式（3 – 26）中，计算出各级总电阻和分段外

串电阻。

例3-2 一台他励直流电动机的额定数据为：$P_N = 7.5$ kW，$U_N = 220$ V，$I_N = 39.8$ A，$n_N = 1\,500$ r/min，$R_a = 0.396$ Ω。要求拖动 $T_L = 0.8T_N$ 的恒转矩负载，采用三级启动，试求解各级电阻和各分段电阻的数值。

解 取 $I_1 = 2I_N = 2 \times 39.8 = 79.6$ A，已知 $m = 3$，故末级电阻为

$$R_m = R_3 = U_N/I_1 = 220/79.6 = 2.764 \ \Omega$$

代入式(3-27)可得

$$\lambda = \sqrt[m]{\frac{R_m}{R_a}} = \sqrt[3]{\frac{2.764}{0.396}} = 1.911$$

校验切换电流 I_2

$$I_2 = I_1/\lambda = 2I_N/1.911 = 1.047I_N, I_2 > I_L$$

故可以满足启动要求。根据式(3-25)可求各级电阻，即

$$R_1 = \lambda R_a = 1.911 \times 0.396 = 0.757 \ \Omega$$
$$R_2 = \lambda R_1 = 1.911 \times 0.757 = 1.446 \ \Omega$$
$$R_3 = \lambda R_2 = 1.911 \times 1.446 = 2.764 \ \Omega$$

根据式(3-26)可求各分段电阻，即

$$R_{ad1} = R_1 - R_a = 0.757 - 0.396 = 0.361 \ \Omega$$
$$R_{ad2} = R_2 - R_1 = 1.446 - 0.757 = 0.689 \ \Omega$$
$$R_{ad3} = R_3 - R_2 = 2.764 - 1.446 = 1.318 \ \Omega$$

2. 降压启动

如果他励电动机采用的是降压调速，则对应的调压设备可兼作启动设备。在合上电源之前，将调压器的输出电压调为较小值，保证电动机堵转电流在允许范围内，一般为额定值的 2~2.5 倍。合上开关，电动机由堵转开始加速，随着电动机转速的建立，反电动势逐渐增加。这时平滑地增加调压器的输出电压，使电枢电流始终在最大值上，电动机将以最大加速度启动。由于调压器输出电压可连续调节，故该启动方法可恒加速启动，使启动过程处于最优运行状态。

可调压电源，过去多采用直流的发电机-电动机组，即每一台电动机专门由一台直流发电机供电。当调节发电机的励磁电流时，便可改变发电机的输出电压，从而改变加在电动机电枢两端的电压。近年来，随着电力电子技术的发展，直流发电机已经被晶闸管、晶体管整流电源所取代。降压启动虽需要专用的可调电源，设备投资较大，但它启动平稳，启动过程中能量损耗小，因而得到了广泛应用。

3.4　直流他励电动机的调速特性

大量生产机械例如各种金属切削机床、轧钢机、电机车、电梯、纺织机械等，它们的工作机构的转速要求能够用人为的方法进行调节，以满足生产工艺过程的需要。电力拖动系统通常采用两种调速方法。一种是电动机的转速不变，通过改变机械传动机构(如齿轮、皮带轮等)的速比实现调速，这种方法称为机械调速。其特点是传动机构比较复杂，调速时一般需要停机，且多为有级调速。另一种是通过改变电动机的参数调节电动机的转速，从而调节生产机械转速的方法，称为电气调速。其特点是传动机构比较简单，调速时不用停机，可

以实现无级调速,且易于实现电气控制自动化,也有一些负载机构将机械调速和电气调速配合使用。本节只讨论电气调速。

电气调速是指在负载转矩不变的条件下,通过人为的方法改变电动机的有关参数,从而调节电动机和整个拖动系统的转速。必须指出,调速与因负载变化而引起的转速变化是不同的。例如在图 3 – 17 中,直流他励电动机带恒转矩负载 T_L 工作在固有特性上,工作点为 A,转速为 n_A。若人为降低电源电压,使机械特性平行下移,与负载机械特性的交点由 A 点移至 B 点,转速降为 n_B,这是属于调速。如果电动机参数不变,则机械特性不变,由于负载转矩由 T_L 增大为 T_L',使工作点由 A 点移至 C 点,转速由 n_A 降为 n_C,这是属于负载转矩变化引起的转速变化。可见两者的

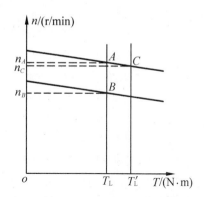

图 3 – 17　转速变化与调速的区别

主要区别在于:调速前后工作点必定不在电动机的同一条机械特性上,而转速变化前后的工作点必定在电动机的同一条机械特性上。

直流他励电动机的机械特性方程式的一般形式为

$$n = \frac{U}{K_e \Phi} - \frac{R_a}{K_e K_t \Phi^2} T$$

可以看出,直流他励电动机的调速方法有三种:

(1)电枢回路串电阻调速;

(2)降压调速;

(3)弱磁调速。

在分析不同调速方法的性能和实际工作中为生产机械选择合适的调速方法时,都要以统一规定的调速方法的技术指标和经济指标为依据。

3.4.1　调速的技术指标和经济指标

1. 调速的技术指标

(1)调速范围 D

在额定负载转矩下电动机可能调到的最高转速 n_{max} 与最低转速 n_{min} 之比称为调速范围,用 D 表示,即

$$D = \frac{n_{max}}{n_{min}} \tag{3 – 29}$$

式中,最高转速 n_{max} 受电动机换向及机械强度的限制,最低转速 n_{min} 则受生产机械对转速相对稳定性要求的限制。所谓转速相对稳定性,是指负载转矩变化时转速变化的程度,用静差率来表示转速的相对稳定性。转速变化越小,相对稳定性越好,能达到的 n_{min} 就越低,调速范围 D 就越大。

不同的生产机械对调速范围 D 的要求是不同的,例如车床要求 $D = 20 \sim 120$,造纸机 $D = 3 \sim 20$,龙门刨床 $D = 10 \sim 40$,轧钢机 $D = 3 \sim 120$ 等。

(2)静差率 S

直流他励电动机工作在某条机械特性上,由理想空载到额定负载运行的转速降 Δn_N 与理想空载转速 n_0 之比,取其百分数,称为该特性的静差率,用 S 表示。

$$S_N = \frac{\Delta n_N}{n_0} \times 100\% = \frac{n_0 - n_N}{n_0} \times 100\% \qquad (3-30)$$

一般为 5% ~ 10% 。

静差率 S 的大小反映静态转速相对稳定的程度。S 越小,额定转矩时的转速降 Δn_N 越小,转速相对稳定性越好。不同的生产机械要求不同的静差率,例如普通车床要求 $S \leqslant 30\%$,龙门刨床要求 $S \leqslant 10\%$,造纸机要求 $S \leqslant 0.1\%$ 等。

比较图 3 - 18 中的固有机械特性 1 和电枢回路串电阻时的人为机械特性 2 可知,n_0 一定时,电动机的机械特性越硬,则额定转矩时的转速降 Δn_N 越小,静差率 S 越小;同时比较固有机械特性 1 和降低电压时的人为机械特性 3 可知,机械特性的硬度相同时,静差率 S 并不相等,n_0 较低的特性,其 S 较大。可见静差率 S 与特性的硬度有关系,但又不是同一概念。

从以上分析还可看出,生产机械对静差率的要求限制了电动机允许达到的最低转速 n_{min},从而限制了调速范围,所以计算 S 时均以低速时对应的特性为准。下面以调压调速时的情况为例推导调速范围 D 与静差率 S 的关系。参看图 3 - 18,曲线 1 和曲线 3 是不同电压下的两条机械特性,在额定负载转矩下的转速降 $\Delta n_{N1} = \Delta n_{N3} = \Delta n_N$,设最低转速时的静差率 $S = \dfrac{\Delta n_N}{n_0'}$,则调速范围为

$$D = \frac{n_{max}}{n_{min}} = \frac{n_{max}}{n_0' - \Delta n_0} = \frac{n_{max}}{n_0' - n_0' S} = \frac{n_{max}}{n_0'(1-S)} = \frac{n_{max}}{\dfrac{\Delta n_N}{S}(1-S)} = \frac{n_{max}S}{\Delta n_N(1-S)} \qquad (3-31)$$

该方程式是调压调速时,调速范围与静差率之间关系的表达式。此式表明,生产机械允许的最低转速时的静差率 S 越小,电动机允许的调速范围 D 也就小。如果允许的 S 大,D 也就可以大,所以调速范围 D 只有在对 S 有一定要求的前提下才有意义。此式同时表明,S 要求一定时,调速范围 D 还受额定负载转矩下转速降 Δn_N 的影响。例如,如果采用电枢回路串电阻的方法调速,其特性如图 3 - 18 中的曲线 2 所示。由于 Δn_{N2} 明显大于 Δn_{N3},因而与调压调速时相比,在同样条件下电枢回路串电阻调速的调速范围 D 要小得多。

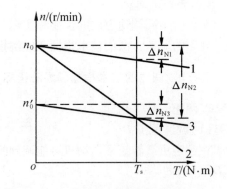

图 3 - 18 静差率与机械特性硬度的关系
1—固有机械特性;
2—电枢回路串电阻的人为机械特性;
3—降压时的人为机械特性

(3)平滑性

在允许的调速范围内,调节的级数越多,亦即每一级速度的调节量越小,则调速的平滑性越好。调速的平滑性可用平滑系数 φ 来表示,其定义为相邻两级(i 级和 $i-1$ 级)转速或线速度之比,即 $\varphi = \dfrac{n_i}{n_{i-1}} = \dfrac{v_i}{v_{i-1}}$。一般取 $n_i > n_{i-1}$,亦即取 $\varphi > 1$,显然,φ 越接近于 1,调速平滑性越

好。如果 $\varphi - 1 = \varepsilon$ 可以小于任意正整数,则 n 可调至任意数值,平滑性最好,称为平滑调速或无级调速。

(4)调速时的容许输出

容许输出是指保持额定电流条件下调速时,电动机容许输出的最大转矩或最大功率与转速的关系。容许输出的最大转矩与转速无关的调速方法称为恒转矩调速方法;容许输出的最大功率与转速无关的调速方法称为恒功率调速方法。要注意的是,容许输出并不是实际输出,实际输出还要看负载的特性。

2. 调速的经济指标

经济指标包括三个方面,一是调速设备初期投资的大小,二是运行过程中能量损耗的多少,三是维护费用的高低。三者总和较小者经济指标较好。

3.4.2　电枢回路串电阻调速

前已介绍,直流电动机电枢回路串电阻后,可以得到人为的机械特性(图 3 - 11),并可用此法进行启动控制。同样,用这个方法也可以进行调速。图 3 - 19 所示特性为串电阻调速的特性。从特性可看出,在一定的负载转矩 T_{L} 下,串入不同的电阻可以得到不同的转速,如在电阻分别为 $R_{\mathrm{a}}, R_3', R_2', R_1'$ 的情况下,可以得到对应于 A, C, D 和 E 点的转速 n_A, n_C, n_D 和 n_E。在不考虑电枢电路的电感时,电动机调速时的机电过程(如降低转速)如图中沿 A—B—C 的箭头方向所示,即从稳定转速 n_A 调至新的稳定

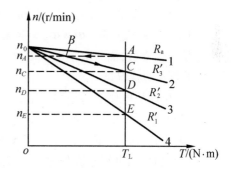

图 3 - 19　电枢回路串电阻调速的特性

转速 n_C。这种调速方法存在不少的缺点,如机械特性较软,电阻愈大则特性愈软,稳定度愈低;在空载或轻载时,调速范围不大;实现无级调速困难;在调速电阻上消耗大量电能等。特别注意,启动电阻不能当作调速电阻用,否则将被烧坏。

电枢回路串电阻调速只能使转速由额定值往下调($n_{\max} = n_{\mathrm{N}}$),且转速降低时,特性变软,转速稳定性变差,转速降 Δn_{N} 增大,静差率明显增大。在静差率要求一定时,调速范围较小,一般情况下 $D = 1.5 \sim 2$。调速电阻中流过的电流较大,电阻不易实现连续调节,只能分段有级变化,所以调速平滑性差。调速时 Φ 和电枢绕组允许通过的电流 I_{a} 均不变,容许输出的转矩 $T = K_{\mathrm{t}} \Phi I_{\mathrm{a}}$ 也不变,故属恒转矩调速方法。电枢回路串电阻设备比较简单,初期投资不大,但运行过程中调速电阻上损耗较大,转速越低,电阻越大,损耗越大。为此,这种调速方法一般只适用于容量不大,低速运行时间不长,对于调速性能要求不高的场合,例如用于电瓶车和中小型起重机械等。

3.4.3　改变电枢电压 U 调速

改变电枢供电电压 U 可得到人为机械特性,如图 3 - 20 所示。从特性可看出,在一定负载转矩 T_{L} 下,加上不同的电压 $U_{\mathrm{N}}, U_1, U_2, U_3, \cdots$ 可以得到不同的转速 $n_a, n_b, n_c, n_d, \cdots$,即改变电枢电压可以达到调速的目的。

现以电压由 U_1 突然升高至 U_{N} 为例说明其升速的机电过程见图 3 - 20,电压为 U_1 时,

电动机工作在 U_1 特性的 b 点,稳定转速为 n_b。当电压突然上升为 U_N 的一瞬间,由于系统机械惯性的作用,转速 n 不能突变,相应的反电势 $E = K_e\Phi_n$ 也不能突变,仍为 n_b 和 E_b。在不考虑电枢电路的电感时,电枢电流将随 U 的突然上升而增加,即由 $I_L = (U_1 - E_b)/R_a$ 突增至 $I_g = (U_N - E_b)/R_a$,则电动机的转矩也由 $T = T_L = K_t\Phi I_L$ 突然增至 $T' = T_g = K_t\Phi I_g$,即在 U 突增的这一瞬间,电动机的工作点由 U_1 特性的 b 点过渡到 U_N 特性的 g 点(实际上平滑调节时,电流变化是不大的)。由于 $T_g > T_L$,

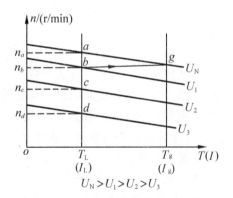

图 3-20 改变电枢电压调速的特性

所以系统开始加速,反电动势 E 也随转速 n 的上升而增加,电枢电流则逐渐减少,电动机转矩也相应减少,电动机的工作点将沿 U_N 特性由 g 点向 a 点移动。直到 $n = n_a$ 时,T 又下降到 $T = T_L$,此时电动机已工作在一个新的稳定转速 n_a。

由于调压调速过程中 $\Phi = \Phi_N = $ 常数,所以,当 T_L 为常数时,稳定运行状态下的电枢电流 I_a 也是一个常数,而与电枢电压 U 的大小无关。

调压调速的特点是:

(1)如果电源电压能够平滑调节,可以实现无级调速;

(2)调速前后机械特性的斜率不变,硬度较高,负载变化时,速度稳定性好;

(3)无论轻载还是重载,调速范围相同,一般可达 $D = 2.5 \sim 12$;

(4)调速时,因电枢电流与电压 U 无关,且 $\Phi = \Phi_N$,故电动机转矩不变,属于恒转矩调速,适合于恒转矩型负载进行调速;

(5)电能损耗较小;

(6)需要一套调压电源设备。

因此,调压调速多用于对调速性能要求较高的生产机械上,如机床、轧钢机、造纸机等。

3.4.4 改变磁通调速

改变磁通,一般指在额定磁通 Φ_N 以下减弱磁通。因为一般电机的 Φ_N 已设计得使磁路接近饱和,即使励磁电流增加很大,磁通 Φ 却增加很少。因此,变磁通调速实际上是指在额定磁通 Φ_N 以下的弱磁调速。

弱磁时的机械特性方程式为 $n = \dfrac{U_N}{K_e\Phi} - \dfrac{R_a}{K_eK_t\Phi^2}T = n_0 - \Delta n$,其机械特性曲线如图3-21所示。可见,减弱磁通 Φ 时,$n_0\uparrow$,$\Delta n\uparrow$,但因 R_a 很小,在一般情况下 $T_L \leqslant T_N$,n_0 比 Δn 增加得多,因此弱磁时转速升高($n_e > n_c > n_a$)。

现以转速由 n_a 升到 n_c 为例说明其调速过程。当 $\Phi = \Phi_N$ 时,系统在 a 点稳定运行,$n = n_a$。当 Φ 降为 Φ_1 时,开始 n 来不及变化,工作点由 $a \rightarrow b$,此时 $T_M > T_L$;$\mathrm{d}n/\mathrm{d}t > 0$,$n$ 上升;工作点沿特性上移至 c 点,此时

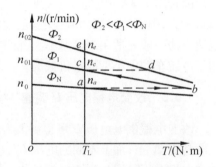

图 3-21 改变磁通调速

$T_M = T_L$，电动机以 n_c 的转速稳定运行。同理，如果磁通再由 Φ_1 减弱为 Φ_2 时，工作点将由 $c \to d \to e$，最后以 n_e 的转速稳定运行。

弱磁调速的优点：由于是在电流较小的励磁回路中进行调节（一般直流电机的励磁功率只有额定功率的 1% ~ 5%），因而控制方便，能量损耗小，调速平滑。

缺点是：

(1) 机械特性斜率加大，特性变软；

(2) 调速范围较小。由于弱磁只能升速，而转速的升高又受到电动机换向能力和机械强度的限制，因此弱磁升速的范围不可能大。普通直流电动机最高只能调到额定转速的 1.2 ~ 2 倍，特殊设计的调磁电机，其额定转速较低，也不过能调到 n_N 的 3 ~ 4 倍。

因此，常常把调压和弱磁两种方法结合起来使用，以扩大调速范围。以电动机的额定转速 n_N 作为基速，在基速以下（$n < n_N$）调压，在基速以上（$n > n_N$）弱磁。只有在少数需要恒功率调速而调速范围又不大的地方才单独使用弱磁调速。

应该指出，如果他励电机在运行过程中励磁回路突然断线，磁通只剩下很小的剩磁，则不仅将使电枢电流大大增加，而且使转速上升到危险的转速（俗称"飞车"）。这样，可能会导致电枢的破坏，因此必须有相应的保护措施。

最后，必须说明一点，恒转矩性质的调速方法应用于恒转矩负载；恒功率性质的调速方法应用于恒功率负载。亦即调速方法的性质必须与负载性质相匹配，否则电动机得不到充分利用。例如以恒转矩性质调速方法配以恒功率负载时，为确保低速时电动机的转矩满足要求，则在高速运行时，电动机的转矩就得不到充分利用；如将恒功率性质的调速方法配以恒转矩负载，则为确保高速时电动机的转矩仍大于负载转矩，则在低速运行时，电动机的转矩得不到充分利用，造成投资和运行费用的浪费。

例 3 - 3　一台直流他励电动机的参数为：$P_N = 55$ kW，$U_N = 220$ V，$I_N = 280$ A，$n_N = 635$ r/min，$R_a = 0.044\ \Omega$，带额定负载转矩运行，求：

(1) 欲使电动机转速降为 $n = 500$ r/min，电枢回路应串多大电阻？

(2) 采用降压调速使电动机转速降为 $n = 500$ r/min，电压应降至多少伏？

(3) 减弱磁通使 $\Phi = 0.85\Phi_N$ 时，电动机的转速将升至多高，能否长期运行？

解　(1) 电动机的 $K_e\Phi_N$

$$K_e\Phi_N = (U_N - I_N R_a)/n_N = (220 - 280 \times 0.044)/635 = 0.327$$

由于当 $T = T_N$ 时，$I_a = I_N$，将各已知数据代入 $n = \dfrac{U_N}{K_e\Phi} - \dfrac{R_a}{K_e\Phi}I_N$ 得

$$500 = \frac{220}{0.327} - \frac{0.044 + R_{ad}}{0.327} \times 280$$

解之可得电枢回路应串电阻

$$R_{ad} = 0.158\ \Omega$$

(2) 电动机的理想空载转速

$$n_0 = \frac{U_N}{K_e\Phi_N} = \frac{220}{0.327} = 672.8\ \text{r/min}$$

额定转矩时的转速降为

$$\Delta n_N = n_0 - n_N = 672.8 - 635 = 37.8\ \text{r/min}$$

降压调速时的理想空载转速为

$$n'_0 = n + \Delta n_N = 500 + 37.8 = 537.8 \text{ r/min}$$

电枢电压为

$$U = \frac{n'_0}{n_0} U_N = \frac{537.8}{627.8} \times 220 = 175.9 \text{ V}$$

(3) $\Phi = 0.85 \Phi_N$ 时的电动机的转速

$$n = \frac{U_N}{0.85 K_e \Phi_N} - \frac{R_a}{0.85 K_e \Phi_N} I_a = \frac{U_N}{0.85 K_e \Phi_N} - \frac{R_a}{0.85 K_e \Phi_N} \frac{I_N}{0.85}$$

$$= \frac{220}{0.85 \times 0.327} - \frac{0.044}{0.85 \times 0.327} \times \frac{280}{0.85} = 739.4 \text{ r/min}$$

其中,电枢电流

$$I_a = \frac{K_e \Phi_N}{K_e \Phi} I_N = \frac{280}{0.85} = 329.4 \text{ A}$$

由于 $I_a > I_N$,所以不能长期运行。

例 3 - 4 直流他励电动机的数据与例 3 - 3 相同,仍带额定负载转矩,求:

(1)如果要求静差率 $S \leqslant 20\%$,采用电枢回路串电阻调速和降压调速时所能达到的调速范围;

(2)如果要求调速范围 $D = 4$,采用以上两种调速方法时的最大静差率。

解 (1)求调速范围

①电枢回路串电阻调速时,见图 3 - 22,$S = \Delta n'_N / n_0 \leqslant 20\%$。额定负载转矩时容许的转速降为 $\Delta n'_N = 20\% n_0 = 0.2 \times 672.8 = 134.6 \text{ r/min}$,容许的最低转速为 $n_{min} = n_0 - \Delta n'_N = 672.8 - 134.6 = 538.2 \text{ r/min}$,则调速范围为

$$D = n_{max}/n_{min} = n_N/n_{min} = 635/538.2 = 1.18$$

②降压调速时,见图 3 - 23,(额定负载转矩下的转速降 $\Delta n_N = 37.8 \text{ r/min}$)容许的最低理想空载转速为 $n'_0 = \Delta n_N / S = 37.8/20\% = 189 \text{ r/min}$,容许的最低转速为 $n_{min} = n'_0 - \Delta n_N = 189 - 37.8 = 151.2 \text{ r/min}$,则调速范围为

$$D = \frac{n_{max}}{n_{min}} = \frac{n_N}{n_{min}} = \frac{635}{151.2} = 4.2$$

调速范围也可直接用式(3 - 31)计算,即

$$D = \frac{n_{max} S}{\Delta n_N (1 - S)} = \frac{635 \times 0.2}{37.8 \times (1 - 0.2)} = 4.2$$

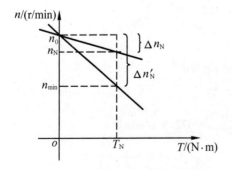

图 3 - 22 电枢回路串电阻时机械特性

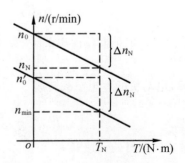

图 3 - 23 降压时机械特性

（2）调速范围 $D = 4$ 时的最大静差率

①电枢回路串电阻调速时,容许的最低转速为 $n_{min} = n_{max}/D = n_N/D = 635/4 = 158.8$ r/min,最低转速时的转速降为 $\Delta n'_N = n_0 - n_{min} = 672.8 - 158.8 = 514$ r/min,则最大静差率为

$$S = \frac{\Delta n'_N}{n_0} \times 100\% = \frac{514}{672.8} \times 100\% = 76.4\%$$

②降压调速时,容许的最低转速为 $n_{min} = n_{max}/D = 635/4 = 158.8$ r/min,最低转速时的理想空载转速为 $n'_0 = n_{min} + \Delta n_N = 158.8 + 37.8 = 196.6$ r/min,则最大静差率为

$$S = \frac{\Delta n'_N}{n_0} \times 100\% = \frac{37.8}{196.6} \times 100\% = 19.2\%$$

最大静差率也可根据式(3 - 31)所得公式计算,即

$$S = \frac{D\Delta n_N}{n_{max} + D\Delta n_N} \times 100\% = \frac{4 \times 37.8}{635 + 4 \times 37.8} \times 100\% = 19.2\%$$

由例 3 - 4 可知,降压调速对应的调速性能指标要优于串电阻调速。

3.5　直流他励电动机的制动特性

电动机的制动是与启动相对应的一种工作状态。启动是从静止加速到某一稳定转速,而制动则是从某一稳定转速开始减速到停止或是限制位能负载下降速度的一种运行状态。

利用拉闸断电源停车的方法为自然停车。由于在这种制动减速停车过程中,制动转矩为很小的系统摩擦阻转矩,所以停车时间长。为了提高生产效率,保证产品质量,需要加快停车过程。

利用机械摩擦获得制动转矩的方法称为机械制动,例如常见的抱闸装置。设法使电动机的电磁转矩与旋转方向相反,成为制动转矩的方法称为电气制动。与机械制动相比,电气制动没有机械磨损,容易实现自动控制,应用较为广泛。在某些特殊场合,也可同时采用电气制动和机械制动。

直流他励电动机有两种基本的运行状态,即电动运行状态和制动运行状态。

电动运行状态的特征是电动机的电磁转矩与转速 n 同方向,T 为驱动性质转矩,负载转矩为制动性质转矩。按转速方向的不同,又可分为正向电动与反向电动两种电动运行状态。从能流关系分析,电动机都是从电网吸收电能,向轴上的负载输出机械能。正向电动状态的运行点位于机械特性坐标平面的第一象限,反向电动状态的运行点位于第三象限。

制动运行状态的特征是电动机的电磁转矩与转速 n 方向相反,此时,T 为制动性质的转矩。从能流关系分析,电动机从轴上所带负载上吸收机械能,将之转化为电能,全部消耗掉或大部分回馈电网。此时,运行点应位于机械特性坐标平面的第二和第四象限。

制动运行的作用是使电气传动系统快速减速或停车或匀速下放重物。

根据实现制动的方法和制动时电机内部能量传递关系的不同,制动方法分为三种,即能耗制动、反接制动和反馈制动。

3.5.1　他励电动机的能耗制动

电动机在电动状态运行时,电磁转矩 T 和电枢电流 I_a 如图 3 - 24(a)中实线所示。若把加到电动机上的电源电压 U 断开,并在电枢回路串接一个附加电阻 R_{ad},则电动机进入能

耗制动状态,如图 3 - 22(a)所示,制动时,接触器 KM 的线圈断电,其常开触点断开,把电枢从电源上断开;常闭触点闭合,将 R_{ad} 串入电枢回路中。由于机械惯性,电动机的转速不能突变,感应电动势仍旧存在,此时对应的电枢电压平衡方程式为 $E = -I_a(R_a + R_{ad})$,对应的机械特性表达式为

$$n = -\frac{R_a + R_{ad}}{K_e K_t \Phi^2} T \qquad (3 - 32)$$

由式(3 - 32)可见,能耗制动时的机械特性是通过坐标原点、位于第二象限和第四象限的直线,如图 3 - 24(b)所示。此时,制动电阻 R_{ad} 越大,机械特性越倾斜。如忽略电磁惯性,在能耗制动瞬间由于机械惯性的作用,电动机的转速不能突变,工作点由 a 点移到 b 点,电磁转矩 T 和电枢电流 I_a 改变方向,如图 3 - 24(a)中虚线所示。由于电动机在 b 点的转矩方向与转速方向相反,电动机进入制动状态,电动机转矩与负载转矩共同阻碍系统运动,使转速迅速降低。已知电枢电势与转速成正比,所以能耗制动转矩随转速降低按直线规律减小。当转速等于零时,电枢电动势也等于零,因而制动转矩也等于零。

通常,直流他励电动机能耗制动时,其最终的运动状态与所拖动的负载性质有关。如果电动机拖动的是反抗性负载,则当电动机由第二象限制动减速到坐标原点时,电动机便会自动停车;如果电动机拖动的是位能性负载,电动机还将沿着机械特性在第四象限内反向加速,直到制动转矩与位能转矩相平衡,位能负载匀速下放,如图 3 - 24(b)中的 c 点。

在直流他励电动机能耗制动开始的瞬间,电枢电流和电磁转矩的大小与制动时电枢回路的总电阻有关。在图 3 - 24(b)中,如果增大能耗制动电阻,制动开始的电枢电流和电磁转矩就减小到由 d 点决定的数值。由此可见,制动电阻越小,机械特性越平,制动转矩的绝对值越大,制动越迅速。但制动电阻也不能太小,否则制动时的电枢电流和电磁转矩将超过允许值,从而对拖动系统的运行带来不利影响,甚至损坏电动机或传动机构。对于制动加速度受到限制的生产机械,在确定制动电阻时应考虑许可的最大制动转矩。

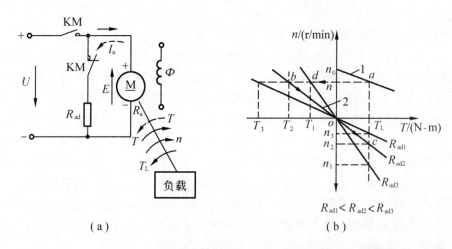

(a)　　　　　　　　　　　　　　　(b)

图 3 - 24　能耗制动状态下的机械特性

(a)原理图;(b)制动特性图

当能耗制动用于匀速下放位能性负载时,机械功率就是负载输送给电动机的功率;而当电动机拖动反抗性负载能耗制动时,用于制动的能量来自于拖动系统减小动能放出的机械能。

能耗制动的控制线路比较简单。当它用于快速停车时,制动比较平稳,而且能够实现准确停车。因为转速下降到零时,电动机的转矩也为零。如果没有位能性负载转矩的作用,电动机减速到零时就自动停止。因此,能耗制动广泛用于要求平稳、准确停车的场合;也可应用于起重机一类带位能性负载的机械,以限制重物下放的速度,使重物保持匀速下降。

3.5.2　他励电动机的反接制动

当他励电动机的电枢电压 U 或电枢电势 E 中的任一个在外部条件作用下改变了方向,即二者由方向相反变为方向一致时,电动机即运行于反接制动状态。把改变电枢电压 U 的方向所产生的反接制动称为电源反接制动,而把改变电枢电势 E 的方向所产生的反接制动称为电势反接制动(或倒拉反接制动)。

1. 电源反接制动

如图 3 – 25 所示,若电动机原运行在正向电动状态,电动机电枢电压 U 的极性为图 3 – 25(a)中的虚线所示。此时,电动机稳速运行在第一象限中特性曲线 1 的 a 点,转速为 n_a。若电枢电压 U 的极性突然反接,如图 3 – 25(a)之实线所示时,此时电势平衡方程式为

$$E = -U - I_a(R_a + R_{ad}) \tag{3 – 33}$$

注意,电势 E、电枢电流 I_a 的方向为电动状态下假定的正方向。以 $E = K_e\Phi n$,$I_a = T/(K_t\Phi)$ 代入式(3 – 33),便可得到电源反接制动状态的机械特性表达式,即

$$n = \frac{-U}{K_e\Phi} - \frac{R_a + R_{ad}}{K_t K_e \Phi^2}T \tag{3 – 34}$$

可见,理想空载转速 n_0 变为 $-n_0 = -U/(K_e\Phi)$,电动机的机械特性曲线为图 3 – 25(b)中的直线 2,其反接制动特性曲线在第二象限。由于在电源极性反接的瞬间,电动机的转速和它所决定的电枢电势不能突变,若不考虑电枢电感的作用,此时系统的状态由直线 1 的 a 点平移到直线 2 的 b 点,电枢电流 I_a 的方向改变。和图 3 – 25(a)中所示相反,电动机发出与转速 n 方向相反的转矩 T_b(即 T_b 为负值)。它与负载转矩共同作用,使电机转速迅速下降。制动转矩将随 n 的下降而减小,系统的状态沿直线 2 自 b 点向 c 点移动。当 n 下降到零时,反接制动过程结束。这时若电枢不从电源断开,电动机将反向启动,并将在 d 点(T_L 为反抗转矩时)或 f 点(T_L 为位能转矩时)建立系统的稳定平衡点。

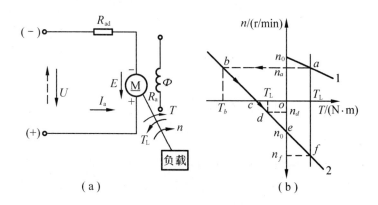

图 3 – 25　电源反接时的反接制动过程

(a)原理图;(b)制动特性图

注意,由于在反接制动期间,电枢电势 E 和电源电压 U 是串联相加的,因此,为了限制电枢电流 I_a,电动机的电枢电路中必须串接足够大的限流电阻 R_{ad}。

电源反接制动一般应用在生产机械要求迅速减速、停车和反向的场合以及要求经常正反转的机械上。

2. 电势反接制动

只有负载为位能性负载时,才会有电势反接制动(倒拉反接制动)产生。如图 3 – 26 所示,在进行电势反接制动以前,设电动机处于正向电动状态,电枢电流和电磁转矩如图 3 – 26(a)所示。在 a 点以 n_a 转速稳定运行,提升重物。若欲下放重物,只需在电枢回路中串入电阻,使稳定运行点交到第四象限即可。在串入电阻的瞬间,由于机械惯性,转速不能突变,电动机的运行状态由固有特性曲线 1 的 a 点平移到串入电阻之后的特性曲线 2 的 c 点,电动机转矩 T 远小于负载转矩 T_L。因此,传动系统转速下降(即提升重物上升的速度减慢),即沿着特性曲线 2 向下移动。由于转速下降,电势 E 减小,电枢电流增大,则电动机转矩 T 相应增大,但仍比负载转矩 T_L 小,所以,系统速度继续下降,即重物提升速度愈来愈慢。当电动机转矩 T 沿特性曲线 2 下降到 d 点时,电动机转速为零,即重物停止上升,电动机反电势也为零,但电枢在外加电压 U 的作用下仍有很大电流,此电流产生堵转转矩 T_{st}。由于此时 T_{st} 仍小于 T_L,故 T_L 拖动电动机的电枢开始反方向旋转,即重物开始下降,电动机工作状态进入第四象限。这时,电势 E 的方向也反过来,E 和 U 同方向,所以,电流增大,转矩 T 增大。随着转速在反方向增大,电势 E 增大,电流和转速也增大,直到转矩 $T = T_L$ 的 b 点,转速不再增加,而以稳定的 n_b 速度下放重物。由于这时重物是靠位能负载转矩 T_L 的作用下放,而电动机转矩 T 是反对重物下放的,故电动机这时起制动作用,这种工作状态称为倒拉反接制动或电势反接制动状态。

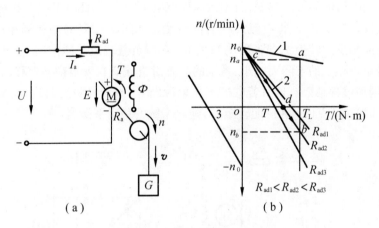

图 3 – 26　倒拉反接制动状态下的机械特性

(a)原理图;(b)制动特性图

适当选择电枢电路中附加电阻 R_{ad} 的大小,即可得到不同的下降速度,且附加电阻越小,下降速度越低。这种下放重物的制动方式可以得到极低的下降速度,保证了生产的安全。故倒拉反接制动常用在控制位能负载的下降速度的场合,使之不致在重物作用下有愈来愈大的加速。其缺点是,若对 T_L 的大小估计不准,则本应下降的重物可能向上升的方向运动。另外,其机械特性硬度小,因而较小的转矩波动就可能引起较大的转速波动,即速度的稳定性较差。

电势平衡方程式、机械特性在形式上均与电动状态下的相同,即分别为

$$E = U - I_a(R_a + R_{ad}) \tag{3-35}$$

$$n = \frac{U}{K_e \Phi} - \frac{R_a + R_{ad}}{K_t K_e \Phi^2} T \tag{3-36}$$

因在倒拉反接制动状态下电枢反向旋转,故上述各式中的转速 n、电势 E 应是负值。可见,倒拉反接制动状态下的机械特性曲线实际上是第一象限中电动状态下的机械特性曲线在第四象限中的延伸;若电动机在反向电动状态运行,则倒拉反接制动状态下的机械特性曲线就是第三象限中电动状态下的机械特性曲线在第二象限的延伸,如图 3-26(b) 曲线 3 所示。

3.5.3　他励电动机的反馈制动

反馈制动无须改变电动机的任何参数,它是在外部条件的作用下使电动机的实际运行转速大于其理想空载转速,电动机的电磁转矩与转速的方向相反,且电动机向电源反馈电能。这种状态称为反馈制动、再生制动或发电制动。

反馈制动的条件是 $n > n_0$。故当 n 为正时,反馈制动状态下的机械特性是由第一象限向第二象限延伸的部分;当 n 为负时,反馈制动状态下的机械特性是由第三象限向第四象限延伸的部分,如图 3-27 所示。此时,电动机即运行于反馈制动状态。如电车走平路时,电动机工作在电动状态,电磁转矩 T 克服负载转矩 T_{L1} 并以转速 n_a 稳定在 a 点工作,如图 3-27 所示。当电车下坡时,负载转矩 $T_{L2} < 0$ 使电车加速,转速 n 增加。越过 n_0 继续加速,使 $n > n_0$,感应电势 E 大于电源电压 U,故电枢中电流 I_a 的方向便与电动状态相反,转矩的方向也由于电流方向的改变而变得与电动运转状态相反,直到 $T_M = T_{L2}$ 时,电动机以 n_b 的稳定转速控制电车下坡。实际上这时是电车的位能转矩带动电动机发电,把

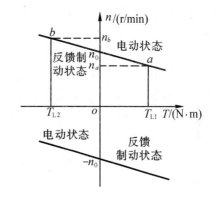

图 3-27　直流他励电动机的反馈制动

机械能转变成电能,向电源馈送,故称反馈制动,也称再生制动或发电制动。

在反馈制动状态下,电动机的机械特性表达式仍是式(3-16),所不同的仅是 T 改变了符号(即 T 为负值),而理想空载转速和特性的斜率均与电动状态下的一致。这说明电动机正转时,反馈制动状态下的机械特性是第一象限中电动状态下的机械特性在第二象限内的延伸。

在电动机电枢电压突然降低使电动机转速降低的过程中,也会出现反馈制动状态。例如,原来电压为 U_1,相应的机械特性为图 3-28 中的直线 1,在某一负载下以 n_1 运行在电动状态;当电枢电压由 U_1 突降为 U_2 时,对应的理想空载转速为 n_{02},机械特性变为直线 2。但由于电动机转速和由它所决定的电枢电势不能突变,若不考虑电枢电感的作用,则电枢电流将由 $I_a = \dfrac{U_1 - E}{R_a + R_{ad}}$ 突然变为 $I_a' = \dfrac{U_2 - E}{R_a + R_{ad}}$。

当 $n_{02} < n_1$,即 $U_2 < E$ 时,电流 I_a' 为负值并产生制动转矩,即电压 U 突降的瞬时,系统的状态在第二象限中的 b 点。从 b 点到 n_{02} 这段特性上,电动机进行反馈制动,转速逐步降低。

转速下降至 $n = n_{02}$ 时，$E = U_2$，电动机的制动电流和由它建立的制动转矩下降为零，反馈制动过程结束。此后，在负载转矩 T_L 的作用下转速进一步下降，电磁转矩又变为正值，电动机又重新运行于第一象限的电动状态，直至达到 c 点时 $T = T_L$，电动机又以 n_2 的转速在电动状态下稳定运行。

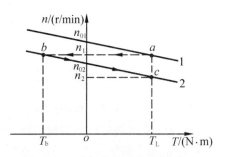

图 3 – 28　电枢电压突然降低时
的反馈制动过程

同样，电动机在弱磁状态下用增加磁通 Φ 的方法来降速时，也能产生反馈制动过程。

卷扬机下放重物时，也能产生反馈制动过程，以保持重物匀速下降，如图 3 – 29(a) 所示。设电动机正转时是提升重物，机械特性曲线在第一象限。若改变加在电枢上的电压极性，其理想空载转速为 $(-n_0)$，特性在第三象限，电动机反转。在电磁转矩 T 与负载转矩(位能负载) T_L 的共同作用下重物迅速下降，且愈来愈快，使电枢电势 $E = K_e \Phi n$ 增加，电枢电流 $I_a = (U - E)/(R_a + R_{ad})$ 减小，电动机转矩 $T = K_t \Phi I_a$ 亦减小，传动系统的状态沿其特性由 a 点向 b 点移动。由于电动机和生产机械特性曲线在第三象限没有交点，系统不可能建立稳定平衡点，所以系统的加速过程一直进行到 $n = -n_0$ 和 $T = 0$ 时仍不会停止，而在重力作用下继续加速。当 $|n| > |-n_0|$ 时，$E > U$，I_a 改变方向，电动机转矩 T 变为正值，其方向与 T_L 相反，系统的状态进入第四象限，电动机进入反馈制动状态。在 T_L 的作用下，状态由 b 点继续向 c 点移动，电枢电流和它所建立的电磁制动转矩 T 随转速的上升而增大，直到 $n = -n_0$，$T = T_L$ 时为止。此时系统的稳定平衡点在第四象限中的 c 点，电动机以 $n = n_c$ 的转速在反馈制动状态下稳定运行，以保持重物匀速下降。若改变电枢电路中的附加电阻 R_{ad} 的大小，也可以调节反馈制动状态下电动机的转速，但与电动状态下的情况相反。反馈制动状态下附加电阻越大，电动机转速越高(如图 3 – 29(b) 中所示的 c，d 两点)。为使重物下降速度不致过高，串接的附加电阻不宜过大。但即使不串接任何电阻，重物下放过程中电动机的转速仍大于 n_0，如果下放的工件较重，则采用这种制动方式运行是不太安全的。

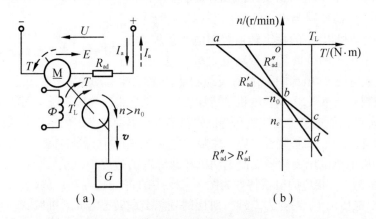

图 3 – 29　下放重物时的反馈制动过程
(a)原理图；(b)制动特性图

以上介绍了直流他励电动机的三种制动方法。为了便于掌握和比较，现将三种制动方法及其能量关系、优缺点、应用场合的比较列于表 3 – 1 中。

表 3 – 1　直流电动机各种制动方法的比较

比较	能耗制动	反接制动		反馈制动
		电压反接制动	倒位反接制动	
方法条件	电枢断电并通过电阻闭合	电枢电压突然反馈,并在电枢回路中串入电阻	电枢按提升方向接通电源,并在电枢回路串入较大电阻	在某一转矩作用下,使电动机转速超过理想空载转速,即 $n > n_0$
能量关系	吸收系统储藏的动能并转换成电能消耗在电枢电阻上	吸收系统储藏的机械能,变为轴上输入的机械功率并转换成电功率之后,连同电源输入到电枢功率一起,全部消耗在电枢回路的电阻上		轴上输入机械功率并转换成电枢的电功率,一部分消耗在电枢回路电阻上,一部分送回电网
优点	控制简单、制动平稳,便于实现准确停车	制动较强,停车迅速	能使位能性负载为 $n < n_0$ 的稳定转速下降	能向电网反馈功率,比较经济
缺点	制动较慢	能量损耗大,控制较复杂,不易实现准确停车	能量损耗大	在 $n < n_0$ 时不能实现反馈制动
应用场合	①要求平稳、准确停车的场合;②限制位能性负载的下降速度	要求迅速停车和需要反转的场合	限制位能性负载的下降速度,并在 $n < n_0$ 的情况下采用	限制位能性负载的下降速度,并在 $n > n_0$ 的情况下采用

直流电动机运行特性曲线如图 3 – 30 所示,其中运动状态名称见图中标示。各种不同运动状态的能量传递关系如下。电动:电能转换成机械能。能耗制动:机械能转换成热能。反接制动:机械能和电能转换成热能。反馈制动:机械能转换成电能。

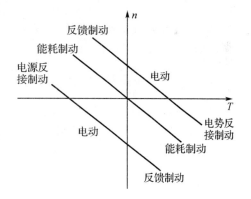

图 3 – 30　直流电动机运行特性曲线

例 3 – 5　一台直流他励电动机的额定数据为:$P_N = 30$ kW,$U_N = 220$ V,$I_N = 156.9$ A,$n_N = 1\ 500$ r/min,$R_a = 0.082$ Ω。试求:

(1)电动机带反抗性负载 $T_L = 0.8T_N$ 运行时,进行能耗制动,欲使起始制动转矩为 $2T_N$,电枢回路应串多大电阻?

(2)电动机带位能性额定负载转矩,以 $1\ 000$ r/min 的速度下放时,可用哪些方法,电枢回路分别应串多大电阻?

(3)电动机带反抗性额定负载转矩运行时,进行电源反接制动停车,欲使起始制动转矩为 $2T_N$,电枢回路应串多大电阻?

(4)电动机带位能性负载,$T_L = 0.8T_N$,欲以 $1\ 800$ r/min 的速度下放时,应采用什么方法,电枢回路应串多大电阻?

解 (1)计算电动机的 $K_e\Phi_N$,即

$$K_e\Phi_N = \frac{U_N - I_N R_a}{n_N} = \frac{220 - 156.9 \times 0.082}{1\ 500} = 0.138$$

理想空载转速为

$$n_0 = \frac{U_N}{K_e\Phi_N} = \frac{220}{0.138} = 1\ 594\ \text{r/min}$$

额定电磁转矩为

$$T_N = 9.55 K_e\Phi_N I_N = 9.55 \times 0.138 \times 156.9 = 206.8\ \text{N} \cdot \text{m}$$

$T_L = 0.8T_N$ 时的转速为

$$n = n_0 - \frac{R_a}{K_e K_t \Phi^2} T = 1\ 594 - \frac{0.082}{9.55 \times 0.138^2} \times 0.8 \times 206.8 = 1\ 519.4\ \text{r/min}$$

能耗制动起始时的电枢电动势为

$$E_a = K_e\Phi_N n = 0.138 \times 1\ 519.4 = 209.7\ \text{V}$$

能耗制动时电枢回路应串电阻为

$$R_{ad} = \frac{E_a}{2I_N} - R_a = \frac{209.7}{2 \times 156.9} - 0.082 = 0.586\ \Omega$$

(2)设提升重物时电动机速度为正,则以 1 000 r/min 的速度下放重物时,$n = -1\ 000$ r/min,所需下放速度低于固有机械特性的理想空载转速,故可用能耗制动或倒拉反接制动方法下放该重物。

用能耗制动方法下放时,由式(3 - 32)可得电枢回路应串电阻为

$$R_{ad} = \frac{K_e K_t \Phi_N^2 n_c}{T_N} - R_a = \frac{9.55 \times 0.138^2 \times 1\ 000}{206.8} - 0.082 = 0.798\ \Omega$$

用倒拉反接制动方法下放时,由式(3 - 18)可得电枢回路应串电阻的计算公式,因为 $n = -1\ 000$ r/min,$T = T_N$,故有

$$R_{ad} = \frac{(n_0 - n) \cdot K_e K_t \Phi_N^2}{T_N} - R_a = \frac{(1\ 594 + 1\ 000) \times 9.55 \times 0.138^2}{206.8} - 0.082 = 2.2\ \Omega$$

(3)$T_L = T_N$ 运行时的电枢电动势为

$$E = K_e\Phi_N n_N = 0.138 \times 1\ 500 = 207\ \text{V}$$

反接制动停车时,$I_a = -2I_N$,电枢回路应串电阻根据式(3 - 33)可得

$$R_{ad} = \frac{U_N + E}{-2I_N} - R_a = \frac{220 + 207}{2 \times 156.9} - 0.082 = 1.279\ \Omega$$

(4)所需下放速度大于理想空载转速,故应采用反向反馈制动方法。由于倒拉反接制动串入电阻太大,损耗大,所以不宜采用。

电枢回路串电阻时的机械特性方程式为 $n = \frac{U_N}{K_e\Phi_N} - \frac{R_{ad} + R_a}{K_e K_t \Phi_N^2} T$。根据题意,将 $n = -1\ 800$ r/min,$n_0 = -1\ 594$ r/min,$T = 0.8T_N = 0.8 \times 206.8$ N·m,代入上式得

$$-1\ 800 = -1\ 594 - \frac{R_{ad} + 0.082}{9.55 \times 0.138^2} \times 0.8 \times 206.8$$

解之得电枢回路应串电阻 $R_{ad} = 0.14\ \Omega$。

3.6　直流他励电动机传动系统的过渡过程

3.6.1　过渡过程的实际意义

前面着重分析了直流他励电动机传动系统的稳态工作特性,即研究当电动机的转矩等于负载转矩时,他励电动机传动系统的各个物理量,如转速、转矩、电流、功率等为某一数值的情况。描述这种稳定工作状态的主要工具是机械特性。从这个意义上讲,电动机的机械特性只能表征电气传动系统的稳态特性。

但是,任何一个他励电动机传动系统,不仅有稳定工作状态,而且还往往由于人们对系统施加作用,或负载发生变化而引起的由一种稳定工作状态过渡到另一种稳定工作状态的过渡过程。

不同的生产机械或同一生产机械在不同的生产工艺条件下,对过渡过程有着不同的要求。例如,轧钢机、龙门刨床等,它们都要求启动、加速、制动和反转等过渡过程尽量地快,以缩短生产周期中的非生产时间,提高生产效率;造纸机、印刷机等,对加速度有一定的限制以保证产品质量;而高楼乘客电梯、矿井提升机、地铁电车等,则要求有较小的加速度,以获得舒适、安全等性能。

为了满足上述各种不同的要求,必须对他励电动机传动系统的过渡过程进行认真研究,掌握传动系统在过渡过程中转速、电流、电磁转矩及功率随时间的变化规律,弄清这些变化规律受哪些因素制约和支配,从而有针对性地采取措施,使传动系统的过渡过程能在一定程度上得以控制。减少损耗、提高生产效率、改善产品质量,这些问题对于某些要求快速可逆运转或频繁启、制动的生产机械和有些要求速度变化平稳或能准确停车的生产机械尤为重要。

研究他励电动机系统过渡过程可采用解析法、图解法或计算机仿真法。解析法:通过对机电传动系统各环节约束关系的分析,建立线性微分方程组以描述系统的运动规律,然后用数学方法求解,找出转速、转矩或电流随时间的变化规律,讨论各参数对过渡过程的影响。解析法优点表现在该方法能给出各物理量随时间变化的解析表达式,便于定性分析。但微分方程阶次偏高时,求解复杂。考虑实际的机电传动系统或多或少地都存在着一定的非线性,因而借助于计算机,采用数值解法研究传动系统的过渡过程将是一种具有广阔前景的研究方法,即仿真法,该方法又可分为数字仿真和模拟仿真两种方法。

他励电动机传动系统之所以存在过渡过程,是由于各种惯性的影响。通常,电气传动系统中存在着三种惯性:机械惯性、电磁惯性和热惯性。由于热惯性较大,对过渡过程影响较小,一般不予考虑。对于直流他励电动机来说,电磁惯性主要表现在电枢电感上,如果不在其电枢回路中串接电感,它的影响也不大,该电磁时间常数为 $\tau_a = \dfrac{L_a}{R}$。因此,为简化分析,可仅考虑机械惯性对系统的影响。在只考虑机械惯性的过渡过程中,转速不能突变,而电枢电流和电磁转矩认为是可以突变的。

3.6.2　直流他励电动机过渡过程具体分析

直流他励电动机的机械特性 $n = f(T_M)$ 体现了其电磁转矩和转速之间的关系,对应的曲线是一条直线。设负载是恒转矩负载,即 T_L 为常数。根据图 3-31,直流他励电动机的机

械特性表达式可写成 $\dfrac{T_M}{T_{st}} + \dfrac{n}{n_0} = 1$，即

$$T_M = T_{st}\left(1 - \dfrac{n}{n_0}\right)$$

式中　T_{st}——$n = 0$ 时的转矩，即堵转转矩；

　　　n_0——理想空载转速。

设转矩为 T_L 时对应的转速为 n_s，则

$$T_L = T_{st}\left(1 - \dfrac{n_s}{n_0}\right)$$

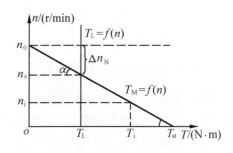

图 3 – 31　T_M, T_L 与 n 的关系

以上各式中，变化的量只有 T_M 和 n，其余的量均为已知的定值。

将 T_M 和 T_L 代入动力学方程式 $T_M - T_L = \dfrac{GD^2}{375}\dfrac{dn}{dt}$，整理后得

$$n_s - n = \dfrac{GD^2}{375}\dfrac{n_0}{T_{st}}\dfrac{dn}{dt}$$

式中　T_{st}, n_0——常数；

　　　GD^2——折算到电动机轴上的飞轮惯量，该值为常量。

令

$$\dfrac{GD^2}{375}\dfrac{n_0}{T_{st}} = \tau_m \qquad (3-37)$$

τ_m 是反映机电传动系统机械惯性的物理量，通常称为机电传动系统的机电时间常数。于是可写成

$$\tau_m\dfrac{dn}{dt} + n = n_s \qquad (3-38)$$

这是一个典型的一阶线性常系数非齐次微分方程。它的全解是

$$n = n_s + Ce^{-t/\tau_m} \qquad (3-39)$$

其中，C 为积分常数，由初始条件决定。

若过渡过程开始即 $t = 0$ 时，$n = n_i$，代入式(3 – 39)，可得 $C = n_i - n_s$，所以

$$n = n_s + (n_i - n_s)e^{-t/\tau_m} \qquad (3-40)$$

同样，若对式(3 – 39)求导数，并将结果代入传动系统的运动方程式，可得

$$T_M = T_L - \dfrac{GD^2}{375}\dfrac{C}{\tau_m}e^{-t/\tau_m} \qquad (3-41)$$

若以 $t = 0$ 时，$T_M = T_i$ 代入上式求出 C，则式(3 – 41)就变为

$$T_M = T_L + (T_i - T_L)e^{-t/\tau_m} \qquad (3-42)$$

直流他励电动机的磁通如果是定值，则电枢电流正比于电磁转矩，则可得

$$I_a = I_L + (I_i - I_L)e^{-t/\tau_m} \qquad (3-43)$$

其中，I_i 为 $t = 0$ 时电动机电流的初始值。

式(3 – 40)、式(3 – 41)、式(3 – 43)便分别是当 $T_L =$ 常数、$n = f(T_M)$ 是线性关系时，机电传动系统过渡过程中转速、转矩、电流对时间的动态特性，即 n, T_M, I_a 随时间的变化规律。以启动过程为例，即 $t = 0$ 时，$n_i = 0$, $T_i = T_{st}$, $I_i = I_{st}$，于是可得

$$n = n_s(1 - e^{-t/\tau_m}) \qquad (3-44)$$

$$T_{\mathrm{M}} = T_{\mathrm{L}} + (T_{\mathrm{st}} - T_{\mathrm{L}})\mathrm{e}^{-t/\tau_{\mathrm{m}}} \qquad (3-45)$$

$$I_{\mathrm{a}} = I_{\mathrm{L}} + (I_{\mathrm{st}} - I_{\mathrm{L}})\mathrm{e}^{-t/\tau_{\mathrm{m}}} \qquad (3-46)$$

启动时,这些关系式所对应的过渡过程曲线如图 3-32 所示,由于 $T_{\mathrm{M}} = K_{\mathrm{t}}\varPhi I_{\mathrm{a}}$,所以 I_{a} 与 T_{M} 形状相同。它们所反映的物理过程是,启动开始 $(t = 0)$ 时,$T_{\mathrm{M}} = T_{\mathrm{st}}$,动态转矩 $T_{\mathrm{d}} = T_{\mathrm{M}} - T_{\mathrm{L}}$ 最大,电动机加速度也最大,转速迅速上升。随着 n 上升,T_{M} 与 T_{d} 相应减少,系统的加速度减少,速度上升也随之减慢。当 $T_{\mathrm{M}} = T_{\mathrm{L}}$ 时,达到稳态转速 n_{s}。理论上要 $t = \infty$,过渡过程才算结束,实际上,当 $t = (3 \sim 5)\tau_{\mathrm{m}}$ 时,就可以认为转速已经达到稳态转速 n_{s}。

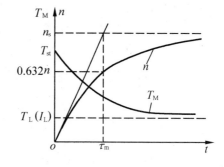

图 3-32　启动时过渡过程曲线

式(3-37)中 n_0/T_{st} 表示的是直流他励电动机的特性曲线斜率的绝对值,因此 τ_{m} 又可以写成

$$\tau_{\mathrm{m}} = \frac{GD^2}{375}\frac{\Delta n_{\mathrm{L}}}{T_{\mathrm{L}}} \qquad (3-47)$$

$$\tau_{\mathrm{m}} = \frac{GD^2}{375}\frac{n_{\mathrm{s}}}{T_{\mathrm{st}} - T_{\mathrm{L}}} = \frac{GD^2}{375}\frac{n_{\mathrm{s}}}{T_{\mathrm{d}}} \qquad (3-48)$$

这几种表达式建立了作为系统动态参数的 τ_{m} 和作为系统静特性的机械特性之间的联系,也表示了机电时间常数 τ_{m} 的几何意义。

在式(3-47)中,考虑到 $\Delta n_{\mathrm{L}} = \dfrac{R}{K_{\mathrm{e}}K_{\mathrm{t}}\varPhi^2}T_{\mathrm{L}}$,有

$$\tau_{\mathrm{m}} = \frac{GD^2}{375}\frac{R}{K_{\mathrm{e}}K_{\mathrm{t}}\varPhi^2}$$

式中　R——电枢回路总电阻;

　　　$\varPhi$——励磁磁通。

以上两值不一定是额定值。该式表达了机电时间常数 τ_{m} 的物理意义,它既与机械量 GD^2 有关,又与电气量 R 和 $\varPhi$ 有关。

机电时间常数 τ_{m} 是电气传动系统动态特性中非常重要的参数,直接影响电气传动系统过渡过程的快慢,τ_{m} 越小,则过渡过程进行得越快。从电气传动系统的动力学方程式可以得出,减少飞轮惯量 GD^2 和增加动态转矩 T_{d}(如负载不变时,即为增大电动机的驱动力矩)是加快电气传动系统过渡过程的主要途径,其中增加动态转矩可以从电机选择和启动电流控制方面考虑。欲实现最快的过渡过程,该期间内电动机应工作在最大电流状态,称该过程为最佳过渡过程。

例 3-6　一直流他励电动机,其额定功率 $P_{\mathrm{N}} = 40$ kW,额定电压 $U_{\mathrm{N}} = 220$ V,额定电流 $I_{\mathrm{N}} = 203.3$ A,额定转速 $n_{\mathrm{N}} = 1\,500$ r/min,电枢绕组 $R_{\mathrm{a}} = 0.06\ \Omega$,系统的飞轮惯量 $GD^2 = 15$ N·m^2,负载转矩 T_{L} 是额定电磁转矩 T_{N} 的 0.6 倍。若在电动机额定电流两倍的条件下启动,试求:(1)应串入电枢回路的电阻 R_{ad};(2)启动过程中的 $I_{\mathrm{a}}(t)$,$n(t)$;(3)启动时间。

解　(1)　$K_{\mathrm{e}}\varPhi_{\mathrm{N}} = \dfrac{U_{\mathrm{N}} - I_{\mathrm{N}}R_{\mathrm{a}}}{n_{\mathrm{N}}} = \dfrac{220 - 203.3 \times 0.06}{1\,500} = 0.139$ V·min/r

$$K_t \Phi_N = 9.55 K_e \Phi_N = 1.327 \text{ V} \cdot \text{min/r}$$

$$K_e K_t \Phi_N^2 = 0.139 \times 1.327 = 0.184$$

启动瞬间电枢回路总电阻为

$$R_{ad} + R_a = \frac{U_N}{I_{st}} = \frac{220}{2 \times 203.3} = 0.541 \ \Omega \ (I_{st} \ \text{为启动电流})$$

$$R_{ad} = 0.541 - 0.06 = 0.481 \ \Omega$$

（2）启动过渡过程的时间常数为

$$\tau_m = \frac{GD^2}{375} \frac{R}{K_e K_t \Phi^2} = \frac{15}{375} \frac{0.541}{0.184} = 0.118 \text{ s}$$

电流初值为

$$I_{st} = 2I_N = 2 \times 203.3 = 406.6 \text{ A}$$

额定电磁转矩为

$$T_N = K_t \Phi_N I_N = 1.327 \times 230.3 = 270 \text{ N} \cdot \text{m}$$

负载转矩为

$$T_L = 0.6 T_N = 0.6 \times 270 = 162 \text{ N} \cdot \text{m}$$

电枢稳态电流为

$$I_L = 0.6 \times 203.3 = 122 \text{ A}$$

理想空载转速为

$$n_0 = \frac{U_N}{K_e \Phi_N} = \frac{220}{0.139} = 1\,583 \text{ r/min}$$

设最终稳态转速为 n_s，则由 $\dfrac{n_0}{I_{st}} = \dfrac{n_s}{I_{st} - I_L}$，得

$$n_s = \frac{n_0}{I_{st}}(I_{st} - I_L) = \frac{1\,583}{406.6} \times (406.6 - 122) = 1\,108 \text{ r/min}$$

于是可得

$$I_a(t) = I_L + (I_{st} - I_L)e^{-t/\tau_m} = 122.1 + 284.5 e^{-t/\tau_m}$$

$$n(t) = n_s(1 - e^{-t/\tau_m}) = 1\,108(1 - e^{-t/\tau_m})$$

（3）启动所需时间取 $4\tau_m$，则

$$t = 4\tau_m = 4 \times 0.118 \text{ s} = 0.472 \text{ s}$$

习题与思考题

3-1　简述直流电动机的结构和工作原理。

3-2　直流他励电动机的机械特性指的是什么，是根据哪几个方程式推导出来的？

3-3　如何绘制直流他励电动机的固有机械特性和人为机械特性？

3-4　电动机的特性硬度是如何定义的，它和静差率有什么区别？

3-5　直流他励电动机为什么不能直接启动？

3-6　直流他励电动机有哪几种限制启动电流的启动方法？

3-7　直流他励电动机有哪几种调速方法，各有什么特点？

3-8　直流他励电动机有哪几种制动方法，各有什么特点？

3-9 什么叫作电气传动系统的过渡过程,引起过渡过程的原因有哪些?

3-10 电气传动系统的机电时间常数是什么,它对系统的过渡过程有什么影响?

3-11 在中小型直流他励电动机的电气传动系统中,为什么一般情况下只考虑机械惯性?

3-12 有一直流他励电动机拖动提升机构,当电动机拖动重物匀速上升时,突然将电枢电压反接,试利用机械特性说明:

(1)从反接开始到达到新的稳定运行状态中间,电动机经历了哪几个过程? 最后稳定在什么运行状态?

(2)每一过程中 n,I_a 及 T_M 是如何变化的?

3-13 当提升机下放重物时,欲使他励电动机获得低于理想空载转速的速度,应采取什么制动方法? 采用反馈制动行不行,为什么?

3-14 采用能耗制动和电源反接制动时,为什么要在电枢回路中串入电阻? 哪种情况串入的电阻大?

3-15 一台直流发电机,其部分铭牌数据为:$P_N = 180$ kW,$U_N = 230$ V,$n_N = 1\ 450$ r/min,$\eta_N = 90\%$,试求:

(1)该发电机的额定电流;

(2)电流保持为额定值而电压下降为 110 V 时,原动机的输出功率(设此时 $\eta = \eta_N$)。

3-16 已知某直流他励电动机的铭牌数据为:$P_N = 9$ kW,$U_N = 220$ V,$n_N = 1\ 500$ r/min,$\eta_N = 90\%$,试求该电机的额定电流和额定转矩。

3-17 一台直流他励电动机的技术数据为:$P_N = 7.5$ kW,$U_N = 220$ V,$I_N = 35$ A,$n_N = 1\ 500$ r/min,$R_a = 0.242\ \Omega$,试计算:

(1)固有机械特性;

(2)电枢附加电阻分别为 3 Ω 和 5 Ω 时的人为机械特性;

(3)电枢电压为 $U_N/2$ 时的人为机械特性;

(4)磁通 $\Phi = 0.8\Phi_N$ 时的人为机械特性。

3-18 一台直流他励电动机,其额定数据为:$P_N = 2.2$ kW,$U_N = U_f = 110$ V,$n_N = 1\ 500$ r/min,$\eta_N = 0.8$,$R_a = 0.4\ \Omega$,$R_f = 827\ \Omega$。试求:

(1)额定电枢电流 I_N;

(2)额定励磁电流 I_{fN};

(3)励磁功率 P_1;

(4)额定转矩 T_N;

(5)额定电流时的反电动势;

(6)直接启动时的启动电流;

(7)如果要使启动电流不超过额定电流的 2 倍,求启动电阻为多少? 此时启动转矩又为多少?

3-19 一直流他励电动机,$P_N = 30$ kW,$U_N = 220$ V,$I_N = 158.5$ A,$n_N = 1\ 000$ r/min,$R_a = 0.1\ \Omega$,$T_L = 0.8T_L$。求:

(1)电枢电路不串电阻时的稳态转速;

(2)电枢电路中串入 0.3 Ω 电阻时的稳态转速;

(3)将电压降到 188 V 时,降压瞬间的电枢电流及降压后的稳态转速;

(4)将磁通减弱至 80%Φ_N 时的稳态转速。

3-20　有一台直流他励电动机，$P_N = 10 \text{ kW}$，$U_N = 220 \text{ V}$，$I_N = 54 \text{ A}$，$n_N = 1\ 500 \text{ r/min}$，$R_a = 0.3 \ \Omega$，试计算：

(1)直接启动瞬间的启动电流 I_{st}；

(2)若限制启动电流不超过 $2I_N$，采用电枢串电阻启动时，应串入启动电阻的最小值是多少？若用降压启动，则最低电压应为多少？

3-21　有一台直流他励电动机，$P_N = 7.5 \text{ kW}$，$U_N = 110 \text{ V}$，$I_N = 85.2 \text{ A}$，$n_N = 750 \text{ r/min}$，$R_a = 0.13 \ \Omega$。如采用三级启动，取 $I_1 = 2I_N$，求各级启动电阻。

3-22　若一直流调速系统采用改变电源电压调速。已知电动机的额定转速 $n_N = 900 \text{ r/min}$，高速机械特性的理想空载转速 $n_0 = 1\ 000 \text{ r/min}$，额定负载下低速机械特性上的转速 $n_{\min} = 100 \text{ r/min}$。试求电动机的调速范围 D 和静差率 S。

3-23　一直流他励电动机，$P_N = 4 \text{ kW}$，$U_N = 110 \text{ V}$，$I_N = 44.5 \text{ A}$，$n_N = 1\ 500 \text{ r/min}$，$R_a = 0.23 \ \Omega$，电机带额定负载，若要使转速下降为 800 r/min，忽略空载损耗，那么：

(1)如采用电枢串电阻的方法，应串入多大电阻？此时电机的输入功率、输出功率及效率各是多少？

(2)如采用降压的方法，则电枢电压应为多少？此时电机的输入功率、输出功率及效率各是多少？

3-24　一台直流他励电动机的数据为：$U_N = 220 \text{ V}$，$I_N = 41.1 \text{ A}$，$n_N = 1\ 500 \text{ r/min}$，$R_a = 0.4 \ \Omega$，当额定负载时。试求：

(1)电枢电路串接电阻 $R_{ad} = 1.65 \ \Omega$ 后的电机稳态转速；

(2)电枢电路无外串电阻，电压下降为 110 V 时的电机稳态转速；

(3)若只减弱磁通，使磁通 Φ 减小 10%，而其他参数均为额定值时的电机稳态转速(调速前后转矩不变)。

3-25　一直流他励电动机，$P_N = 2.5 \text{ kW}$，$U_N = 220 \text{ V}$，$I_N = 12.5 \text{ A}$，$n_N = 1\ 500 \text{ r/min}$，$R_a = 0.8 \ \Omega$。

(1)当电机以 1 200 r/min 的转速运行时，采用能耗制动停车，要保证制动瞬间电流限制为额定电流的二倍，求电枢电路应串入的电阻值；

(2)若负载为位能性恒转矩负载，负载转矩 $T_L = 0.9T_N$，采用能耗制动使负载稳速下降，若此时电动机转速为 120 r/min，求电枢电路应串入的电阻值。

3-26　有一台 Z2-72 型直流他励电动机，其额定数据为：$P_N = 40 \text{ kW}$，$U_N = 220 \text{ V}$，$I_N = 203.3 \text{ A}$，$n_N = 1\ 500 \text{ r/min}$，$R_a = 0.06 \ \Omega$，$GD_M^2 = 11.71 \text{ N} \cdot \text{m}^2$。折算到电动机轴上的负载转矩 $T_L = 0.6T_N$，折算到电动机轴上的传动系统和生产机械的飞轮惯量 $(GD^2)_a = 2.35 \text{ N} \cdot \text{m}^2$，在启动电流初值 $I_{st} = 2I_N$ 的条件下，将电动机从静止启动到稳定运转，试求：

(1)机械特性曲线 $n = f(T)$；

(2)动态特性曲线 $n = f(t)$ 和 $T = f(t)$；

(3)启动时间。

3-27　直流他励电动机数据如下：$P_N = 20 \text{ kW}$，$U_N = 220 \text{ V}$，$I_N = 115 \text{ A}$，$n_N = 980 \text{ r/min}$，$R_a = 0.1 \ \Omega$，系统折算到电动机轴上的总飞轮惯量 $GD^2 = 60 \text{ N} \cdot \text{m}^2$。

(1)求系统的机电时间常数 τ_m；

(2)若电枢电路串接 $1 \ \Omega$ 的附加电阻，则 τ_m 变为多少？

(3)若在上述基础上再将电动机励磁电流减小一半，τ_m 又变为多少？(设磁路没有饱和)

第4章 交流电动机及拖动

交流电动机主要分为同步电动机和异步电动机两类。同步电动机的转子转速与定子所接电源频率之间有严格不变的关系,即同步,而异步电动机就没有这种关系。三相异步电动机是工农业中用得最多的一种电机,其容量从几十瓦到几兆瓦,在国民经济的各行各业应用极为广泛。例如,在工业方面,中小型轧钢设备、各种金属切削机床、轻工机械、矿山机械等;在农业方面,水泵、脱粒机、粉碎机及其他农副产品加工机械等。此外,在人们日常生活中,例如电扇、洗衣机、电冰箱、空调机、医疗机械等,异步电动机的应用也日益增多。

异步电动机之所以得到如此广泛的应用,是由于和其他电动机相比较,它具有结构简单、制造容易、价格低廉、运行可靠、维护方便、效率较高等一系列优点。和同容量的直流电动机相比,异步电动机的重量约为直流电动机的一半,而其价格仅为直流电动机的三分之一。异步电动机的缺点是不能经济地在较大范围内平滑调速和必须从电网吸收滞后的无功功率,使电网功率因数降低。不过,由于大多数生产机械并不要求大范围的平滑调速,而电网的功率因数又可以采用其他办法进行补偿,因此,三相异步电动机是电气传动系统中一个极为重要的元件。

4.1 三相异步电动机的结构和工作原理

4.1.1 三相异步电动机的结构及分类

三相异步电动机种类繁多,若按转子结构分为笼式(也称为鼠笼式)和绕线式异步电动机两大类;若按机壳的防护形式分类,笼式可分为防护式、封闭式、开启式,其外形如图4-1(a)所示。异步电动机分类方法虽不同,但各类三相异步电动机的基本结构形式却是相同的。

三相笼式异步电动机的结构如图4-1(b)所示,三相异步电动机由静止的定子和转动的转子两大部分组成。定子和转子之间有一很小的气隙。

1. 定子

定子由铁芯、绕组与机座三部分组成。定子铁芯是电动机磁路的一部分,它由硅钢片叠压而成,片与片之间是绝缘的,以减少涡流损耗。定子铁芯硅钢片的内圆加工有定子槽,如图4-2所示,槽中安放绕组,硅钢片铁芯在叠压后成为一个整体,固定于机座上。定子绕组是电动机的电路部分,由许多线圈连接而成,每个线圈有两个有效边,分别放在两个槽里。三相对称绕组 U_1U_2,V_1V_2,W_1W_2 可连接成星形或三角形。机座主要用于固定与支撑定子铁芯。中小型异步电动机一般采用铸铁机座,根据不同的冷却方式采用不同的机座形式。

2. 转子

异步电动机的转子由转子铁芯、转子绕组和转轴组成。

转子铁芯也是作为电机磁路的一部分,一般也由 0.5 mm 厚的硅钢片叠压而成。中小

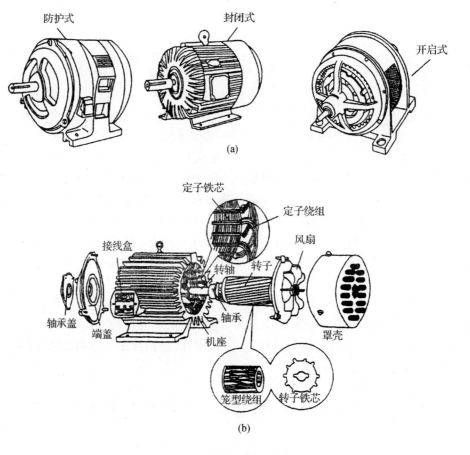

(a)

(b)

图 4 - 1　三相笼式异步电动机

(a)三相鼠笼式异步电动机外形图;(b)三相鼠笼式异步电动机的结构

型电机的转子铁芯套在转轴上,大型的则固定在转子支架上。在转子铁芯外圆上开有许多槽,以供嵌放或浇铸转子绕组。

转子绕组构成转子电路,其作用是流过电流和产生电磁转矩。其结构形式有笼型和绕线转子两种。

笼型转子绕组结构与定子绕组不大相同。在转子铁芯外圆有槽,每槽内放一根导条,在铁芯两端用两个端环把所有的导条都连接起来,形成自行闭合的回路。如果去掉铁芯,整个绕组的形状为笼状,如图 4 - 3 所示,所以叫笼型转子。导条与端环的材料可用铜或铝。如果是用铜的,就是事先把做好的裸铜条插入转子铁芯槽中,再用铜端环套在两端铜条的头上,并用铜焊或银焊把它们焊在一起,如图 4 - 3(a)所示。对中小型电机

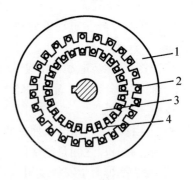

图 4 - 2　定子和转子的钢片

1—定子铁芯硅钢片;2—定子绕组;
3—转子铁芯硅钢片;4—转子绕组

一般都采用铸铝转子,是用熔化了的铝液直接浇铸在转子铁芯槽内,连同槽环以及风叶等一次铸成,如图 4 - 3(c)所示。

绕线式转子绕组和定子绕组相似,是嵌于转子铁芯槽内的三相对称绕组。一般小容量

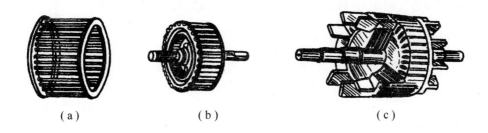

图 4 - 3　笼型转子

(a)铜条绕组;(b)转子外形;(c)铝铸的转子

电动机接成三角形,中大容量的接成星形。绕组的三根引出线分别接到装在转子一端轴上的三个集电环(滑环)上,分别用三组电刷引出来,如图 4 - 4 所示。其主要优点是可以通过集电环和电刷给转子回路串入附加电阻,以改善电动机的启动或调速性能。缺点是结构复杂,价格贵,维护麻烦。

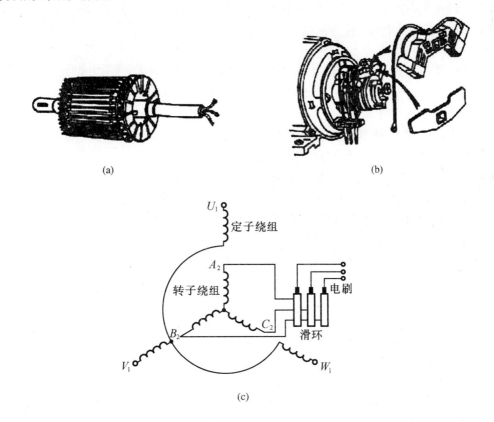

图 4 - 4　绕线式转子

(a)绕线转子结构;(b)电刷装置;(c)转子接线方式

3. 气隙

　　异步电动机的气隙比同容量直流电动机的气隙小得多,在中小型异步电动机中,一般为 0.2 ~ 2.5 mm。气隙大小对电动机性能影响很大,气隙愈大则为建立磁场所需励磁电流就大,从而降低电动机的功率因数。如果把异步电动机看成变压器,显然,气隙愈小则定子和转子之间的相互感应(即耦合)作用就愈好,因此应尽量让气隙小些。但也不能太小,否则会使加工和装配困难,运转时定转子之间易发生摩擦或碰撞。

4.1.2 三相异步电动机的工作原理

三相异步电动机的工作原理,是基于定子旋转磁场和转子电流的相互作用。定子绕组接上三相电源后产生旋转磁场,它在转子绕组中感应出电流,两者相互作用产生电磁转矩使转子转动。

当定子绕组通入三相交流电,在某一瞬时产生的合成磁场以同步转速 n_0 顺时针方向旋转,如图 4-5 所示。由于它与转子之间存在相对运动,转子导条便被磁场切割而产生感应电动势 e_2。感应电动势的方向用右手则确定,如图上导条的外层记号表示。

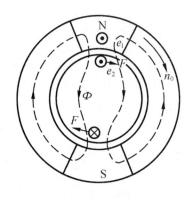

由于转子电路是一个闭合回路,在感应电动势的作用下将产生电流 i_2。如略去转子电路的感抗,i_2 与 e_2 同相,各导条中的电流方向也与电动势方向相同。

转子电流与旋转磁场作用,将产生电磁力 F,

图 4-5 定子和转子电路的感应电势

其方向可用左手则判定,如图 4-5 所示。这些电磁力对转轴形成一个转矩,该转矩称为电磁转矩 T,它将使转子旋转。

转子旋转的方向,如图 4-5 所示,与旋转磁场的旋转方向是一致的。所以要改变电动机的转动方向,只要改变旋转磁场的旋转方向就可以。

转子旋转的速度一般总低于旋转磁场的转速 n_0,这是因为如果 $n=n_0$,则旋转磁场与转子不相对切割,转子导条中的感应电动势 e_2 无从产生,感应电流 i_2 及电磁转矩 T 也都随之消失,转子也就不能以原来的转速继续旋转下去。所以,这种电动机不能达到同步转速,作为电动运行,总是 $n<n_0$。由于这个缘故,这种电动机称为异步电动机。又由于转子电流不是靠直接接通电源来获得,而是靠电磁感应产生的,所以这种电动机又称感应电动机。

同步转速 n_0 与转子转速 n 之差对同步转速 n_0 之比称为转差率 S,即

$$S=\frac{n_0-n}{n_0}\times100\% \tag{4-1}$$

既然 n_0 与 n 有转差才有 e_2、i_2 及 T,所以转差率是异步电动机的重要参数。

在电动机启动的瞬间,$n=0$,则 $S=1$。

S 是异步电机的重要物理量,根据 S 的大小可判断其工作的不同状态($0<S<1$ 为电动状态、$S<0$ 为发电状态、$S>1$ 为制动状态)。就是异步电机电动状态时的微小变化,也会引起转速较大变化,即 $n=(1-S)n_0$:

(1)异步电动机定子刚接上电源瞬时,转子尚未转动,$n=0$,则转差率 $S=1$;

(2)当异步电动机转速 $n=n_0$,则转差率 $S=0$;

(3)当异步电动机转速 $0<n<n_0$,则转差率的范围在 $0\sim1$ 之间变化;

(4)异步电动机额定运行时,$n=n_N$,则 $S_N\approx0.02\sim0.06$;

(5)空载时,n 接近 n_0,则 $S\approx0.0005\sim0.005$。

4.1.3　三相异步电动机的旋转磁场

1. 旋转磁场的产生

三相异步电动机的定子铁芯中安放有三个相同绕组 U_1U_2，V_1V_2，W_1W_2。这里 U_1，V_1，W_1 为绕组的始端，U_2，V_2，W_2 为绕组的末端。三相绕组在空间彼此相隔 $120°$。设将三相绕组接成星形，接到三相电源上，如图 4 – 6 所示，绕组中便通入三相对称电流，即

$$i_U = I_m \sin\omega t$$
$$i_V = I_m \sin(\omega t - 120°)$$
$$i_W = I_m \sin(\omega t - 240°)$$

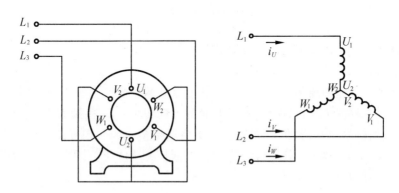

图 4 – 6　定子电路

电流的波形如图 4 – 7 所示。电流的正方向取各相绕组的始端流向末端。当某相电流为正时，图上该始端标以 ⊗，末端标以 ⊙；电流为负时，则标号相反。

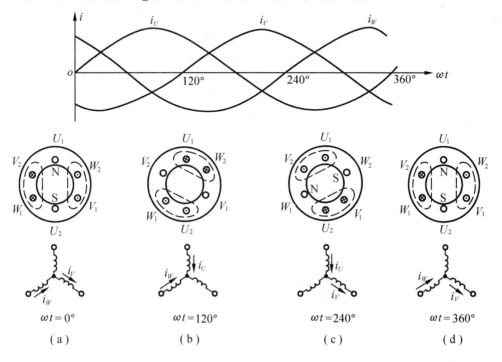

|（a）|（b）|（c）|（d）|

图 4 – 7　旋转磁场的产生

　　三相电流在各自绕组的空间产生交变磁场,它们在整个定子空间合成为一个磁场。为了便于说明,我们取 $\omega t=0,\omega t=120°,\omega t=240°,\omega t=360°$ 几个时刻来分析空间合成磁场的情况。

　　在 $\omega t=0$ 时,i_U 为零,$U_1 U_2$ 绕组此时没有电流;i_V 为负,电流从末端 U_2 流入(用⊗表示),从始端 V_1 流出(用⊙表示);i_W 为正,电流从始端 W_1 流入,从末端 W_2 流出。应用右手螺旋定则,可知此时合成磁场方向沿 $U_1 U_2$ 自上而下,如图 4 −7(a)所示。

　　在 $\omega t=120°$ 时,i_V 为零,$V_1 V_2$ 绕组没有电流;i_U 为正,电流从 U_1 进,U_2 出;i_W 为负,电流从 W_2 进,W_1 出。所以合成磁场方向转为 $V_1 \rightarrow V_2$,可见在空间次序上顺时针方向转了 $120°$,如图 4 −7(b)所示。

　　同样,可绘出在 $\omega t=240°$ 及 $\omega t=360°$ 时的合成磁场,如图 4 −7(c)和图 4 −7(d)所示。

　　由此可见,当空间相隔 $120°$ 的三相绕组通以相位彼此相差 $120°$ 的三相对称电流时,它们产生的合成磁场在空间不断旋转。这种磁场称为旋转磁场。

　　2. 旋转磁场的方向

　　旋转磁场的转向是由流入定子绕组的三相电流到达正最大值的顺序(即相序)决定的。前面假定电源的相序是 $L_1 L_2 L_3$,图 4 −6 是顺时针方向将 $L_1 L_2 L_3$ 接到 $U_1 V_1 W_1$,由图 4 −7 可见其合成磁场的转向是顺时针的。如果将定子绕组接至电源三根导线中任意两根对调连接,例如将 V_1 接 L_3,W_1 接 L_2,则 $L_1 L_2 L_3$ 逆时针方向接到 $U_1 V_1 W_1$,读者可自己作图证明,这时合成磁场将按逆时针方向旋转了。

　　3. 旋转磁场的速度

　　图 4 −6 的三相定子绕组在空间彼此相隔 $120°$,由图 4 −7 可见其合成磁场具有一对磁极($p=1$)。当电流变化一周时,磁场在空间恰好转过一圈。设电流的频率为 f,则磁场每秒钟旋转 f 圈,即每分钟的转速为 $n_0=60f$。

　　旋转磁场的磁极对数 p 与定子绕组的安排有关。如果每相绕组改为两个串联的线圈组成,各相的始端在空间相隔 $60°$,如图 4 −8 所示,则接通三相电流时,产生的磁场具有两对磁极,即 $p=2$,如图 4 −9 所示。这里绘出了 $\omega t=0$ 和 $\omega t=120°$ 两个瞬时的合成磁场。由图可见,当 $\omega t=0$ 到 $\omega t=120°$ 时,磁场在空间转过了 $60°$。可见电流变化一周,则磁场旋转半圈,比 $p=1$ 情况下的转速慢了一半,即 $n_0=\dfrac{60f}{2}$ r/min。

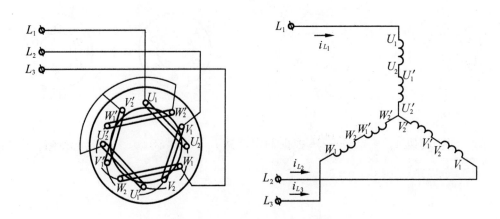

图 4 −8　定子绕组接成两对磁极

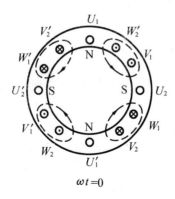 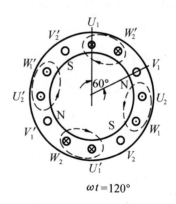

$$\omega t = 0 \qquad\qquad\qquad\qquad \omega t = 120°$$

图 4 – 9　两对磁极的旋转磁场

同理,如果每相定子绕组由三个线圈串联而成,各相绕组的始端在空间相隔40°,则定子接通三相电源时,产生的磁场将具有三对磁极,即 $p = 3$。当电流变化一周时,磁场在空间仅旋转了 $\frac{1}{3}$ 圈,即磁场转速为 $n_0 = \frac{60f}{3}$ r/min。

由此可以推知,当磁场具有 p 对磁极时,其转速为

$$n_0 = \frac{60f}{p} \quad \text{r/min} \tag{4 – 2}$$

磁场的转速又称为同步转速。由式(4 – 2)可知,它取决于电流频率 f 和磁极对数 p。在我国,工频 $f = 50$ Hz,对于不同磁极对数 p,其转速如表4 – 1所示。

表 4 – 1　工频电源不同 p 时同步转速

p	1	2	3	4	5	6	…
$n_0 / (\text{r/min})$	3 000	1 500	1 000	750	600	500	…

电动机转子的磁极数与定子的磁极数必须相等,这是一切电机正常工作的首要条件。针对绕线式异步电动机,转子绕组绕成的磁极数应与定子绕组绕成的磁极数相同,而笼型转子导条中的电动势和电流都由定子气隙磁场感应而产生,所以转子导条中电流的分布所形成的磁极数必然等于定子气隙磁场的磁极数。因此,笼型转子没有固定的磁极数,它的磁极数随定子磁极数而定。

例 4 –1　一台三相异步电动机,额定频率 $f_N = 50$ Hz,额定转速 $n_N = 960$ r/min,求额定转差率 S_N。

解　同步转速 $n_0 = \frac{60f}{p} = \frac{3\,000}{p}$,根据额定转速 $n_N = 960$ r/min,又额定转速略小于同步转速,所以可以确定极对数 $p = 3$。所以

$$S_{N} = \frac{n_0 - n_N}{n_0} = \frac{1\ 000 - 960}{1\ 000} = 0.04$$

4.1.4 定子绕组线端连接方式

三相电动机的定子绕组,每相都由许多线圈(或称绕组元件)所组成,其绕制方法此处不作详细叙述。

定子绕组的首端和末端通常都接在电动机接线盒内的接线柱上,一般按图4-10所示的方法排列,这样可以很方便地接成星形(图4-11)或三角形(图4-12)。

按照我国电工专业标准规定,定子三相绕组出线端的首端是 U_1,V_1,W_1,末端是 U_2,V_2,W_2。

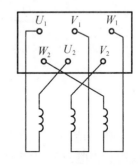

图4-10 出线端的排列

定子三相绕组的连接方式(Y形或△形)的选择,和普通三相负载一样,须视电源的线电压而定。如果电动机所接入之电源的线电压等于电动机的额定相电压(即每相绕组的额定电压),那么,它的绕组应该接成三角形;如果电源的线电压是电动机额定相电压的 $\sqrt{3}$ 倍,那么,它的绕组就应该接成星形。通常电动机的铭牌上标有符号 Y/△ 和数字 380/220。前者表示定子绕组的接法,后者表示对应于不同接法应加的线电压值。

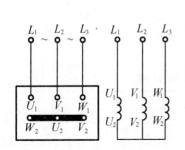

图4-11 星形连接

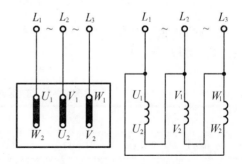

图4-12 三角形连接

例4-2 电源线电压为380 V,现有两台电动机,其铭牌数据如下,试选择定子绕组的连接方式。

(1)Y90S-4,功率1.1 kW,电压220 V/380 V,连接方法△/Y,电流4.67 A/2.7 A,转速1 400 r/min,功率因数0.79。

(2)Y112M-4,功率4.0 kW,电压380 V/660 V,连接方法△/Y,电流8.8 A/5.1 A,转速1 440 r/min,功率因数0.82。

解 Y90S-4电动机应接成星形(Y),如图4-13(a)所示。

Y112M-4电动机应接成三角形(△),如图4-13(b)所示。

4.1.5 三相异步电动机的额定值

异步电动机和直流电动机一样,机座上都有一个铭牌,铭牌上标注着额定数据。这些数据主要有:

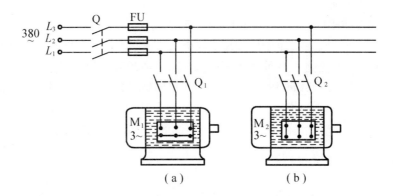

图 4 – 13　电动机定子绕组的连接法
（a）星形接法；（b）三角形接法

1. 额定功率 P_N

额定功率是指电动机在额定运行时轴上输出的机械功率，单位为 kW。

2. 额定电压 U_N

额定电压是指额定运行时加在定子绕组上的线电压，单位为 V。

3. 额定电流 I_N

额定电流是指电动机定子绕组加额定频率的额定电压，轴上输出额定功率时，定子绕组的线电流，单位为 A。

4. 额定频率 f_N

额定频率是我国规定标准工业用电的频率为 50 Hz。

5. 额定转速 n_N

额定转速是指电动机定子加额定频率的额定电压，且轴上输出额定功率时转子的转速，单位为 r/min。

6. 额定功率因数 $\cos\varphi_N$

额定功率因数是指电动机在额定运行时定子边的功率因数。

对三相异步电动机有

$$P_N = \sqrt{3}\, U_N I_N \cos\varphi_N \eta_N \times 10^{-3}$$

其中，η_N 为电动机的额定效率。

此外，铭牌上还标明了绝缘等级、温升、工作方式与绕组接法等。对绕线式异步电动机还标明了转子绕组接法、转子绕组额定电压（指定子绕组加额定电压、转子绕组开路时滑环间的电压）和转子额定电流等技术数据。额定数据是选择、使用电机的重要依据。

4.2　三相异步电动机的定子电路和转子电路

4.2.1　三相异步电动机与变压器的异同

1. 两者相似之处

定子绕组相当于变压器原绕组，转子绕组相当于变压器副绕组。定、转子之间只有磁的耦合，而无电的直接关系，功率传递与变压器一样是通过电磁感应来实现的。

2. 两者的主要区别

两者磁场的性质不同,变压器铁芯中为一脉动磁场,异步电动机气隙中却为一旋转磁场;变压器主磁通 Φ_m 经过铁芯而闭合,其空载电流 $I_0 \approx (2\% \sim 8\%) I_{1N}$,而异步电动机主磁通 Φ_m 除经过铁芯还要经过气隙而闭合,空载电流 $I_0 \approx (20\% \sim 50\%) I_{1N}$。

当定子三相绕组通以三相对称电流,便产生一旋转磁场分别切割定、转子绕组而产生电动势 E_1,E_2,由于转子自行闭合而旋转,但转子不带机械负载时的运行状态称为空载运行。由于某些电磁关系在转子不动时就存在,故分析转子不动时空载运行,使人更容易理解。

4.2.2 三相异步电动机定子电路

异步电动机通电后产生旋转磁场,该磁场不仅在转子每相绕组中要感应出电动势 e_2,而且在定子每相绕组中也要感应出电动势 e_1(实际上三相异步电动机中的旋转磁场是由定子电流和转子电流共同产生的),如图 4-5 所示。定子和转子每相绕组的匝数分别为 N_1 和 N_2。图 4-14 所示电路图是三相异步电动机的一相电路图。

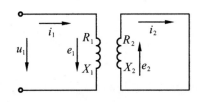

旋转磁场以同步转速 n_0 旋转,沿定子和转子之间空气隙接近于正弦规律分布。通过定子每相绕组的磁通 $\Phi = \Phi_m \sin\omega t$,其中,$\Phi_m$ 是通过

图4-14 三相异步电动机的一相电路图

每相绕组的磁通最大值,在数值上等于旋转磁场的每极磁通 Φ。

定子每相绕组中产生的感应电动势为 $e_1 = -N_1 \dfrac{\mathrm{d}\Phi}{\mathrm{d}t}$。它也是正弦量,其有效值为

$$E_1 = 4.44 f_1 N_1 \Phi \tag{4-3}$$

其中,f_1 为 e_1 的频率,是定子旋转磁场相对定子的转动频率,考虑定子是固定不动的,故等于定子电流的频率。

$$f_1 = p n_0 / 60 = f \tag{4-4}$$

定子电流产生的漏磁通为 Φ_{L1},在定子每相绕组中还要产生漏磁电动势

$$e_{L1} = -L_{L1} \dfrac{\mathrm{d}i_1}{\mathrm{d}t} \tag{4-5}$$

定子每相绕组上的电压方程式为

$$u_1 = i_1 R_1 + (-e_{L1}) + (-e_1) = i_1 R_1 + L_{L1} \dfrac{\mathrm{d}i_1}{\mathrm{d}t} + (-e_1) \tag{4-6}$$

用复数表示为

$$\dot{U}_1 = \dot{I}_1 R_1 + (-\dot{E}_{L1}) + (-\dot{E}_1) = \dot{I}_1 R_1 + j\dot{I}_1 X_1 + (-\dot{E}_1) \tag{4-7}$$

其中,R_1 和 $X_1 (X_1 = 2\pi f_1 L_{L1})$ 为定子每相绕组的电阻和漏磁感抗。

由于 R_1 和 X_1(或漏磁通 Φ_{L1})较小,其上电压降与电动势 E_1 比较起来,常可忽略,于是

$$\dot{U}_1 \approx -\dot{E}_1 \tag{4-8}$$

$\dot{U}_1$ 与 $\dot{E}_1$ 的有效值近似相等。

4.2.3 三相异步电动机转子电路

转子旋转磁场转速与定子旋转磁场转速是相等的。旋转磁场在转子每相绕组中感应

出的电动势为 $e_2 = -N_2 \dfrac{\mathrm{d}\boldsymbol{\Phi}}{\mathrm{d}t}$，其有效值为

$$E_2 = 4.44 f_2 N_2 \boldsymbol{\Phi} \qquad (4-9)$$

其中，f_2 为转子电动势 e_2 或转子电流 i_2 的频率。

因为旋转磁场和转子间的相对转速为 $n_0 - n$，所以

$$f_2 = \frac{p(n_0 - n)}{60} = \frac{(n_0 - n)}{n_0} \frac{pn_0}{60} = Sf \qquad (4-10)$$

故可得

$$E_2 = 4.44 SfN_2 \boldsymbol{\Phi} = SE_{20} \qquad (4-11)$$

其中，$E_{20} = 4.44 fN_2 \boldsymbol{\Phi}$，即 $S=1$，$n=0$ 时的转子电动势。

转子每相电路的方程式为

$$e_2 = i_2 R_2 + (-e_{12}) = i_2 R_2 + L_{12} \frac{\mathrm{d}i_2}{\mathrm{d}t} \qquad (4-12)$$

其中，e_{12} 为转子电流在转子每相绕组中产生的漏磁电动势。

如用复数表示，则为

$$\dot{E}_2 = \dot{I}_2 R_2 + (-\dot{E}_{12}) = \dot{I}_2 R_2 + j\dot{I}_2 X_2 \qquad (4-13)$$

其中，R_2 和 X_2 为转子每相绕组的电阻和漏磁感抗。

X_2 的表达式为

$$X_2 = 2\pi f_2 L_{12} = 2\pi SfL_{12} = SX_{20} \qquad (4-14)$$

其中，X_{20} 为 $S=1$，$n=0$ 时的转子感抗。

转子每相电路的电流为

$$I_2 = \frac{E_2}{\sqrt{R_2^2 + X_2^2}} = \frac{SE_{20}}{\sqrt{R_2^2 + S^2 X_{20}^2}} \qquad (4-15)$$

由于转子有漏磁通 $\boldsymbol{\Phi}_{12}$，相应的感抗为 X_2，因此，I_2 比 E_2 滞后 φ_2 角，因而转子电路的功率因数为

$$\cos\varphi_2 = \frac{R_2}{\sqrt{R_2^2 + X_2^2}} = \frac{R_2}{\sqrt{R_2^2 + S^2 X_{20}^2}} \qquad (4-16)$$

可见转子频率 f_2，电动势 E_2，感抗 X_2，电流 I_2，功率因数 $\cos\varphi_2$ 均与转差率 S 有关，即与转速有关。图 4-15 为转子电流 I_2 和功率因数 $\cos\varphi_2$ 与 S 的关系。

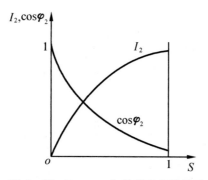

图 4-15　I_2，$\cos\varphi_2$ 与转差率 S 的关系

4.3　三相异步电动机运行

4.3.1　三相异步电动机空载运行

转子开路(以绕线式电动机为例)的空载运行状态。此时,转子电流 $I_2 = 0$,电磁转矩 $T = 0$,转速 $n = 0$,这时电动机与变压器空载时相同,空载气隙磁场完全由电子电流 I_1 产生。该磁通大部分同时与定子和转子绕组相交链,即主磁通分别在定、转子中产生感应电动势;余下磁通只与定子绕组相交链,而不传递能量,是定子漏磁通,此时的定子电压平衡关系为式(4-6),而转子电动势平衡方程式为 $\dot{E}_2 = \dot{E}_{20}$。

转子短路(以绕线式电动机为例)的空载运行状态。此时,转子电流 $I_2 \neq 0$,产生的转矩用于克服空载转矩。但因转差很小,$E_2 \approx 0$,$I_2 \approx 0$,可见,这与转子开路时空载运行相似,基本方程同转子开路。

异步电动机空载运行时,空载电流 $\dot{I}_0$ 中有很小部分为有功分量 $\dot{I}_{0P}$,用于供给定子铜耗、铁耗和机械损耗,而绝大部分是无功分量 $\dot{I}_{0Q}$,用以产生气隙选择磁场。因此,异步电动机空载时功率因数很低,一般 $\cos\varphi_0 \approx 0.2$,故应尽量避免电动机长期空载运行,以免浪费电能。

4.3.2　三相异步电动机负载运行

异步电动机空载时,气隙磁场 Φ 由定子空载电流 I_0 产生的空载磁动势 F_0,因此若外加电压 U_1 不变,Φ_m 基本不变,则 F_0 不变。当电动机带负载后,转子电流 I_2 便产生转子磁动势 F_2,同时,定子绕组从电网吸收的电流便由 I_0 增加到 $I_1 = I_0 + I_{1L}$,此时磁动势为 F_1,电流的负载分量 I_{1L} 产生负载磁动势 F_{1L},该磁动势平衡转子磁动势 F_2,从而保证 Φ_m 基本不变。

由于 F_1 与 F_2 在空间相对静止,它们共同建立空载磁动势 F_0,故

$$\dot{F}_1 = \dot{F}_0 + \dot{F}_{1L} = \dot{F}_0 - \dot{F}_2$$

当异步电动机转子静止时,定、转子电路的频率相同,即 $f_2 = f_1$,与变压器相似。而当转子旋转时,异步电动机有一个静止的定子电路和一个旋转的转子电路,如图4-16所示。两电路的频率不同,则 $f_2 < f_1$。为了将两个独立电路联系到一起,首先必须进行频率折算,即将旋转的转子折算为静止的转子。然后,可类同变

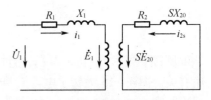

图4-16　异步电动机旋转时的电路图

压器那样进行绕组折算,将定、转子之间磁的耦合转化为仅有电的联系的等效电路。

频率折算就是用一个等效不动的转子来代替实际转动的转子,使其与定子有相同的频率,进行这种折算纯属是为求解电路的需要。要求频率折算前后 $\dot{I}_2$ 大小和相位不变,转子旋转时转子电流、功率因数角、频率为

$$\begin{cases} I_2 = \dfrac{E_2}{R_2 + jX_2} = \dfrac{SE_{20}}{R_2 + j(SX_{20})} \\[3mm] \varphi_2 = \arctan\dfrac{X_2}{R_2} = \arctan\dfrac{SX_{20}}{R_2} \\[3mm] f_2 = Sf_1 \end{cases} \tag{4-17}$$

将式(4-17)中分子、分母同除以 S 得

$$
\begin{cases}
I_2 = \dfrac{E_{20}}{R_2/S + jX_{20}} \\[2mm]
\varphi_2 = \arctan \dfrac{X_{20}}{R_2/S} \\[2mm]
f_2 = f_2
\end{cases}
\tag{4-18}
$$

虽然式(4-17)与式(4-18)中转子电流大小、相位没有变化,但它们代表的实际意义却截然不同,式(4-17)对应转子旋转时的情况,$f_2 = Sf_1$;式(4-18)对应转子静止时的情况,$f_2 = f_1$。可见,用等效的静止转子电路去代替实际转子电路,除了改变与频率有关的参数外,只需在转子电路中串入一可变电阻$(1-S)R_2/S$,使转子每相电阻变为 $R_2 + (1-S)R_2/S = R_2/S$,就可使转子电流不变,从而保持转子磁动势不变。

因为转子旋转时,转子具有总的机械功率 $P_\omega = P_2 + P_j$ 的动能,P_2 为输出机械功率,P_j 为机械损耗。而现用静止转子代替实际转子时,总的机械功率 P_ω 就可用$(1-S)R_2/S$ 上流过电流 I_2 产生的损耗来代替,即 $P_\omega = I_2^2(1-S)R_2/S$,频率折算后的等效电路,如图 4-17 所示。

当 $n \approx n_0$,$S = 0$,是$(1-S)R_2/S \to \infty$,$I_2 = 0$,相当于转子开路。电动机处于空载状态,无机械功输出;若当 $n = 0$,$S = 1$,$(1-S)R_2/S = 0$,相当于转子堵住(短路)也无机械功率输出;$(1-S)R_2/S$表示转子不同转速 n 时,产生总的机械功率的变化状况。

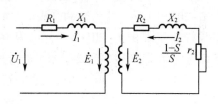

图 4-17　异步电动机频率折算后电路图

异步电动机经过频率折算后,定、转子频率相同,就可像变压器那样进行绕组折算。折算前后应保持磁动势和功率不变的原则。转子各参数折算至定子后的参数为 I_2',E_2',R_2',X_2'。

折算后的基本方程式为

$$
\begin{cases}
\dot{U}_1 = \dot{E}_1 + \dot{I}_1(R_1 + jX_1) = -\dot{E}_1 + \dot{I}_1 Z_1 \\[2mm]
\dot{E}_2' = \dot{I}_2'R_2' + j\dot{I}_2'X_2' + \dot{I}_2'\dfrac{1-S}{S}R_2' = \dot{I}_2'\dfrac{R_2'}{S} + j\dot{I}_2'X_2' \\[2mm]
\dot{I}_1 = \dot{I}_0' + \dot{I}_{1L} = \dot{I}_0 + (-\dot{I}_2') \\[2mm]
\dot{E}_1 = \dot{E}_2' = -\dot{I}_0(R_m + jX_m) = -\dot{I}_0 Z_m
\end{cases}
\tag{4-19}
$$

经过频率折算和绕组折算,可像变压器那样得出异步电动机"T"型等值电路,如图4-18 所示。

在实际应用中,为计算方便,可将"T"型等值电路中的激磁支路移至电源端,同时为保证激磁支路电流 I_0 不变,需在激磁支路中串入定子电阻 R_1 和电抗 X_1,便得简化等值电路图,如图 4-19 所示。

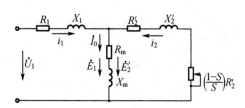

图 4-18　异步电动机 T 型等值电路

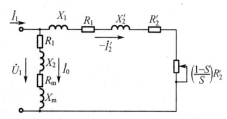

图 4-19　异步电动机简化等值电路

4.4 三相异步电动机的转矩与机械特性

4.4.1 三相异步电动机的转矩

1. 物理表达式

三相异步电动机的转矩是由旋转磁场的每极磁通 Φ 与转子电流 I_2 相互作用而产生的,它与 Φ 和 I_2 的乘积成正比。此外,由于转子电路有感抗,转子电流 i_2 会滞后 e_2 一相位角 φ_2。在图 4 – 20(a)的相量图上,可以将 I_2 分解为两个分量:一个是与 $\dot{E}_2$ 同相的 $I_2\cos\varphi_2$,另一个是与 $\dot{E}_2$ 相位差 $90°$ 的 $I_2\sin\varphi_2$。与 e_2 同相的分量,在转子中的分布情况与图 4 – 14 的相似,如图 4 – 20(b)所示(外层是 e_2,内层是 I_2)。与 e_2 相位差 $90°$ 的分量,由于在 e_2 达最大值的导体中,它是零,而在 e_2 处于零的导体中,它正好达最大值,所以它在导体中的进出分布情况如图 4 – 20(c)所示。I_2 是两个分量的合成,它与旋转磁场相互作用产生的力矩,当然也就是图 4 – 20(b)和图 4 – 20(c)上所产生力矩的合成。图 4 – 20(b)中转子各导体所产生的力矩只有一个方向,能形成转矩,可是图 4 – 20(c)中,在磁极中心线两侧对称的导体中,电流与 Φ 产生的力矩大小相等而方向相反,所以整个转子产生的合成转矩为零,不起作用。因此,整个电动机的电磁转矩 T 等于 Φ 与 $I_2\cos\varphi_2$ 相互作用产生的转矩。经过理论上推导得

$$T = K_t \Phi I_2 \cos\varphi_2 \tag{4-20}$$

式中 K_t——与电机结构有关的常数;

Φ——旋转磁场每极的磁通量;

I_2——转子电流有效值;

$\cos\varphi_2$——转子电路的功率因数。

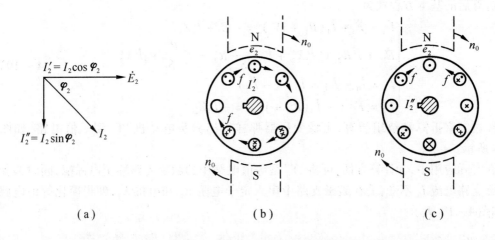

（a）　　　　　　　　　　（b）　　　　　　　　　　（c）

图 4 – 20　电磁转矩分析

上面推导出的电磁转矩公式 $T = K_t \Phi I_2 \cos\varphi_2$ 从物理意义上说明了电磁转矩与磁通 Φ 及电流有功分量 $I_2\cos\varphi_2$ 的关系,而其中 I_2,$\cos\varphi_2$ 都与转速有关,所以它隐含了 n 与 T 的关系,通常称为异步电动机机械特性的物理表达式。

　　物理表达式反映了异步电动机电磁转矩产生的物理本质,但并没有直接反映出电磁转矩与电动机参数之间的关系,更没有明显地表示电磁转矩与转速之间的关系,该式只适用于对电动机的运行特性作定性分析。

　　2. 参数表达式

　　将式(4 − 9)代入式(4 − 15)得

$$I_2 = \frac{S(4.44fN_2\Phi)}{\sqrt{R_2^2 + (SX_{20})^2}} \qquad (4-21)$$

　　再将式(4 − 21)和式(4 − 16)代入式(4 − 20),并考虑到式(4 − 3)式(4 − 8),则得出转矩的另一个表达式,即

$$T = K\frac{SR_2U_1^2}{R_2^2 + (SX_{20})^2} = K\frac{SR_2U^2}{R_2^2 + (SX_{20})^2} \qquad (4-22)$$

　　式中　　K——与电动机结构参数、电源频率有关的一个常数,$K = \frac{K_1N_2}{4.44fN_1^2}$;

　　　　　U_1,U——定子绕组相电压,电源相电压;

　　　　　R_2——转子每相绕组的电阻;

　　　　　X_{20}——电动机不动($n = 0$)时,转子每相绕组的感抗。

　　参数表达式清楚地表示了转矩、转差率与电动机参数之间的关系,用它分析各种参数对电动机运行性能的影响是很方便的。但是针对电气传动系统中具体的电动机而言,其参数是未知的,欲求得其参数表达式是非常困难的。因此,希望能够利用电动机的技术数据和铭牌数据求得电动机的机械特性,即机械特性的实用表达式。

　　3. 实用表达式

　　令 $\frac{\mathrm{d}T}{\mathrm{d}S} = 0$,由式(4 − 22)可得电磁转矩取最大值的转差率 S_m(称为临界转差率,负值舍去)

$$S_m = \frac{R_2}{X_{20}} \qquad (4-23)$$

　　将其代入式(4 − 22),可得最大电磁转矩

$$T_{max} = K\frac{U^2}{2X_{20}} \qquad (4-24)$$

　　从式(4 − 24)和式(4 − 23)可看出:在 K 值一定的情况下,最大转矩 T_{max} 的大小与定子每相绕组上所加电压 U 的平方成正比,这说明异步电动机对电源电压的波动是很敏感的。电源电压过低,会使电动机轴上输出转矩明显下降,甚至小于负载转矩,而造成电机停转;最大转矩 T_{max} 的大小与转子电阻 R_2 的大小无关,但临界转差率 S_m 却正比于 R_2,这对绕线转子式异步电动机而言,在转子电路中串接附加电阻,可使 S_m 增大,而 T_{max} 却不变。

　　异步电动机在运行中经常会遇到短时冲击负载,如果冲击负载转矩小于最大电磁转矩,电动机仍然能够运行,而且电动机短时过载也不会引起剧烈发热。通常把在固有机械特性上最大电磁转矩与额定转矩之比称为电动机的过载能力系统。其表达式为

$$\lambda_m = \frac{T_{max}}{T_N} \qquad (4-25)$$

它表征了电动机能够承受冲击负载的能力,是电动机的又一个重要运行参数。各种电动机

的过载能力系数在国家标准中有规定,如普通的 Y 系列笼型异步电动机的 $\lambda_m = 2.0 \sim 2.2$,供起重机械和冶金机械用的 YZ 和 YZR 型绕线转子式异步电动机的 $\lambda_m = 2.5 \sim 3.0$。

用式(4-22)除以式(4-24),并和式(4-23)联立,化简后得

$$T = \frac{2T_{max}}{\frac{S_m}{S} + \frac{S}{S_m}} \qquad (4-26)$$

该式即为电动机机械特性的实用表达式。式中 T_{max} 和 S_m 可由电动机的额定数据方便地求得。下面介绍 T_{max} 和 S_m 的求法。已知电动机的额定功率 P_N,额定转速 n_N,过载能力系数 λ_m,则额定转矩

$$T_N = 9.55 \frac{P_N}{n_N} \qquad (4-27)$$

其中,P_N 的单位为 W;n_N 的单位为 r/min。

最大转矩为

$$T_{max} = \lambda_m T_N \qquad (4-28)$$

额定转差率为

$$S_N = \frac{n_0 - n_N}{n_0}$$

忽略空载损耗,当 $S = S_N$ 时,电磁转矩 $T = T_N$,代入式(4-26)得

$$T_N = \frac{2T_{max}}{\frac{S_m}{S_N} + \frac{S_N}{S_m}} \qquad (4-29)$$

将 $T_{max} = \lambda_m T_N$ 代入式(4-29)整理得 $S_m^2 - 2\lambda_m S_N S_m + S_N^2 = 0$。解该关于 S_m 的一元二次方程得

$$S_m = S_N(\lambda_m \pm \sqrt{\lambda_m^2 - 1}) \qquad (4-30)$$

因为 $S_m > S_N$,所以式(4-30)中应取 + 号,故

$$S_m = S_N(\lambda_m + \sqrt{\lambda_m^2 - 1}) \qquad (4-31)$$

求得 T_{max} 和 S_m 后,只要给定一系列的 S 值,根据式(4-26)便可求出相应的电磁转矩 T。

电磁转矩的实用表达式适用于电动机机械特性的工程计算。

例 4-3 一台三相异步电动机,已知 $P_N = 2$ kW,$n_N = 2\,840$ r/min,$\lambda_m = 2$,$U_N = 380$ V,$f_N = 50$ Hz,求其固有特性的转矩表达式。

解 电动机的额定转矩为

$$T_N = 9.55 \frac{P_N}{n_N} = 9.55 \times \frac{2\,000}{2\,840} = 6.7 \text{ N} \cdot \text{m}$$

最大转矩为

$$T_{max} = \lambda_m T_N = 2 \times 6.7 = 13.4 \text{ N} \cdot \text{m}$$

根据 $f_N = 50$ Hz 及 $n_N = 2\,840$ r/min,可得 $n_0 = 3\,000$ r/min,故额定转差率为

$$S_N = \frac{n_0 - n_N}{n_0} = \frac{3\,000 - 2\,840}{3\,000} = 0.053$$

临界转差率为

$$S_m = S_N(\lambda_m + \sqrt{\lambda_m^2 - 1}) = 0.053 \times (2 + \sqrt{2^2 - 1}) = 0.198$$

实用的电磁转矩的表达式为

$$T = \frac{2T_{max}}{\dfrac{S_m}{S} + \dfrac{S}{S_m}} = \frac{26.8}{\dfrac{0.198}{S} + \dfrac{S}{0.198}}$$

4.4.2　三相异步电动机的机械特性

三相异步电动机的机械特性是指电动机的转速 n 与电磁转矩 T 之间的函数关系,即 $T = f(n)$。由于在异步电动机中转速 $n = (1 - S)n_0$,转速 n 和转差率 S 之间是一一对应的关系,所以也可以用 $T = f(S)$ 来描述异步电动机的机械特性。3.3.1 节中所介绍的电磁转矩的表达式,均可以作为三相异步电动机的机械特性表达式,只不过实际工程应用中较多采用实用表达式。三相异步电动机的机械特性可分为固有机械特性和人为机械特性。

1. 固有机械特性

三相异步电动机的固有机械特性是指在额定电压和额定频率下,用规定的接线方式,定、转子电路不串联电阻(电抗或电容)时电动机的电磁转矩和转速(或转差率)之间的关系,也称自然机械特性。可根据实用表达式绘出其特性曲线,如图 4 - 21 所示,图中只绘出第一象限内的部分。为了描述固有机械特性的特点,下面着重考虑固有机械特性上的几个特殊运行点。

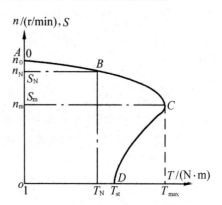

图 4 - 21　异步电动机的固有
机械特性

(1)理想空载工作点 A,其特点是转速 $n = n_0$ ($S = 0$),转矩 $T = 0$。

(2)额定工作点 B,其特点是转速 $n = n_N$ ($S = S_N$),转矩 $T = T_N$(额定转矩)。

(3)最大转矩点 C,对应转速 $n = n_m$ ($S = S_m$),转矩 $T = T_{max}$。

(4)启动点 D,其特点是转速 $n = 0$ ($S = 1$)。转矩 $T = T_{st}$(启动转矩),一般可由 $T_{st} = \lambda_{st} T_N$ 求得,其中 λ_{st} 是衡量异步电动机启动能力的一个重要参数,称为启动转矩倍数,一般 $\lambda_{st} = 1.0 \sim 1.2$。

将 $S = 1$ 代入式(4 - 22),可得

$$T_{st} = K \frac{R_2 U^2}{R_2^2 + X_{20}^2} \tag{4 - 32}$$

可见,异步电动机的启动转矩 T_{st} 与 U, R_2 及 X_{20} 有关,当施加在定子每相绕组上的电压 U 降低时,启动转矩会明显减小,这是我们所不希望的。

2. 人为机械特性

三相异步电动机的人为机械特性是指人为地改变电源参数或电动机参数而得到的机械特性。由电磁转矩的参数表达式可知,可以改变的电源参数有:电压 U 和频率 f;可以改变的电动机参数有:极对数 p,定子电路串电阻或电抗,转子电路串电阻或电抗等。下面通过分析特殊运行点的变化情况来研究人为机械特性。

(1)降低电动机电源电压时的人为机械特性

由式(4 - 2)、式(4 - 23)和式(4 - 24)可以看出,电压 U 的变化对理想空载转速 n_0 和临

界转差率 S_m 不发生影响,但最大转矩 T_{max} 与 U^2 成正比,当降低定子电压时,n_0 和 S_m 不变,而 T_{max} 大大减小。在同一转差率情况下,人为机械特性与固有机械特性的转矩之比等于电压的平方之比。因此在绘制降低电压的人为机械特性时,是以固有机械特性为基础,在不同的 S 处,取固有机械特性上对应的转矩乘降低电压与额定电压比值的平方,即可作出人为机械特性曲线,如图 4-22 所示。如当 $U_a = U_N$ 时,$T_a = T_{max}$;当 $U_b = 0.8U_N$ 时,$T_b = 0.64T_{max}$;当 $U_c = 0.5U_N$ 时,$T_c = 0.25T_{max}$。可见,电压愈低,人为机械特性曲线愈往左移。由于异步电动机对电网电压的波动非常敏感,运行时,如电压降低太多,会大大降低它的过

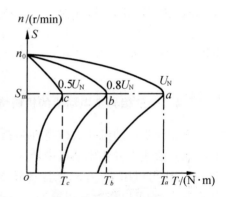

图 4-22　改变电源电压
时的人为机械特性

载能力与启动转矩,甚至使电动机发生带不动负载或者根本不能启动的现象。例如,电动机运行在额定负载 T_N 下,即使 $\lambda_m = 2$,若电网电压下降到 $70\% U_N$,则由于这时 $T_{max} = \lambda_m T_N \left(\dfrac{U}{U_N}\right)^2 = 2 \times 0.7^2 \times T_N = 0.98T_N$,电动机也会停转。此外,电网电压下降,在负载转矩不变的条件下,将使电动机转速下降,转差率 S 增大,电流增加,引起电动机发热甚至烧坏。

(2)定子电路接入电阻或电抗时的人为机械特性

在电动机定子电路中外串电阻或电抗后,电动机端电压为电源电压减去定子外串电阻上或电抗上的压降,致使定子绕组相电压降低。这种情况下的人为机械特性与降低电源电压时的相似,如图 4-23 所示。图中实线 1 为降低电源电压的人为机械特性,虚线 2 为定子电路串入电阻 R_{1s} 或电抗 X_{1s} 的人为特性。从图中可看出,所不同的是定子串入 R_{1s} 或 X_{1s} 后

的最大转矩要比直接降低电源电压时的最大转矩大一些。这是因为随着转速的上升和启动电流的减小,在 R_{1s} 或 X_{1s} 上的压降减小,加到电动机定子绕组上的端电压自动增大,致使最大转矩大些;而降低电源电压的人为机械特性在整个启动过程中,定子绕组的端电压是恒定不变的。

(3)改变定子电源频率时的人为机械特性

改变定子电源频率 f 对三相异步电动机机械特性的影响是比较复杂的,下面仅定性地分析 $n = f(T)$ 的近似关系。根据式(4-2),以及式(4-22)~式(4-24),并注意到上列式中 $X_{20} \propto f$,$K \propto 1/f$,且一般变频调速采用恒转矩调速,即希望最大转矩 T_{max} 保持为恒值,为此,在改变频率 f 的同时,电源电压 U 也要作相应的变化,使 $\dfrac{U}{f} =$ 常数,

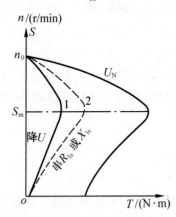

图 4-23　定子电路外接电阻或
电抗时的人为机械特性

实质上是使电动机气隙磁通保持不变。在上述条件下就存在有 $n_0 \propto f$,$S_m \propto \dfrac{1}{f}$,$T_{st} \propto \dfrac{1}{f}$ 和 T_{max} 不变的关系,即随着频率的降低,理想空载转速 n_0 要减小,临界转差率要增大,启动转矩要增大,而最大转矩基本维持不变,如图 4-24 所示。

(4)转子电路串电阻时的人为机械特性

在三相绕线转子异步电动机的转子电路中串入电阻 R_{2r} 后(图 4 – 25(a)),转子电路中的电阻为 $R_2 + R_{2r}$。由式(4 – 2)、式(4 – 23)和式(4 – 24)可看出,R_{2r} 的串入对理想空载转速 n_0、最大转矩 T_{max} 没有影响,但临界转差率 S_m 则随着 R_{2r} 的增加而增大。此时的人为机械特性将是一条比固有特性软的曲线,如图 4 – 25(b)所示。

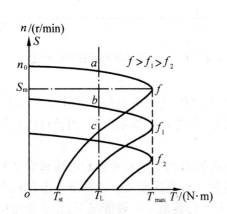

图 4 – 24 改变定子电源频率时的人为机械特性

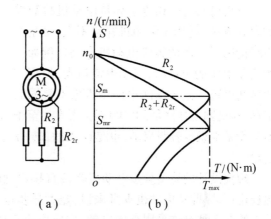

图 4 – 25 线绕式异步电动机转子电路串电阻
(a)原理图;(b)机械特性

4.5 三相异步电动机的启动特性

和直流电动机一样,当异步电动机的定子接入电源时,电动机从静止状态开始加速到稳定运行的过程称为启动过程,简称启动。异步电动机的启动首先要满足生产工艺的要求,同时还要使电动机本身能够合理地运行,因此对异步电动机的启动性能有如下要求:

(1)启动转矩足够大,以保证生产机械的正常启动,缩短启动时间;

(2)启动电流要小,以减小对电动机和电网的冲击;

(3)启动设备简单,控制方便;

(4)启动平滑,以减小对生产机械的冲击;

(5)启动过程中能量损耗小。

在上述基本要求中,(1)和(2)两条是衡量电动机启动性能的主要技术指标。

但是,一台普通的三相异步电动机,当直接启动,即直接加额定电压启动时,其启动特性恰好与上述要求相反,存在启动电流很大而启动转矩却不大这两方面的问题。

异步电动机在接入电网启动的瞬时,由于转子处于静止状态,定子旋转磁场以最快的相对速度(即同步转速)切割转子导体,在转子绕组中感应出很大的转子电势和转子电流,从而引起很大的定子电流,一般启动电流 I_{st} 可达额定电流 I_N 的 $5 \sim 7$ 倍。但因启动时 $S = 1$,转子功率因数 $\cos\varphi_2$ 很低,因而启动转矩 $T_{st} = K_1 \Phi I_{2st} \cos\varphi_{2st}$ 却不大,一般 $T_{st} = (0.8 \sim 1.5)T_N$。固有启动特性如图 4 – 26 所示。

显然,异步电动机的这种启动性能和生产机械的要求是相矛盾的。为了解决这些矛盾,必须根据具体情况,采取不同的启动方法。

4.5.1　三相笼型异步电动机的启动

1. 直接启动

三相笼型异步电动机有直接启动和降压启动两种方法。

直接启动是三相笼型异步电动机最简单的启动方法,适用于电动机容量不大,又是在空载情况下启动的异步电动机启动。例如一般机床上用的电动机,启动电流虽大,但存在的时间很短。只要车间里许多机床不是同时

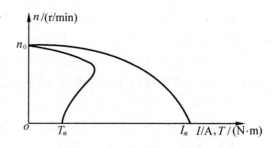

图4-26　异步电动机的固有启动特性

启动,对电网电压降低的影响不会太大。至于启动转矩,即使它比电机额定转矩小了不少,但只要是空载或轻载启动,也是够用的,转动起来以后,仍能承担额定负载,因此可以直接启动。

现代设计的笼型异步电动机都按直接启动时的电磁力和发热来考虑它的机械强度和热稳定性,因此从电动机本身来说,笼型异步电动机都允许直接启动。三相异步电动机在什么情况下才允许采用直接启动,主要取决于供电电网的容量。一般情况下,异步电动机的功率小于7.5 kW时允许直接启动。如果功率大于7.5 kW,而电网容量较大,能符合下式的电动机也可直接启动:

$$\frac{启动电流\ I_{st}}{额定电流\ I_N} \leqslant \frac{3}{4} + \frac{电源总容量}{4 \times 电动机功率}$$

直接启动因无须附加启动设备,且操作和控制简单、可靠,所以在条件允许的情况下应尽量采用。考虑到目前在大中型厂矿企业中,变压器容量已足够大,因此,绝大多数中、小型笼型异步电动机都采用直接启动。

2. 降压启动

降压启动是指电动机在启动时降低加在定子绕组上的电压,启动结束时加额定电压运行的启动方式。降压启动虽然能降低电动机启动电流,但由于电动机的转矩与电压的平方成正比,因此降压启动时电动机的转矩也减小更多,故此法一般适用于电动机空载或轻载启动。

（1）定子串电阻或电抗降压启动

方法是启动时,在定子回路中串入启动电阻或电抗,降低定子绕组上的电压,从而减小启动电流。启动结束后,切

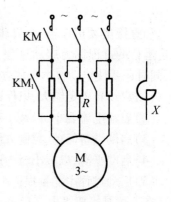

图4-27　定子串电阻或电抗
的降压启动

除启动电阻或电抗,进入正常运行。如图4-27所示,启动时,接触器触点 KM_1 断开,KM闭合,将启动电阻 R_{st} 串入定子电路,使启动电流减小;待转速上升到一定程度后再将 KM_1 闭合,R_{st} 被短接,电动机接上全部电压而趋于稳定运行。

设全压直接启动时,电源线电压为 U_N,即 $U_{st} = U_N$,电动机的启动电流为 I_{st}（线电流）,启动转矩为 T_{st}。定子串电阻或电抗后,如果启动电压降为 aU_N,即 $U'_{st} = aU_N$,则启动电流 $I'_{st} = aI_{st}$,启动转矩 $T'_{st} = a^2 T_{st}$（转矩同每相绕组电压的平方成正比）。

这种启动方法的缺点是:只适用于空载或轻载启动的场合;串电阻启动时,能耗较大,

如采用电抗器代替电阻器,则所需设备费用较高,且体积庞大。

(2)Y-△(星-三角)降压启动

Y-△降压启动的接线图如图4-28所示。启动时,接触器的触点 KM 和 KM_1 闭合,KM_2 断开,将定子绕组接成星形;待转速上升到一定程度后再将 KM_1 断开,KM_2 闭合,将定子绕组接成三角形,电动机启动过程完成而转入正常运行。该方法适用于电动机运行时定子绕组接成三角形的情况。

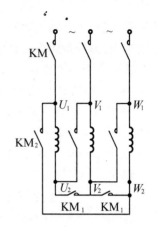

设电源线电压为 U_N,电动机定子的每相绕组的等效阻抗为 Z,则定子绕组接成星形时的启动电流(线电流)$I_{stY} = \dfrac{U_N}{\sqrt{3}Z}$,每相绕组上的启动电压 $U_{stY} = \dfrac{U_N}{\sqrt{3}}$;接成三角形时的启动电流(线电流)$I_{st\triangle} = \sqrt{3}\dfrac{U_N}{Z}$,启动电压 $U_{st\triangle} = U_N$。所以 $I_{stY} = \dfrac{I_{st\triangle}}{3}$,又

图4-28 Y-△降压启动

由于电磁转矩与每相绕组电压的平方成正比,所以有 $T_{stY} = \dfrac{T_{st\triangle}}{3}$。即星形启动时,启动电流和启动转矩均下降为三角形接法的1/3,因此这种启动方法只适用于空载或轻载启动的场合。该种启动方法的优点是启动电流小、启动设备简单、价格便宜、运行可靠,缺点是启动转矩小。

(3)自耦变压器降压启动

自耦变压器降压启动的原理如图4-29(a)所示。启动时 KM_1、KM_2 闭合,KM 断开,三相自耦变压器 T 的三个绕组连成星形接于三相电源,使接于自耦变压器二次绕组的电动机降压启动。当转速上升到一定值后,KM_1、KM_2 断开,自耦变压器 T 被切除,同时 KM 闭合,电动机全压运行。

自耦变压器降压启动的一相电路如图4-29(b)所示。设自耦变压器一次绕组的匝数为 N_1,二次绕组的匝数为 N_2,则自耦变压器的变压比 $k = \dfrac{N_2}{N_1} < 1$。则其一次电压 U_1(设为额定电压 U_N)、电流 I_1 与二次电压 U_2、电流 I_2 的关系为 $\dfrac{U_2}{U_N} = \dfrac{I_1}{I_2} = k$,即 $U_2 = kU_N$,所以此时电动机定子的启动电流也为全压启动时的 k 倍,即 $I_2 = kI_{st}$(I_{st} 为全压启动时的启动电流)。则变压器一次电流 $I_1 = kI_2 = k^2 I_{st}$,即此时从电网吸取的电流 I_1 是直接全压启动的 k^2 倍。

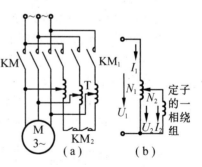

图4-29 自耦变压器降压启动
(a)原理接线图;(b)一相电路

自耦变压器降压启动时启动转矩与直接启动时的关系为

$$\frac{T'_{st}}{T_{st}} = \left(\frac{U_2}{U_N}\right)^2 = k^2$$

综上,采用自耦变压器降压启动后,若电压下降到额定电压的 k 倍,则启动电流和启动转矩均下降到直接启动的 k^2 倍。不难看出,与定子串电阻或电抗降压启动相比,在电动机

启动转矩相同时,自耦变压器降压启动所需电网电流较小,或者说在相同的启动电流下,自耦变压器降压启动可获得较大的启动转矩。故此方法适用于较大负载的启动,尤其适用于大容量、低电压电动机的降压启动中。且自耦变压器二次绕组一般有三个抽头,可以根据需要选用,但设备体积大、价格高、质量大、维修麻烦。

实际启动用的自耦变压器有 QJ₂ 和 QJ₃ 两个系列。QJ₂ 型的三个抽头比(即 k)分别为 55%,64%,73%;QJ₃ 型的为 40%,60%,80%。

例 4 - 4 一台三相笼型异步电动机,$P_N = 75$ kW,$n_N = 1\ 470$ r/min,$U_N = 380$ V,定子为三角形接法,$I_N = 137.5$ A,启动电流 $I_{st} = 6.5I_N$,启动转矩 $T_{st} = T_N$,拟带 50% 额定负载启动,电源容量为 1 000 kV·A,试选择适当的启动方法。

解 (1)直接启动

由于 $\dfrac{3}{4} + \dfrac{电源总容量}{4 \times 电动机功率} = \dfrac{3}{4} + \dfrac{1\ 000}{4 \times 75} \approx 4 \leqslant \dfrac{I_{st}}{I_N}$,所以不能采用直接启动

(2)定子串电阻(或电抗)启动

从(1)中可知,电网允许启动电流为 $I'_{st} = 4I_N$,因此

$$a = \frac{I'_{st}}{I_{st}} = \frac{4I_N}{6.5I_N} = 0.615$$

此时 $T'_{st} = a^2 T_{st} = 0.615^2 \times T_N = 0.378T_N < 0.5T_N$,所以不能采用这种启动方法。

(3)Y - △降压启动

由于此时启动转矩为 $T'_{st} = \dfrac{1}{3}T_{st} = \dfrac{1}{3}T_N < 0.5T_N$,所以不能采用此方法启动。

(4)自耦变压器降压启动

选用 QJ₂ 系列,其电压抽头比为 55%,64%,73%。

选用 55% 抽头时,启动转矩为

$$T'_{st} = k^2 T_{st} = 0.55^2 T_N < 0.5T_N$$

可见启动转矩不满足要求。

选用 64% 抽头时,同理可得转矩不满足要求。

选用 73% 抽头时,启动转矩为

$$T'_{st} = k^2 T_{st} = 0.73^2 T_N > 0.5T_N$$

可见启动转矩满足要求。

启动电流为 $I'_{st} = k^2 I_{st} = 0.73^2 \times 6.5I_N = 3.46I_N$,可见启动电流也满足电网的要求。

所以该电动机可以采用 73% 抽头比的自耦变压器降压启动。

4.5.2 特殊结构的笼型异步电动机

普通笼型异步电动机的最大优点是结构简单、运行可靠。缺点是启动性能差,很难适应启动次数频繁且需启动转矩大的生产机械(主要是起重运输机械和冶金企业中的各种辅助机械)的要求。为了既保持笼型电动机结构简单的优点,又能获得较好的启动性能,人们在电动机的结构上采取了一些改进措施,设计和制造出一些特殊结构的笼型异步电动机。

1. 高转差率笼型异步电动机

增大转子导条的电阻,既可以限制启动电流,又可以增大启动转矩。为了增大转子导条电阻,其转子导条不用普通纯铝浇铸,而是采用高电阻率的 ZL - 14 铝合金。这种电动机

正常运行时的转差率比普通笼型异步电动机高,所以被称为高转差率笼型异步电动机。由于转子导条电阻增大,启动转矩大了,电动机电流小了,而正常运行时的损耗相应地增大,故效率随之降低。它适用于具有较大飞轮惯量和不均匀冲击负载及正、反转次数较多的生产机械。

2. 深槽式异步电动机

这种电动机的转子槽型窄而深,通常槽深与槽宽之比约为 10 ~ 12,如图 4 - 30 所示。在启动时,转子电流频率高($f_2 = f_1$),导条中的电流密度由于集肤效应由槽口至轴方向逐渐减小,相当于减小了导体的有效截面,使转子电阻增大,限制了启动电流,增大了启动转矩。当正常运行时,由于集肤效应基本消失,转子导条内的电流均匀分布,导体有效截面增大,转子电阻减小,这时就和普通的笼型异步电动机差不多了。

3. 双笼型异步电动机

这种电动机的转子,具有上、下两套笼型结构,如图 4 - 31 所示。工作原理如同深槽式笼型异步机,启动时上笼电阻大限制了启动电流,所以又叫作启动笼。正常运行时转子频率很低,转子电流主要集中到电阻小的下笼中,下笼又称为工作笼。

上述后两种特殊形式的笼型异步电动机都具有较好的启动性能,虽其功率因数和效率稍低,但它们在工业上得到了广泛的应用。实际上,功率大于 100 kW 的笼型电动机都做成双笼型或深槽式。

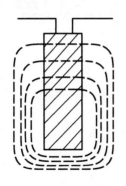

图 4 – 30　深槽转子等效截面

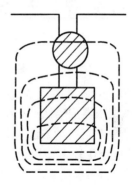

图 4 – 31　双鼠笼转子截面

4.5.3　三相绕线转子异步电动机的启动

前面在分析机械特性时已经说明,适当增加转子电路的电阻可以提高启动转矩。笼型异步电动机无法在转子电路串入电阻,而绕线转子异步电动机可以利用这一特性,启动时在转子电路中串电阻或频敏变阻器来改善启动特性,增大启动电阻,减小启动电流。而且转子接入的电阻或频敏变阻器所发出的热量大部分都在电机之外,从而减小电机本身的发热。

1. 逐级切除启动电阻法

采用逐级切除启动电阻的方法,其目的和启动过程与他励直流电动机采用逐级切除启动电阻的方法相似,主要是为了使整个启动过程中电动机能保持较大的加速转矩。其启动过程如下:如图 4 - 32(a)所示,启动开始时,触点 KM_1,KM_2,KM_3 均断开,启动电阻全部接入,KM 闭合,将电动机接入电网。电动机的机械特性如图 4 - 32(b)中曲线Ⅲ所示,初始启动转矩为 T_A,加速转矩 $T_{d1} = T_A - T_L$,这里 T_L 为负载转矩。在加速转矩的作用下,转速沿曲线Ⅲ上升,轴上输出转矩相应下降。当转矩下降至 T_B 时,加速转矩下降到 $T_{d2} = T_B - T_L$,这时,为了使系统保持较大的加速度,让 KM_3 闭合,使各相电阻中的 R_{st3} 被短接(或切除),启动电阻由 R_3 减为 R_2,电动机的机械特性曲线由曲线Ⅲ变化到曲线Ⅱ。只要 R_2 的大小选择合适,并掌握好切除时间,就能保证在电阻刚被切除的瞬间电动机轴上输出转矩重新回升到 T_A,即使电动机重新获得最大的加速转矩。以后各段电阻的切除过程与上述相似,直到转子电阻全部被切除,电动机稳定运行在固有机械特性曲线上,即图中曲线Ⅳ上相应于负载转矩 T_L 的点9,启动过程结束。

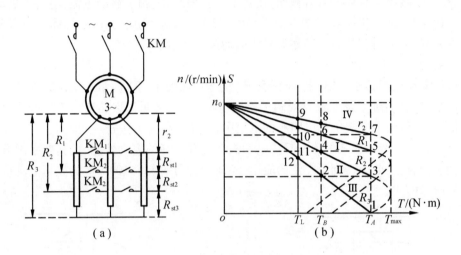

图4-32　逐级切除启动电阻的启动过程

(a)原理接线图;(b)启动特性

2. 频敏变阻器启动法

在转子串电阻启动方法中,由于电阻需分段切除,因此存在着如下缺点:

(1)转矩变化较大,因而对生产机械冲击较大;

(2)控制设备庞大;

(3)操作维修不便。

为了克服上述缺点可采用转子串频敏变阻器启动。频敏变阻器实质上是一个铁芯损耗很大的三相电抗器。铁芯由一定厚度的几块实心铁板或钢板叠成,一般做成三柱式,每柱上绕有一个线圈,三相线圈连成星形,然后接到绕线转子异步电动机的转子电路中。它的特点是其等效电阻值随电流频率的减小而自动减小,从而使电动机能平滑启动。

启动时,频敏变阻器经滑环和电刷接入转子电路。由于刚启动时电动机转速较低,转子频率 $f_2 = Sf$ 较高,铁芯中的涡流损耗较大,与其对应的等效阻抗也较大。随着电动机转速上升 S 减小,$f_2 = Sf$ 减小,铁芯涡流损耗减小,使对应的等效阻抗减小。这样,就相当于在转子电路中串入一个随转子频率可变的变阻器,随着电动机转速升高,转子频率逐渐减小,变阻器等效电阻逐渐减小,使电机平稳加速。启动结束后,将滑环短接,切除频敏变阻器,并抬起电刷。

频敏变阻器结构简单,运行可靠,使用维护方便,价格便宜,因此使用十分广泛。

4.6 三相异步电动机的调速特性

三相异步电动机具有结构简单、运行可靠、维修方便、价格便宜等优点,因此在国民经济各部门得到广泛应用。三相异步电动机没有换向器,克服了直流电动机的一些缺点,但如何提高三相异步电动机的调速性能,一直是人们追求的目标。随着电力电子技术、微电子技术、计算机技术以及电机理论和自动控制理论的发展,限制三相异步电动机发展的问题逐渐得到了解决,目前三相异步电动机的调速性能已达到了直流调速的水平。

由三相异步电动机的转速表达式 $n = n_0(1 - S) = \dfrac{60f}{p}(1 - S)$ 可知,异步电动机的调速方法有三种:

(1)变极调速——改变定子绕组的极对数 p;

(2)变频调速——改变供电电源的频率 f;

(3)变转差率调速——改变电动机的转差率 S,有调压调速、转子串电阻调速和串极调速等。

4.6.1 调压调速

三相异步电动机改变电源电压时的人为机械特性如图 4-33 所示。可见,电压改变时,T_{max} 变化,而 n_0 和 S_m 不变。对于恒转矩性负载 T_L,由负载特性曲线 1 与不同电压下电动机的机械特性的交点,可以有 a, b, c 点所决定的速度,其调速范围很小;由离心式通风机型负载曲线 2 与不同电压下机械特性的交点为 d, e, f,可以看出,调速范围稍大。

这种调速方法能够无级调速,但当降低电压时,转矩也按电压的平方比例减小,所以,调速范围不大。

在定子电路中串电阻(或电抗)和用晶闸管调压调速都是属于这种调速方法。

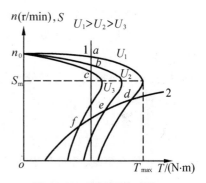

图 4-33 调压调速时的
人为机械特性

4.6.2 转子电路串电阻调速

此种调速方法只适用于绕线转子异步电动机,其启动电阻可兼作调速电阻用,不过此时要考虑稳定运行时的发热,应适当增大电阻的容量。

如图 4-34 所示,原来工作于 a 点,现在在转子电路中串入电阻,使机械特性由曲线 1 变为曲线 2。开始时,由于机械惯性,转速来不及变化,工作点由 a 点平移到 b 点,且电机转矩下降。这时 $T_m < T_L$(设负载转矩 T_L 恒定),转速沿曲线 2 下降。随着转速下降,T_m 上升,最后在 c 点以降低了的转速匀速运行。

此种调速方法简单,初期投资不高,但它是有级调速。

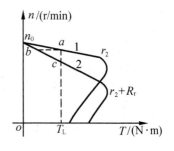

图 4-34 改变 r_2 调速过程

随转速降低,特性变软。转子电路电阻损耗与转差率成正比,低速时损耗大,经济性差。所以,这种调速方法大多在重复短时运转的生产机械中,如在起重运输设备中应用非常广泛。

4.6.3　变极调速

三相异步电动机的同步转速 n_0 与极对数 p 成反比,故改变极对数 p 即可改变电动机的转速。在改变定子磁极对数时,转子磁极对数也必须同时改变,因此变极对数调速常用于笼型异步电动机,因为三相笼型异步电动机转子的极对数能自然随定子极对数变化。

1. 变极调速原理

在生产中有大量的生产机械,它们并不需要连续平滑调速,只需要几种特定的转速就可以了;而且对启动性能没有高的要求,一般只在空载或轻载下启动。在这种情况下使用变极对数调速的多速笼型异步电动机是合理的。

以单绕组双速电机为例,对变极调速的原理进行分析,如图4-35所示,为简便起见,将一个线圈组集中起来用一个线圈代表。单绕组双速电动机的定子每相绕组由两个相等圈数的"半绕组"组成。图4-35(a)中两个"半绕组"串联,其电流方向相同;图4-35(b)中两个"半绕组"并联,其电流方向相反。它们分别代表两种极对数,即 $2p=4$ 与 $2p=2$。可见,改变极对数的关键在于使每相定

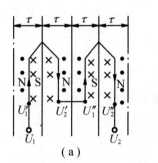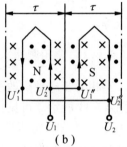

图4-35　改变极对数调速的原理
(a)串联 $2p=4$;(b)并联 $2p=2$

子绕组中一半绕组内的电流改变方向,即可用改变定子绕组的接线方式来实现。若在定子上装两套独立绕组,各自具有所需的极对数,两套独立绕组中每套又可以有不同的连接。这样就可以分别得到双速、三速或四速等电动机,通称为多速电动机。

2. 接线方式及容许输出

(1)接线方式

目前,我国多速电动机定子绕组连接方式最多有三种,常用的有两种:一种是从星形改成双星形的,写作 Y/YY,如图4-36(a)所示,电动机极对数减少一半, $n_{YY}=2n_Y$;另一种是从三角形改成双星形,写作 △/YY,如图4-36(b)所示,极对数也是减少一半,即 $n_{YY}=2n_\triangle$。另外,由于极对数的改变,三相定子绕组中电流的相序也改变了,为了使改变极对数后仍维持原来的转向不变,应把三相绕组接线的相序改接一下。

(2)容许输出

①Y/YY接线方式

设电源线电压为 U_N,每相绕组额定电流为 I_N。星形连接时,线电流等于相电流,输出功率和转矩为

$$P_Y = \sqrt{3}\, U_N I_N \eta_N \cos\Phi_N, \quad T_Y = 9.55\frac{P_Y}{n_Y}$$

改接成双星形后, $n_{YY}=2n_Y$,若保持绕组电流 I_N 不变,则线电流为 $2I_N$。假定改接前后效

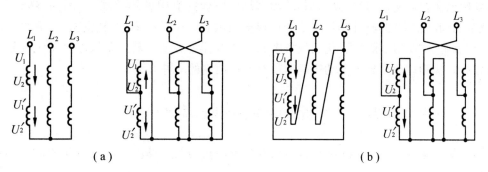

图 4-36 单绕组双速电动机的极对数变换

(a) Y/YY；(b) △/YY

率和功率因数近似不变,则输出功率和转矩为

$$P_{\mathrm{YY}} = \sqrt{3} U_{\mathrm{N}} (2I_{\mathrm{N}}) \eta_{\mathrm{N}} \cos \Phi_{\mathrm{N}} = 2P_{\mathrm{Y}}, \quad T_{\mathrm{YY}} = 9.55 \frac{P_{\mathrm{YY}}}{n_{\mathrm{YY}}} = T_{\mathrm{Y}}$$

可见,Y/YY 连接时,电动机的转速增大一倍,容许输出功率增大一倍,而容许输出转矩保持不变。所以,这种连接方式的变极调速属于恒转矩调速,它适用于恒转矩负载。

②△/YY 接线方式

三角形连接时的线电流为 $\sqrt{3} I_{\mathrm{N}}$,输出功率和转矩为

$$P_{\triangle} = \sqrt{3} U_{\mathrm{N}} (\sqrt{3} I_{\mathrm{N}}) \eta_{\mathrm{N}} \cos \Phi_{\mathrm{N}}, \quad T_{\triangle} = 9.55 \frac{P_{\triangle}}{n_{\triangle}}$$

改接成双星形后,$n_{\mathrm{YY}} = 2n_{\triangle}$,线电流为 $2I_{\mathrm{N}}$,则输出功率和转矩为

$$P_{\mathrm{YY}} = \sqrt{3} U_{\mathrm{N}} (2I_{\mathrm{N}}) \eta_{\mathrm{N}} \cos \Phi_{\mathrm{N}} = 1.15 P_{\triangle}$$

$$T_{\mathrm{YY}} = 9.55 \frac{P_{\mathrm{YY}}}{n_{\mathrm{YY}}} = 9.55 \times \left(\frac{1.15 P_{\triangle}}{2 n_{\triangle}} \right) = 0.58 T_{\triangle}$$

可见,△/YY 连接时,电动机的转速增大一倍,容许输出功率近似不变,而容许输出转矩近似减小一半。所以,这种连接方式的变极调速可认为是恒功率调速,它适用于恒功率负载。

4.6.4 变频调速

所谓变频调速,就是通过改变电动机定子供电频率以改变同步转速来实现调速的目的。

若电源电压 U 不变,当降低电源频率 f 调速时,则磁通 Φ 将增加,使铁芯饱和,从而导致励磁电流和铁损耗大量增加、电动机温升过高等,这是不允许的。为了解决这一问题,要求在变频调速系统中,降频的同时最好降压,即频率与电压能协调控制,亦即电源电压 U 必须与 f 成比例地变化,此时近似为恒转矩调速方式。

若升高电源频率向上调速时,升高电源电压($U > U_{\mathrm{N}}$)是不允许的,因此只能保持电源电压为 U_{N} 不变,因此频率越高,磁通就越低,此时是降低磁通升速的方法,近似为恒功率调速。

在异步电动机变频调速系统中,为了得到更好的性能,可以将恒转矩调速与恒功率调速结合起来。

变频调速在调速过程中,从高速到低速都可以保持有限的转差功率,因而,具有高效率、宽范围和高精度的调速性能,故已经在很多领域获得广泛应用,如轧钢机、工业水泵、鼓风机、起重机、纺织机、球磨机、化工设备及家用空调器等方面。其主要缺点是系统较复杂、成本较高。变频调速是异步电动机调速最有发展前途的一种方法。

4.7　三相异步电动机的制动特性

与直流电动机相同,三相异步电动机按其电磁转矩与转速的方向是否相同,可分为电动运行状态与制动运行状态。

电动运行状态的特点是电磁转矩与转速方向相同。机械特性位于一、三象限。第一象限称为正向电动状态,第三象限称为反向电动状态。在电动状态工作时电动机是从电网吸取电能,转变为机械能以带动机械负载。

制动运行状态其特点是电磁转矩与转速方向相反。机械特性在二、四象限。在制动状态工作时,电动机吸收机械能,并转换为电能。

根据制动运行状态中电磁转矩和转速的不同情况,可分为能耗制动、反接制动和反馈制动。

4.7.1　能耗制动

异步电动机能耗制动的原理线路图一般如图 4-37(a)所示。进行能耗制动时,首先将定子绕组从三相交流电源断开(KM$_1$ 打开),接着立即将一低压直流电源通入定子绕组(KM$_2$ 闭合)。直流电流通过定子绕组后,在电动机内部建立一个固定不变的磁场,由于转子在运动系统储存的机械能维持下继续旋转,转子导体内就产生感应电势和电流,该电流与恒定磁场相互作用产生作用方向与转子实际旋转方向相反的制动转矩。在它的作用下,电动机转速迅速下降,此时运动系统储存的机械能被电动机转换成电能后消耗在转子电路的电阻中。

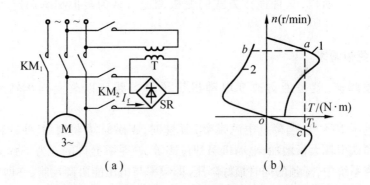

图 4-37　能耗制动时的原理线路图及机械特性
(a)原理线路图;(b)机械特性

能耗制动时的机械特性如图 4-37(b)所示。制动时系统运行点从特性 1 之 a 点平移至特性 2 之 b 点,在制动转矩和负载转矩的共同作用下沿特性 2 迅速减速直至 $n=0$。当 $n=0$ 时,$T=0$,如果电动机拖动的是反抗性负载,则电动机便停转,实现了快速制动停车;如果拖动的是位能性负载,在 $n=0$ 时,若要停车,必须立即用机械抱闸将电动机轴刹住,否则电动机将在位能性负载的倒拉下反转,直到进入第四象限中的 c 点,系统处于稳定的能耗制动运行状态,这时重物保持匀速下降。

所以,如果拖动的是反抗性负载,能耗制动能准确停车。不过当电动机停止后不应再接通直流电源,因为那样将会烧坏定子绕组。另外,制动的后阶段,随着转速的降低,能耗制动转矩也很快减少,所以,制动较平稳,但制动效果差一些。可以用改变定子励磁电流或转子电路串入电阻(绕线转子异步电动机)的大小来调节制动转矩,从而调节制动的强弱,由于制动时间很短,所以,通过定子的直流电流 I_f 可以大于电动机的定子额定电流,一般取 $I_f=(2\sim3)I_N$。如果拖动的是位能性负载,可以以较低的速度下放重物,并且通过调节定子励磁电流的大小或转子电路所串电阻的大小来调节下放重物的速度。

4.7.2　反接制动

三相异步电动机的反接制动分为电源反接制动和倒拉反接制动两种。

1. 电源反接制动

如果正常运行时异步电动机三相电源的相序突然改变,即电源反接,这就改变了旋转磁场的方向,电动状态下的机械特性曲线就由第一象限的曲线 1 变成了第三象限的曲线 2,如图 4-38 所示。但由于机械惯性的原因,转速不能突变,系统运行点 a 只能平移至特性曲线 2 之 b 点,电磁转矩由正变负,则转子将在电磁转矩和负载转矩的共同作用下迅速减速,在从点 b 到点 c 的整个第二象限内,电磁转矩 T 和转速 n 的方向都相反,电机工作于反接制动状态。待 $n=0$ 时(点 c),应将电源切断,否则电动机将反向启动运行。

由于反接制动时电流很大,对笼型电动机常在定子电路中串接电阻;对绕线转子电动机则在转子电路中串接电阻,这时的人为机械特性如图 4-38 的曲线 3 所示,制动时工作点由 a 点转换到 d 点,然后沿特性 3 减速至 $n=0$(e 点),切断电源。

2. 倒拉反接制动

倒拉反接制动出现在位能负载转矩超过电磁转矩的时候,例如起重机下放重物,为了使下降速度不致太快,就常用这种工作状态。若起重机提升重物时稳定运行在特性曲线 1 的 a 点(图 4-39),欲使重物下降,就在转子电路内串入较大的附加电阻。此时系统运行点将从特性曲线 1 之 a 点移至特性曲线 2 之 b 点,负载转矩 T_L 将大于电动机的电磁转矩 T,电动机减速到 c 点(即 $n=0$)。这时由于电磁转矩 T 仍小于负载转矩 T_L,重物将迫使电动机反向旋转,重物被下放,即电动机转速 n 由正变负,$S>1$,机械特性由第一象限延伸到第四象限,电动机进入反接制动状态。随着下放速度的增加,S 增大,转子电流 I_2 和电磁转矩随之增大,直至 $T=T_L$,系统达到相对平衡状态,重物以 n_d 等速下放。可见,与电源反接的过渡制动状态不同,这是一种能稳定运转的制动状态。

在倒拉制动状态下,转子轴上输入的机械功率转变成电功率后,连同从定子输送来的电磁功率一起,消耗在转子电路的电阻上。

电源反接制动一般应用于要求快速减速、停车和反转的场合,以及经常要求正反转的机械上。倒拉反接制动可用于低速下放重物。

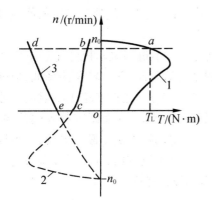

图 4 - 38　电源反接时反接
制动的机械特性

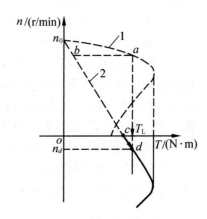

图 4 - 39　倒拉反接制动时
的机械特性

4.7.3　反馈制动

反馈制动对应的机械特性表达式和电动状态时完全相同,只不过是由于外部条件的变化,使转速超过了理想空载转速,转差率变为负值,电磁转矩的方向和转速的方向相反。

由于某种原因,异步电动机的运行速度高于它的同步速度,即 $n > n_0$, $S = (n_0 - n)/n_0 < 0$ 时,异步电动机就进入发电状态。显然,这时转子导体切割旋转磁场的方向与电动状态时的方向相反,电流 I_2 改变了方向,电磁转矩 $T = K_m \Phi I_2 \cos \Phi_2$ 也随之改变方向,即 T 与 n 的方向相反,T 起制动作用。反馈制动时,电机从轴上吸取功率后,一部分转换为转子铜耗,大部分则通过空气隙进入定子,并在供给定子铜耗和铁耗后,反馈给电网。所以,反馈制动又称发电制动,这时异步电动机实际上是一台与电网并联运行的异步发电机。由于 T 为负,$S < 0$,所以,反馈制动的机械特性是电动状态机械特性向第二象限的延伸,如图 4 - 40 所示。

异步电动机的反馈制动运行状态有两种情况。

一种是负载转矩为位能性转矩的起重机械在下放重物时的反馈制动运行状态,例如,桥式吊车,电动机反转(在第三象限)下放重物。开始在反转电动状态工作,电磁转矩和负载转矩方向相同,重物快速下降,直至 $|-n| > |-n_0|$,即电机的实际转速超过同步转速后,电磁转矩成为制动转矩;当 $T = T_L$ 时,达到稳定状态,重物匀速下降,如图 4 - 40 中的 a 点。改变转子电路内的串入电阻,可以调节重物下降的稳定运行速度,如图 4 - 40 中的 b 点,转子电阻越大,电机转速就越高。但为了不致因电机转速太高而造成运行事故,转子附加电阻的值不允许太大。

另一种是电动机在变极调速或变频调速过程中,极对数突然增多或供电频率突然降低,使同步转速 n_0 突然降低时的反馈制动运行状态。例如,某生

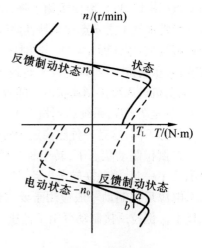

图 4 - 40　反馈制动状态异步
电动机的机械特性

产机械采用双速电动机传动,高速运行时为 4 极 $(2p=4)$,$n_{01}=\dfrac{60f}{p}=\dfrac{60\times50}{2}$ r/min = 1 500 r/min;低速运行时为 8 极 $(2p=8)$,$n_{02}=750$ r/min。如图 4 – 41 所示,当电动机由高速挡切换到低速挡时,由于转速不能突变,在降速开始时,电机运行到 n_{02} 的机械特性的发电区域内(b 点)。此时电枢所产生的电磁转矩为负,和负载转矩一起,迫使电动机降速。在降速过程中,电机将运行系统中的动能转换成电能反馈到电网,当电动机在高速挡所储存的动能消耗完后,电机就进入 $2p=8$ 的电动状态,一直到电动机

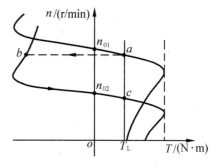

图 4 – 41 变极或变频调速的反馈制动运行过程

的电磁转矩又重新与负载转矩相平衡,电机稳定运行在 c 点。

反馈制动用于高速(大于 n_0)匀速下放物体。

4.8 单相异步电动机

单相异步电动机是接单相交流电源运行的异步电动机,具有结构简单、成本低廉、噪声小、运行可靠等优点。其广泛应用于家用电器、电动工具、医疗器械等方面。功率从几瓦到几百瓦。与三相异步电动机相比,效率和功率因数虽然稍低,但由于容量不大,故此缺点并不突出。

4.8.1 工作原理

当定子单相绕组通入交流电,在空间便产生一个磁场(图 4 – 42),其大小随时间按正弦规律变化,即

$$\Phi = \Phi_{\mathrm{m}}\sin\omega t$$

其中,ω 即电源的角频率。这个磁场的轴线在空间固定不变,只是磁通的大小随时间做正弦变化,故它不是旋转磁场而是脉动磁场。该脉动磁场在转子导体中产生感应电流,从而产生转矩。但磁场轴线两侧的转子导条由于对称的缘故,产生的转矩大小相等而方向则相反,从而合成转矩为零,转子不会转动。但是,如果将转子向任一方向拨动一下,转子将按拨动的方向旋转下去并且能带动一定的机械负载。

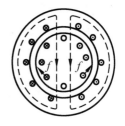

图 4 – 42 脉动磁场

为什么会有此特点? 可用双向旋转磁场理论来解释。

1. 双向旋转磁场

一个脉动磁场可以看作由两个大小相等、转速相同(n_0 均为 $\dfrac{60f}{p}$ r/min),但旋转方向相反的旋转磁场(B_+ 及 B_-)合成的结果。这两个旋转磁场磁感应强度的幅值等于脉动磁场磁感应强度幅值的一半,即 $B_{+\mathrm{m}}=B_{-\mathrm{m}}=\dfrac{B_{\mathrm{m}}}{2}$。任一时刻,两个旋转磁场合成的情况如图 4 – 43 所示。

在 $t=0$ 时,两个旋转磁场的矢量 B_+ 和 B_- 相反,合成结果为 $B=0$。到了 $t=t_1$ 时,B_+ 和

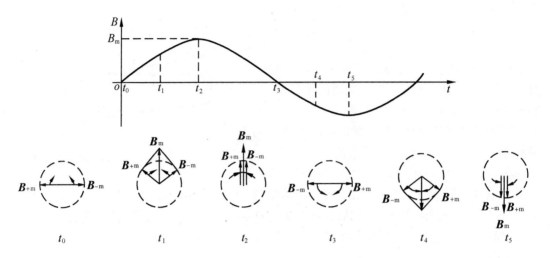

图 4 – 43　双向旋转磁场合成为脉动磁场

B_- 按相反方向各在空间转过 ωt_1 角,故其合成磁场

$$B = B_{+m}\sin\omega t_1 + B_{-m}\sin\omega t_1 = 2\frac{B_m}{2}\sin\omega t_1 = B_m\sin\omega t_1$$

由此可见,在任一时刻 t,合成磁场正是脉动磁场 $B(t) = B_m\sin\omega t$。因此,单相绕组产生的磁场虽然是脉动的,却可以引用前面所说的旋转磁场来分析电机的工作。

2. 电磁转矩

这两个旋转磁场均将在转子中产生感应电流和转矩,它们的转矩特性 $T = f(S)$ 和前面三相异步电动机分析的相同。

设转子的转速为 n,方向如图 4 – 44 所示,则两个旋转磁场中,有一个与转子转向相同,它称为正向磁场 B_+,另一个则称为反向磁场 B_-。

对于正向旋转磁场,转子的转差率为

$$S_+ = \frac{n_0 - n}{n_0} < 1$$

对于反向旋转磁场,转子的转差率很大,即

$$S_- = \frac{-n_0 - n}{-n_0} = \frac{n_0 + n}{n_0} = \frac{n_0 + (1 - s_+)n_0}{n_0} = 2 - S_+ > 1$$

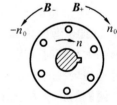

图 4 – 44　两相旋转磁场

这两个旋转磁场同转子作用产生的转矩 T_+ 和 T_- 大小相等,方向相反。它们的转矩特性曲线如图 4 –45 所示。显然,两者的合成曲线即代表单相异步电动机的转矩特性。

当转子未动时,$S_+ = S_- = 1$,转子与两个相反旋转磁场的相对转速相等,故 $T_+ = T_-$,合成转矩 $T = 0$。所以单相异步电动机没有启动能力。这就是前面所说脉动磁场不能使静止的转子转动的一种解释。

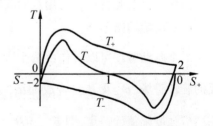

图 4 – 45　对应两相旋转磁场的转矩特性及其合成

当将转子拨动后,转子与两旋转磁场的相对转速就不相同。若 S_+ 处于 $0\sim1$ 范围内,则 $T_+>T_-$,合成转矩 $T=T_+-T_->0$;若 S_- 处于 $0\sim1$ 范围内,则 $T_->T_+$,合成转矩 $T=T_+-T_-<0$。以上两种情况均会使转子按原来转向继续转动。

单相运行时,T_+ 和 T_- 其中有一个是制动力矩,它降低电动机的转矩,这是这种电动机的缺点。

4.8.2　启动方法

单相电动机没有启动能力,若依靠外力拨动,显然不可行。因此,需采用特殊的启动装置,常用的方法有两种。

1.分相式单相异步电动机

这种方法是在定子上装两个绕组,两者在空间相差 $90°$(电角度)。其中一个是主绕组,也称工作绕组;另一个是辅助绕组,或称启动绕组,如图 4-46 所示。辅助绕组电路中有串联电容的,也有串联电阻的,它使两绕组中的电流不同相,故称分相式异步电动机。

设辅助绕组串联电容后,使 i_A 和 i_B 相位差接近 $90°$,则两相电流在不同时刻所产生的合成磁场将如

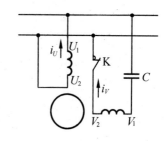

图 4-46　分相电动机接线图

图 4-47 所示,它是旋转磁场。按异步电动机工作原理,它可使转子转动。

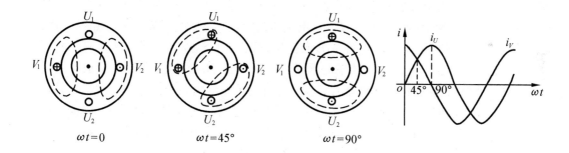

图 4-47　两相旋转磁场

图 4-46 中 K 是离心开关,在电动机启动时 K 是闭合的。启动后转速升到相当高时,借助离心力的作用,K 自动打开,此后电动机就只由主绕组通电流做单相运行了。

若电路中不用开关 K,则运转时不切断辅助绕组电路。这种电动机亦称电容分相运转电动机。这时单相电动机相当于一台两相电动机,但由于接在单相电源上,故仍称作单相异步电动机。它比带离心开关的单相异步电动机有较大的最大转矩和较高的功率因数。

辅助绕组所串联的电容不一定要使 i_U 和 i_V 相差 $90°$,另外也可以用电阻代替电容。只要使 i_U 和 i_V 有一定相位差,合成磁场就会旋转,就可以达到启动的目的。

分相式单相异步电动机启动转矩比较大,容量可做到几十到几百瓦,常用于吊风扇、空气压缩机、电冰箱和空调设备中。

2. 罩极式单相异步电动机

罩极式电动机的结构比较特殊,在磁极一侧开一小槽,用短路铜环罩住磁极的一部分。

磁极的磁通 Φ 分为两部分,即 Φ_1 与 Φ_2。当磁通变化时,由于电磁感应作用,在罩极线圈中产生感应电流,其作用是阻止通过罩极部分的磁通的变化,使罩极部分的磁通 Φ_2 在相位上滞后于未罩部分的磁通 Φ_1。这种在空间上相差一定角度,在时间上又有一定相位差的两部分磁通,合成效果与前面所述旋转磁场相似,即产生一个由未罩部分向罩极部分移动的磁场,从而在转子上产生一个启动转矩,使转子转动。

罩极式单相异步电动机结构简单,制造方便,但启动转矩小,多用于小型风扇、电动机模型中,容量一般在 40 W 以下。

三相异步电动机接电源的三根导线中由于某种原因断开了一根线,就成为单相电动机运行。如果是断了一线后才接通电源,则电机不能启动,只发出嗡嗡声。这时两线中的电流很大,若不立即切断电源,电动机就易被烧坏。如果是在运行中断了一线,则电动机仍继续转动,若此时还带动额定负载,电动机电流势必超过额定电流。时间长了,也会使电动机烧坏。三相异步电动机单相运行往往不易察觉(特别在无过载保护情况下),也常是电动机烧坏的原因,在使用时必须注意。

4.9　同步电动机

同步电机是交流旋转电机中的一种,因其转速恒等于同步转速而得名。同步电机可以分为同步发电机、同步电动机和同步补偿机三大类。同步发电机应用非常广泛,现在世界上几乎所有的发电厂都用同步发电机发电。同步电动机主要用于功率较大,转速不要求调节的生产机械,如大型水泵、空气压缩机、矿井通风机等。近年来,由于交流变频技术的发展,解决了它的变频电源问题,从而使同步电动机的启动和调速问题都得到了解决。因此,同步电动机的应用场合大为增加,在矿井卷扬机、可逆轧机这样一些要求非常高的机电传动系统中得到了广泛的应用。小功率的永磁同步电动机,由变频电源供电,组成了新一代的交流伺服系统,在数控机床和机器人等领域也越来越显示出它的优越性。同步补偿机实际上是空载运行的同步电动机,只用来向电网发出电感性或电容性无功功率,以满足电网对无功功率的需求,从而改善电网的功率因数。微型同步电动机则由于具有结构简单、成本低廉、运行可靠、体积小和同步特性,在控制领域中得到广泛应用。

4.9.1　同步电动机的基本结构

与异步电动机一样,同步电动机也分定子和转子两大基本部分。定子由铁芯、定子绕组(又叫电枢绕组,通常是三相对称绕组,并通有对称三相交流电流)、机座以及端盖等主要部件组成。转子则包括主磁极、装在主磁极上的直流励磁绕组、特别设置的启动绕组、电刷以及集电环等主要部件。

同步电动机按转子主磁极的形状分为隐极式和凸极式两种,它们的结构如图 4-48 所示。隐极式转子的优点是转子圆周的气隙比较均匀,适用于高速电机;凸极式转子呈圆柱形,转子有可见的磁极,气隙不均匀,但制造较简单,适用于低速运行(转速低于 1 000 r/min)。

由于同步电动机中作为旋转部分的转子只通以较小的直流励磁功率(大约为电动机额定功率的 0.3% ~2%),故同步电动机特别适用于大功率高电压的场合。

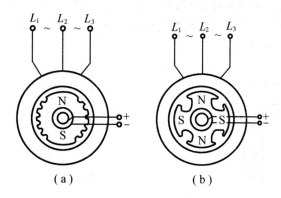

图 4 - 48　同步电动机的结构示意图

(a)隐极式;(b)凸极式

4.9.2　同步电动机的工作原理和运行特性

同步电动机定子绕组接通三相电源后便产生旋转磁场。转子励磁绕组通入直流励磁电流,则形成转子磁极。根据磁极异性相吸的原理,转子磁极就被定子磁场吸住而以相同的转速(即同步转速)一起旋转,如图 4 - 49 所示。这就是同步电动机名称的由来和简单的工作原理。

但是,同步电动机不能产生启动转矩。这可以用图 4 - 50 来说明。设在启动瞬间,定子旋转磁场位于图 4 - 50(a)虚线所示位置,静止的转子磁极受到顺时针方向的力矩。但经过交流的半个周期(对于工频为 0.01 s),旋转磁场已转了半周到达图 4 - 50(b)虚线所示位置,而转子由于惯性尚未跟上,它的磁极又受到逆时针方向的力矩。这样在定子磁场旋转一周时间内,静止转子的平均转矩等于零,所以同步电动机不能自行启动。

图 4 - 49　同步电动机
工作原理图

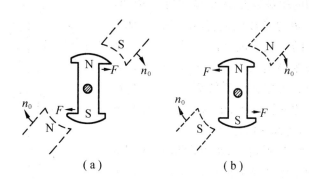

图 4 - 50　同步电动机无启动力矩的分析

为了启动同步电动机,广泛采用"异步启动"法。制造电机时,在凸极面上装有一些笼型导条构成的启动绕组,如图 4 - 51 所示。启动时,定子先接通三相电源,转子就借启动绕组按异步电动机原理启动旋转。当转子转速接近同步转速时,再在励磁绕组中通入直流励磁电流产生固定极性的磁极,于是旋转磁场就吸引转子磁极,把转子拉入同步运行。

同步电动机启动完毕就以恒速运转,其转速为 $n_0 = 60f/p$,它只与电源频率和磁极对数有关而不随负载大小而变。所以它的机械特性曲线 $n = f(T)$ 是一条平行于横轴的直线,即呈绝对硬特性,如图 4-52 所示。

图 4-51 磁极加启动绕组

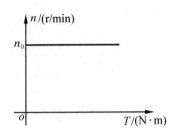

图 4-52 同步电动机的机械特性

同步电动机的机械负载增大时,虽然转速不变,但转子磁极轴线与定子旋转磁场轴线之间的夹角 θ 要增大,如图 4-53 所示。同步电动机的每极工作磁通 Φ 可以套用异步电动机的磁通公式 $\Phi = \dfrac{U}{4.44f_1N_1K_1}$,这个磁通是定子电流的旋转磁场和转子励磁电流的磁场共同合成的磁通,它不受负载变化的影响。机械负载增大时,Φ 恒定而 θ 角增大,这使旋转磁场与转子磁场之间吸引力 F 的切线分量 F_T 增大,如图 4-53 所示。因此电磁转矩增大,直至与负载阻转矩相平衡为止。这时转子仍以同步转速旋转,只不过转子磁极比旋转磁场在空间滞后多一些而已。两磁场的相互作用好像一无形的弹簧,旋转磁场仿佛用这无形弹簧拉着转子磁极一起旋转。负载增大,使 θ 角增大,电磁转矩跟着增大。这如同被弹簧所拉的物体阻力增大,弹簧被拉长而拉力跟着增大一样。

负载增大使 θ 角增大,影响两磁场间的相对位置,本应减弱磁通 Φ,但由于 Φ 是合成磁通,是恒定的。因转子的励磁电流没有改变,所以定子电流必然要增大以保持 Φ 不变。由于转速 n 恒定而电磁转矩 T 增大,因此输出功率要增大,输入功率也跟着增大,因而称 θ 角为功率角。

综上所述,同步电动机是利用 θ 角的变化来自动适应负载的变化,这与异步电动机利用转差率 S 的变化来自动适应负载变化是不同的。

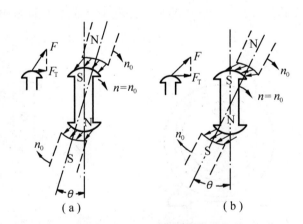

图 4-53 T 随负载而变的原理
(a)负载小时,θ 角小;(b)负载大时,θ 角大

在负载恒定的情况下,调节转子的直流励磁电流,可以改变同步电动机定子的功率因数。因转速恒定,当负载转矩恒定时,同步电动机输出的机械功率不变,定子输入的功率跟着也不变,即

$$P_1 = 3U_1I_1\cos\varphi_1 = 常数$$

设定子每相的外加交流电压 U_1 不变,则

$$I_1\cos\varphi_1 = 常数$$

当调节转子励磁电流使转子磁场发生变化时,必然要引起定子磁场发生变化,才能使合成磁场的磁通 Φ 保持恒定,因此要引起定子电流变化,也就是要使有效值 I_1 和相位差 φ_1 改变。

更详细地分析可以证明,当转子励磁电流增大到一定数值时,$\cos\varphi_1 = 1$,即 $\dot{I}_1$ 与 $\dot{U}_1$ 同相。而当励磁电流再增大(称为过励状态),$\dot{I}_1$ 在相位上便可超前 $\dot{U}_1$,即同步电动机在电网中呈现电容性。由于电网上的许多负载是异步电动机等感性负载,把呈电容性的过励同步电动机接在电网上就相当于在感性负载上并联了电容,可提高电网的功率因数,这是同步电动机的突出优点。

习题与思考题

4-1　有一台三相异步电动机,极对数为 2,电源电压的频率为 50 Hz,满载时电动机的转差率为 0.03,求电动机的同步转速、转子转速和转子电流频率。

4-2　已知一台三相异步电动机的型号为 Y132M-4,$U_N = 380$ V,$P_N = 7.5$ kW,$\eta_N = 0.87$,$\cos\varphi_N = 0.85$,$n_N = 1\,440$ r/min。试求额定电流、该电动机的极对数和额定转差率。

4-3　将三相异步电动机接三相电源的三根引线中的两根对调,此电动机是否会反转,为什么?

4-4　有一台三相异步电动机,其 $n_N = 1\,470$ r/min,电源频率为 50 Hz。设在额定负载下运行,试求:
(1)定子旋转磁场对定子的转速;
(2)定子旋转磁场对转子的转速;
(3)转子旋转磁场对定子的转速;
(4)转子旋转磁场对定子旋转磁场的转速。

4-5　当三相异步电动机的负载增加时,为什么定子电流会随转子电流的增加而增加?

4-6　三相异步电动机带一固定负载运行时,若电源电压降低了,此时电动机的转矩及转速有无变化,如何变化?

4-7　三相异步电动机正在运行时,转子突然被卡住,这时电动机的电流会如何变化?对电动机有何影响?

4-8　三相异步电动机断了一根电源线后,为什么不能启动? 而在运行时断了一根,为什么仍能继续转动? 这两种情况对电动机将产生什么影响?

4-9　三相异步电动机为什么不运行在 T_{max} 或接近 T_{max} 的情况下?

4-10　三相笼型异步电动机的启动电流一般为额定电流的 4~7 倍,为什么启动转矩只有额定转矩的 0.8~1.2 倍?

4-11　三相异步电动机能在低于额定电压下长期运行吗,为什么?

4-12　一台三相异步电动机铭牌上标明,额定电压 $U_N = 380$ V/220 V,定子绕组接法 Y/△。试问:(1)如使用时将定子绕组接成△,接于 380 V 的三相电源上,能否空载或负载运行? 会有什么后果,为什么? (2)如使用时将定子绕组接成 Y 形,接于 220 V 三相电源上,能否空载或负载运行,为什么?

4 – 13 三相异步电动机机械特性有哪三种表达式? 各适用于什么场合? 什么是固有机械特性和人为机械特性?

4 – 14 一台三相八极异步电动机的额定数据:$P_N = 260$ kW,$U_N = 380$ V,$f_1 = 50$ Hz,$n_N = 727$ r/min,过载系数 $\lambda_m = 2.13$,求:

(1)产生最大转矩 T_m 时的转差率 S_m;

(2)当 $S = 0.02$ 时的电磁转矩。

4 – 15 有一台三相异步电动机,其技术数据如表 4 – 2 所示。试求:

表 4 – 2

型号	P_N/kW	U_N/V	满载时				$\dfrac{I_{st}}{I_N}$	$\dfrac{T_{st}}{T_N}$	$\dfrac{T_{max}}{T_N}$
			$n_N/(\text{r} \cdot \text{min}^{-1})$	I_N/A	η_N/%	$\cos\varphi_N$			
Y132S – 6	3	220/380	960	12.8/7.2	83	0.75	6.5	2.0	2.0

(1)线电压为 380 V 时,三相定子绕组应如何接法?

(2)求 n_0,p,S_N,T_N,T_{st},T_{max} 和 I_{st};

(3)额定负载时电动机的输入功率是多少?

4 – 16 笼型异步电动机的启动方法有哪几种? 各有何优缺点? 各适用于什么场合?

4 – 17 三相异步电动机在相同电源电压下,满载和空载启动时,启动电流是否相同? 启动转矩是否相同?

4 – 18 绕线转子异步电动机采用转子串电阻启动时,所串电阻越大,启动转矩是否也愈大?

4 – 19 为什么绕线转子异步电动机在转子串电阻启动时,启动电流减少而启动转矩反而增大?

4 – 20 有一台 Y – 82 – 4 型笼型异步电动机,$P_N = 55$ kW,$U_N = 380$ V,$I_N = 100$ A,$n_N = 1\ 475$ r/min,过载系数 $\lambda_m = 2.0$,启动电流倍数 $K_I = 6.06$,启动转矩倍数 $K_r = 1.1$,试求:

(1)全压直接启动时的 I_{st} 和 T_{st};

(2)为了限制启动电流,采用定子串电阻启动,但要保证 $T_{st} = 0.8T_N$,试求所串电阻值 R_q 和 I_q;

(3)如采用自耦变压器降压启动,仍保证 $T_{st} = 0.8T_N$,试求变压器变比和 I_{st};

(4)如果用 Y – △ 启动,能否满足 $T_{st} \geq 0.8T_N$ 的要求?

4 – 21 有一台三相异步电动机,其铭牌数据如表 4 – 3 所示。

表 4 – 3

P_N/kW	n_N /(r·min^{-1})	U_N/V	η_N/%	$\cos\Phi_N$	$\dfrac{I_{st}}{I_N}$	$\dfrac{T_{st}}{T_N}$	$\dfrac{T_{max}}{T_N}$	接法
40	1 470	380	90	0.9	6.5	1.2	2.0	△

(1)当负载转矩为 250 N·m 时,试问在 $U = U_N$ 和 $U' = 0.8U_N$ 两种情况下电动机能否启动?

（2）欲采用 Y – △ 换接启动，问当负载转矩为 $0.45T_N$ 和 $0.35T_N$ 两种情况下，电动机能否启动？

（3）若采用自耦变压器降压启动，设降压比为 0.64，求电源线路中通过的启动电流和电动机的启动转矩。

4 – 22　异步电动机有哪几种调速方法？各种调速方法有何优缺点？

4 – 23　怎样实现变极调速？变极调速时为什么要改变定子电源的相序？每种变极调速有何特点？

4 – 24　试说明笼型异步电动机定子极对数突然增加时，电动机的速度变化过程。

4 – 25　异步电动机有哪几种制动状态，各有何特点？

4 – 26　异步电动机带位能性负载，试说明定子相序突然改变时，电动机的速度变化过程。

4 – 27　同步电动机与异步电动机的工作原理有何不同？

4 – 28　一般情况下，同步电动机为什么要采用异步启动法？

4 – 29　为什么可以利用同步电动机来提高电网的功率因数？

第5章 机电传动系统中电动机的选择

在设计机电传动系统时,电动机的选择是一项重要的内容。选择电动机时首先要根据生产机械提出的具体要求和工作情况来确定电动机的类型,然后根据生产机械的实际负载确定所需要的电动机容量。

5.1 电动机种类、形式、电压和转速的选择

5.1.1 电动机种类的选择

选择电动机的原则是使电动机性能满足生产机械要求的前提下,优先选用结构简单、价格便宜、工作可靠、维护方便的电动机。在这方面交流电动机优于直流电动机,交流异步电动机优于交流同步电动机,笼型异步电动机优于绕线转子异步电动机。

负载平稳,对启动、制动无特殊要求的连续运行的生产机械,宜优先采用普通的笼型异步电动机,普通的笼型异步电动机广泛用于机床、水泵、风机等。深槽式和双笼式异步电动机用于大中功率、要求启动转矩较大的生产机械,如空压机、皮带运输机等。

启动、制动比较频繁,要求有较大的启动、制动转矩的生产机械,如桥式起重机、矿井提升机、空气压缩机、不可逆轧钢机等,应采用绕线转子异步电动机。

无调速要求,需要转速恒定或要求改善功率因数的场合,应采用同步电动机,例如中大容量的水泵、空气压缩机等。

只要求几种转速的小功率机械,可采用变极多速(双速、三速、四速)笼型异步电动机,例如电梯、锅炉引风机和机床等。

调速范围要求在 3 以上,且需连续稳定平滑调速的生产机械,宜采用他励直流电动机或用变频调速的笼型异步电动机,例如大型精密机床、龙门刨床、轧钢机和造纸机等。

要求启动转矩大、机械特性软的生产机械,宜使用串励或复励直流电动机,例如电车、电机车和重型起重机等。

5.1.2 电动机形式的选择

1. 安装形式的选择

电动机安装形式按其位置的不同,可分为卧式与立式两种。立式电动机的价格较贵,故一般选择卧式,只有在为了简化传动装置,必须垂直运转时才采用立式。

2. 防护形式的选择

为防止电动机受周围环境影响而不能正常运行,或因电动机本身故障引起灾害,必须根据不同的环境选择不同的防护形式。电动机常见的防护形式有开启式、防护式、封闭式和防爆式四种。

(1)开启式

这种电动机价格便宜,在定子两侧和端盖上有很大的通风口,散热条件良好,但容易进

入潮气、水滴、铁屑、灰尘、油垢等杂物,影响电动机的寿命及正常运行,故只能用于干燥和清洁的环境中。

（2）防护式

这种电动机的通风孔在机壳下部,通风冷却条件较好,一般能防止水滴、铁屑等杂物落入机内,但不能防止潮气及灰尘的侵入,故只用于干燥和灰尘不多又无腐蚀性和爆炸性气体的环境。

（3）封闭式

这类电机又分为自冷式、强迫通风式和密闭式三种。前两种电动机,潮气和灰尘不易进入机内,能防止任何方向飞溅的水滴和杂物侵入,适用于潮湿、多尘土、易受风雨侵袭,有腐蚀性蒸汽或气体的各种场合。密闭式电机,一般使用于液体(水或油)中的生产机械,例如潜水电泵等。

（4）防爆式

在密封结构的基础上制成隔爆型、增安型和正压型三类,都适用于有易燃易爆气体的危险环境,如油库、煤气站或矿井等场所。

对于湿热地带、高海拔地区及船用电动机等,还得选用有特殊防护措施的电动机。

5.1.3　额定电压的选择

电动机额定电压的选择,取决于电力系统对该企业的供电电压和电动机容量的大小。

交流电动机电压等级的选择主要依使用场所供电电网的电压等级而定。一般低压电网为 380 V,故额定电压为 380 V(Y 或 △ 接法)、220 V/380 V(△/Y 接法)、380 V/660 V(△/Y 接法)三种;矿山及选煤厂或大型化工厂等联合企业,越来越要求使用 660 V(△ 接法)或 660 V/1 140 V(△/Y 接法)的电动机。当电机功率较大,供电电压为 6 000 V 或 10 000 V 时,电动机的额定电压应选与之相适应的高电压。

直流电动机的额定电压也要与电源电压相配合,一般为 110 V,220 V 和 440 V。其中 220 V 为常用电压等级,大功率电动机可提高到 600 ~ 1 000 V。当交流电源为 380 V,用三相桥式可控整流电路供电时,其直流电动机的额定电压应选 440 V;当用三相半波可控整流电源供电时,直流电动机的额定电压应为 220 V;若用单相整流电源,其电动机的额定电压应为 160 V。

5.1.4　额定转速的选择

电动机额定转速的选择关系到机电传动系统的经济性和生产机械的效率。其选择的原则通常是根据初期投资和维护费用的大小来决定。在频繁启动、制动或反向的拖动系统中,还应根据电动机过渡过程时间最短、能量损耗最小来选择适当的额定转速。

5.2　电动机容量的选择

电动机容量的选择,主要根据电动机的发热、过载能力和启动能力三方面来考虑,其中以发热问题最为重要。

5.2.1 电动机的发热与冷却

电动机由多种金属和绝缘材料等组成,它在运行时,不断地把电能转变成机械能,在能量的转换过程中必然有能量损耗,这些损耗包括铜损、铁损和机械损耗,其中铜损与电流的平方成正比地变化,而铁损与机械损耗则几乎是不变的。这些损耗都转变为热能(称发热),使电动机的温度升高。

由于电动机发热情况是很复杂的,为了简化分析过程,作如下假设:

(1)电动机为一均匀物体,它的各点温度都一样,并且各部分表面的散热系数相同;

(2)散发到周围介质中去的热量与电动机的温升成正比,不受电动机本身温度的影响;

(3)周围环境温度不变。

刚开始工作时,电动机的工作温度 θ_M 与周围介质的温度 θ_0(规定取 $\theta_0 = +40$ ℃)之差 $(\theta_M - \theta_0)$ 很小,而热量的散发是随温度差递增的。所以,这时只有少量的热量被散发出去,大部分热量都被电动机吸收,因而温度升高较快。随着电动机温度的逐渐升高,它和周围介质的温差也相应地加大,散发出去的热量逐渐增加,而被电动机吸收的热量则逐渐减少,温度的升高逐渐缓慢。温升 $\tau = \theta_M - \theta_0$ 是按指数规律上升的,如图 5-1 中曲线 1 所示,T_h 为发热时间常数。当温度升高到一定数值时,电动机在一秒钟内散发出去的热量正好等于电动机在一秒钟内由于损耗所产生的热量,这时电动机不再吸收热量,因此温度不再升高,温升趋于稳定,达到最高温升。值得指出的是热惯性比电动机本身的电磁惯性、机械惯性要大得多,一个小容量的电动机也要运行 2~3 小时,温升才趋于稳定,但温升上升的快慢还与散热条件有关。

在切断电源或负载减小时,电动机温度要下降而逐渐冷却,在冷却过程中,其温度降低也是按指数规律变化的,如图 5-1 曲线 2 所示,T_h' 为散热时间常数。对风扇冷却式电动机而言,停车后因风扇不转,散热条件变差,故冷却过程是进行得很慢的。

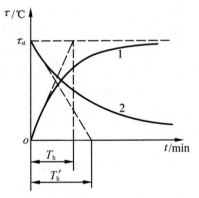

电动机运行时,温度若超过一定数值,首先损坏的是绕组的绝缘,因为电动机中的绝缘材料是耐热最弱的部分。目前,常用的绝缘有 E,B,F,H 四级,各级绝缘所用材料的允许最高工作温度分别为 120 ℃,130 ℃,155 ℃,180 ℃(各级绝缘所用的具体材料可查阅有关电机手册)。如果电动机的工作温度 θ_M 超过了绝缘材料允许的最高工作温度 θ_a,轻则加速绝缘老化过程,缩短电动机寿命,重则绝缘材料碳化变质,也就损坏了电

图 5-1 电动机的温升、温降曲线

动机。据此规定了电动机的额定容量,电动机长期在此容量下运行时,不会超过绝缘材料所允许的最高温度。所以,$\theta_M \le \theta_a$ 是保证电动机长期安全运行的必要条件,也就是按发热条件选择电动机功率的最基本的依据。

由于电动机的温升和冷却都有一个过程,其温升不仅取决于负载的大小,而且也和负载的持续时间有关,也就是与电动机的运行方式有关。同一台电动机,如果工作时间的长短不同,则它的温升也不同,或者说,它能够承担的负载功率的大小也不同。为了适应不同负载的需要,国家标准将电动机的运行方式(亦称工作制)按发热的情况分为三类,即连续

工作制、短时工作制和重复短时(断续)工作制,并分别按上述原则规定出电动机的额定功率和额定电流。下面介绍不同工作制下电动机容量的选择。

5.2.2　不同工作制下电动机容量的选择

1. 连续工作制电动机容量的选择

连续工作制的负载,按其大小是否变化可分为常值负载和变化负载两类。

(1)常值负载下电动机容量的选择

这时电动机容量的选择非常简单,在计算出负载功率后,只要选择一台额定功率等于或略大于负载功率、转速又合理的电动机即可。一般不需校验启动能力和过载能力,仅在重载启动时,才校验启动能力。

(2)变化负载下电动机容量的选择

在多数生产机械中,电动机所带的负载大小是变动的,例如,小型车床、自动车床的主轴电动机一直在转动,但因加工工序多,每个工序的加工时间较短,加工结束后要退刀,更换工件后又进刀加工,加工时电动机带负载运行,而更换工件时电动机处于空载运行。其他如皮带运输机、轧钢机等也属于此类负载。有的负载是连续的,但其大小是变动的,如图 5-2 所示。在这种情况下,如果按生产机械的最大负载来选择电动机的容量,则电动机不能充分利用;如果按最小负载来选择,则容量又不够。为了解决该问题,一般采用所谓"等值法"来计算电动机的功率,即把实际的变化负载化成一等效的恒定负载,而两者的温升相同,这样就可根据得到的等效恒定负载来确定电动机的功率。负

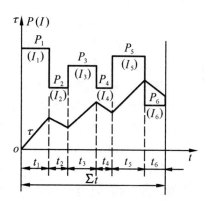

图 5-2　变动负载连续工作的负载图及温升曲线

载的大小可用电流、转矩或功率来代表。

①等效电流法

等效电流法的基本思想是用一个不变的电流 I_e 来等效实际变化的负载电流,要求在同一个周期内,等效电流 I_e 与实际变化的负载电流所产生的损耗相等。假定电动机的铁损与绕组电阻不变,则损耗只与电流的平方成正比,由此可得等效电流为

$$I_e = \sqrt{\frac{I_1^2 t_1 + I_2^2 t_2 + \cdots + I_n^2 t_n}{t_1 + t_2 + \cdots + t_n}} \qquad (5-1)$$

其中,t_n 为对应负载电流 I_n 时的工作时间。求出 I_e 后,则选用电动机的额定电流 I_N 应大于或等于 I_e。采用等效电流法时,必须先求出用电流表示的负载图。

②等效转矩法

如果电动机在运行时,其转矩与电流成正比(如他励直流电动机的励磁保持不变、异步电动机的功率因数和气隙磁通保持不变时),则式(5-1)可改写成等效转矩公式,即

$$T_e = \sqrt{\frac{T_1^2 t_1 + T_2^2 t_2 + \cdots + T_n^2 t_n}{t_1 + t_2 + \cdots + t_n}} \qquad (5-2)$$

此时,选用电动机的额定转矩 T_N 应大于或等于 T_e,当然,这时应先求出用转矩表示的负载图。

③等效功率法

如果电动机具有较硬的机械特性,其转速在整个工作过程中变化很小时,则可近似地认为功率与转矩成正比。于是由式(5-2)可得等效功率为

$$P_e = \sqrt{\frac{P_1^2 t_1 + P_2^2 t_2 + \cdots + P_n^2 t_n}{t_1 + t_2 + \cdots + t_n}} \tag{5-3}$$

此时,选用电动机的功率 P_N 应大于或等于 P_e 即可。因为用功率表示的负载图更易作出,故等效功率法应用更广。

如果在一个工作周期内变化负载包括启动、制动、停歇等过程,当采用的是自扇冷式电动机,则由于电动机在启动、制动和停歇时,转速发生变化,散热条件变差,这样在相同的负载下,电机的温升要比强迫通风时高一些。考虑到这种冷却条件恶化对电动机温升的影响,在等效法的式(5-1)、式(5-2)、式(5-3)的分母中,在对应的启动、制动时间上应乘以系数 α,在对应的停歇时间上应乘以系数 β。α 和 β 均为小于1的冷却恶化系数。一般直流电动机取 $\alpha = 0.75, \beta = 0.5$。交流电动机则取 $\alpha = 0.5, \beta = 0.25$。

必须注意的是用等效法选择电动机的容量时,还必须校验其过载能力和启动能力。如不满足要求,则应适当加大电动机容量或重选启动转矩较大的电动机。

2. 短时工作制电动机容量的选择

某些生产机械的工作时间较短,而停歇时间却很长,例如机床的辅助运动、某些冶金辅助机械、水闸闸门的启闭机等均属短时工作制的机械。拖动这类生产机械的电动机,在工作时间内最高温升达不到稳态值,而停歇时间内电动机可完全冷却到周围环境温度。其负载图与温升曲线见图5-3。由于发热情况与连续工作制的电动机不同,所以,电动机的选择也不一样,既可选择专用短时工作制的电动机,也可选择连续工作制的普通电动机。

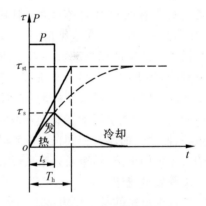

图5-3　短时工作制下电动机的
负载图与温升曲线

(1)选用短时工作制的电动机

我国生产的专供短时工作制的电动机,规定的标准短时运行时间是 15 min,30 min,60 min,90 min 四种。这类电动机铭牌上所标的额定功率 P_N 是和其标准工作时间 t_s 相对应的。例如,P_N 为 30 kW,t_s 为 60 min 的电动机,在输出功率为 30 kW 时,只能连续运行 60 min,否则将超过允许的温升。短时工作制下的负载,如果其工作时间与电动机的标准工作时间一致,如也是 15 min,30 min,60 min 和 90 min,设负载功率为 P_L,则选择电动机的额定功率只需满足 $P_N \geqslant P_L$。

若负载的工作时间与标准工作时间不一致,则可按等效功率法,先把负载功率由非标准工作时间换算成标准工作时间,然后再按标准工作时间选择额定功率。

设短时工作制的负载工作时间为 t_p,负载功率为 P_L,换算时所选标准工作时间为 t_s,换算后的功率为 P_s,则有 $P_s = P_L \sqrt{t_p/t_s}$。然后选择短时工作制电动机,使其额定功率 $P_N \geqslant P_s$,再进行过载能力与启动能力的校验。

(2)选用连续工作制的普通电动机

由于短时工作方式的电动机较少,故可选择连续工作制的电动机。从发热和温升的角

度考虑,电动机在短时工作制下应该输出比连续
工作制时额定功率要大的功率才能充分发挥电动
机的能力。或者说,应把短时工作制的负载功率
等效到连续工作制上去。等效公式为

$$P_s = P_L / K$$

其中,K 与 t_p / T_h 有关,图 5 - 4 所示,选择连续工
作制电动机,使 $P_N \geqslant P_s$。

若实际工作时间极短,一般讲,只要 $t_p <$
$(0.3 \sim 0.4) T_h$,则电动机的发热与温升已不成问
题,只需从过载能力及启动能力方面来选择电动
机连续工作制下的额定功率。

在短时运行时,如果负载是变动的,则可用等
效法先算出等效功率(转矩或电流),然后再选择
短时工作制或连续工作制电动机。

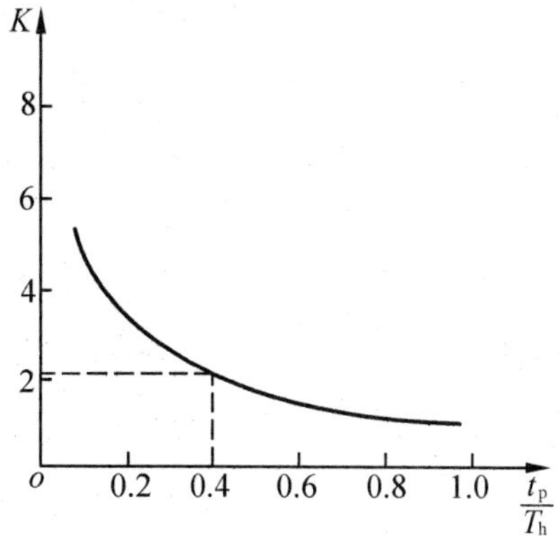

图 5 - 4　K 与工作时间的关系

3. 重复短时工作制电动机容量的选择

有些生产机械工作一段时间后即停歇一段时间,工作、停歇交替进行,且时间都比较
短,如桥式起重机、轧钢辅助机械、电梯、组合机床与自动线中的主传动电动机等就属于这
一类。拖动这类生产机械的电动机的工作特点是:电动机按一系列相同的工作周期运行,
在一个周期内,工作时间 $t_p < (3 \sim 4) T_h$,停歇时间 $t_0 < (3 \sim 4) T_h'$。因而,工作时温升达不到
稳定值,停歇时温升也降不到环境温度。其典型负载图与温升曲线如图 5 - 5 所示。国家标
准规定,每个工作周期 $t_p + t_0 \leqslant 10$ min,所以这种工作制被称作重复短时工作制。重复性与
短时性就是其两个特点。通常用暂载率(或持续率)ε 来表征重复短时工作制的工作情
况。即

$$\varepsilon = \frac{t_p}{t_p + t_0} \times 100\%$$

重复短时工作制下电动机的选择也有两种方法,即选择专用的重复短时工作制电动机或连
续工作制电动机。

(1)选用重复短时工作制的电动机

我国生产的专供重复短时工作制的电动机,规定的标准暂载率 ε_s 为15% ,25% ,40% 和
60% 四种。并以 25% 为额定负载暂载率 ε_{sN}。常用的型号有:YZ(JZ)系列笼型异步电动机,
YZR(JZR)系列绕线转子异步电动机,ZZ 系列和 ZZJ 系列直流电动机。

选择重复短时工作制电动机的步骤是:首先根据生产机械的负载图算出负载的实际暂
载率 ε,如果算出的 ε 值与电动机的额定负载暂载率相等,即等于 25%。如果算出的 ε 值不
等于 25% ,则必须先按下式进行换算

$$P_s = P_L \sqrt{\frac{\varepsilon}{25\%}} = 2 P_L \sqrt{\varepsilon}$$

然后再按 $P_{sN} \geqslant P_s$ 选择电动机即可。

例 5 - 1　有一起重机,其工作负载图如图 5 - 5 所示,其中 $P = 10$ kW,工作时间 $t_p =$
0.91 min,空车时间 $t_0 = 2.34$ min,要求采用绕线转子异步电动机,转速为 1 000 r/min 左右,
试选用一台合适的电动机。

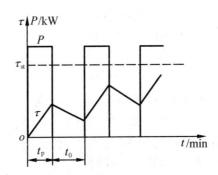

图 5 – 5　重复短时工作制下电动机的
典型负载图与温升曲线

解

$$\varepsilon = \frac{t_{p}}{t_{p} + t_{0}} \times 100\% = \frac{0.91 \text{ min}}{(0.91 + 2.34) \text{ min}} \times 100\% = 28\%$$

换算到相近的额定负载暂载率 $\varepsilon_{sN} = 25\%$ 时,其所需相对应的等效负载功率为

$$P_{s} = P\sqrt{\frac{\varepsilon}{\varepsilon_{sN}}} = 10 \text{ kW} \times \sqrt{\frac{28\%}{25\%}} = 10.58 \text{ kW}$$

查产品目录,可选取 YZR31 – 6 型绕线转子异步电动机,其额定数据为:$\varepsilon_{sN} = 25\%$ 时的 $P_{sN} = 11 \text{ kW}$,$n_{N} = 953 \text{ r/min}$。

(2)选用连续工作制的普通电动机

如果选择连续工作制电动机,可把电动机的 ε_{sN} 看作 100%,先按下式进行换算

$$P_{s} = P_{L}\sqrt{\frac{\varepsilon}{100\%}} = P_{L}\sqrt{\varepsilon}$$

然后选择普通连续工作制电动机,使 $P_{N} \geqslant P_{s}$ 即可。

仍旧是例 5 – 1 的数据,此时对应的等效负载功率

$$P_{s} = P_{L}\sqrt{\varepsilon} = 10 \text{ kW} \times \sqrt{28\%} = 5.3 \text{ kW}$$

查产品目录,可选取 YR61 – 6 型,其 $P_{N} = 7 \text{ kW}$,$n_{N} = 940 \text{ r/min}$。

在重复短时工作制的情况下,如果负载是变动的,则仍可用前面已介绍过的"等效法"先算出其等效功率,再按上述方法选取电动机。选好电动机的容量后,也要进行过载能力的校验。

当负载暂载率 $\varepsilon < 10\%$ 时,可按短时工作制选择电动机;当 $\varepsilon > 70\%$ 时,则可按连续工作制选择电动机。

重复周期很短($t_{p} + t_{0} < 2 \text{ min}$),启动、制动或正转、反转十分频繁的情况下,必须考虑启动、制动电流的影响,因而在选择电动机的容量时要适当选大些。

另外,电动机铭牌上的额定功率是在一定的工况下电动机允许的最大输出功率,如果工况变了,也应做适当的调整。如常年环境温度 θ_{0} 偏离 $+40$ ℃较多时,电动机容量可做相应修正,一般 θ_{0} 变化 ± 10 ℃,所选电动机的 P_{N} 可修正 $\pm 10\%$ 左右;风扇冷式电动机长期处于低速下运行时,散热条件恶化,电动机的功率必须降低使用;海拔高于 $1\,000 \text{ m}$ 的高原地区,空气稀薄,散热条件差,电动机的功率也应降低使用。

习题与思考题

5－1　电动机的温升与哪些因素有关? 电动机铭牌上的温升值其含义是什么? 电动机的温升、温度以及环境温度三者之间有什么关系?

5－2　机电传动系统中,电动机的选择包括哪些具体内容?

5－3　选择电动机的容量时主要应考虑哪些因素?

5－4　电动机有哪几种工作方式? 当电动机的实际工作方式与铭牌上标注的工作方式不同时,应注意哪些问题?

5－5　一台室外工作的电动机,在春、夏、秋、冬四季其实际允许的使用容量是否相同,为什么?

5－6　电动机运行时允许温升的高低取决于什么? 影响绝缘材料寿命的是温升还是温度?

5－7　电动机的额定功率是如何确定的? 环境温度长期偏离标准环境温度 40 ℃时,应如何修正?

5－8　某他励直流电动机拖动的生产机械的负载图如图 5－6 所示。其中第一、四两段为启动,第三、六两段为制动,电动机磁通保持为额定值,试用等效转矩法计算负载的等效转矩。

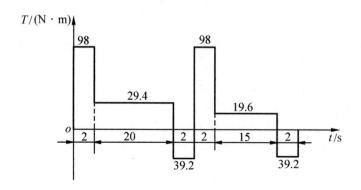

图 5－6　题 5－8 的负载图

5－9　有一短时工作制的负载,负载功率为 $P_L = 18$ kW,拟用下列两台三相异步电动机拖动:

电动机 1: $P_N = 10$ kW, $n_N = 1\ 460$ r/min, $\lambda_m = 2.5$, $\lambda_{st} = 2$;

电动机 2: $P_N = 14$ kW, $n_N = 1\ 460$ r/min, $\lambda_m = 2.8$, $\lambda_{st} = 2$。

试校验过载能力及启动能力,以决定哪一台电动机适用。

5－10　一台 35 kW,30 min 的短时工作制电动机突然发生故障。现有一台 20 kW 连续工作制的电动机,其发热时间常数 $T_h = 90$ min,不考虑过载和启动能力,这台电动机能否临时代用?

5－11　有一重复短时工作制的生产机械,其功率为 10 kW,工作时间 $t_p = 0.72$ min,停歇时间 $t_0 = 2.28$ min。如选择专用的重复短时工作制电动机和普通连续工作制电动机,试计算电动机的各自所需容量。

第6章 机电传动系统电器控制

6.1 常用低压控制电器

电器是一种能根据外界的信号和要求,手动或自动地接通、断开电路,断续或连续地改变电路参数,以实现电路或非电路对象的切换、控制、保护、检测、变换和调节用的电气设备。简言之,电器就是一种能控制电的工具。低压电器通常是指工作在交、直流电压1 200 V 以下的电路中的电气设备,它是电器控制系统的基本组成元件。

6.1.1 手动电器

手动电器是指没有动力机构,依靠人力来进行操作,从而接通或断开工作电路的电器。电气控制系统中常用的手动电器有刀开关、组合开关、按钮等。

1. 刀开关

刀开关又称刀闸,是手动电器中结构最简单的一种,广泛用于各种供电线路和配电设备中作为电源隔离开关,也用来不频繁地接通、分断容量较小的低压供电线路或启动小容量的三相异步电动机。

一般刀开关结构如图6-1所示,转动手柄1后,刀极2(动触头)即与刀夹座3(静触头)相连接或分离,从而接通或断开电路。

在电气传动控制系统中刀开关的图形符号及文字符号如图6-2所示。

刀开关的种类很多。按刀的极数可分为单极、双极和三极;按刀的转换方向可分为单投和双投;按灭弧装置情况可分为带灭弧罩和不带灭弧罩;按操作形式可分为直接手柄操作式和远距离连杆操作式。常用的刀开关有开启式负荷开关、封闭式负荷开关、刀熔开关、隔离开关等。

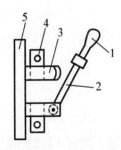

图6-1 一般刀开关

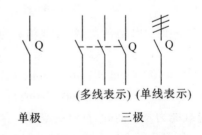

图6-2 刀开关的图形符号及文字符号

2. 组合开关

刀开关作为隔电用的配电电器是恰当的,但在小电流的情况下用它作为线路的接通、断开和换接控制时就显得不太灵巧和方便,所以在机床等设备上广泛地采用组合开关(又称转换开关)代替刀开关。组合开关的结构紧凑、安装面积小,操作不是用手搬动而是用手拧转,故操作方便、省力。组合开关可根据接线方式的不同而组合成各种类型,如:同时通断型、交替通断型、两位转换型和四位转换型等。组合开关有 HZ1,HZ2,HZ3,HZ4,HZ5,HZ10 等系列产品。其中 HZ10 系列组合开关具有寿命长、使用可靠、结构简单等优点,可用作交流 50 Hz,380 V 以下和直流 220 V 及以下的电源引入开关,也可以用于 4 kW 及以下小功率电动机的直接启动和正反转控制,以及机床照明电路中的控制开关。

(1)组合开关的结构

图 6 - 3 为常用 HZ10 系列组合开关。组合开关由动触片、静触片、方形转轴、手柄、定位机构和外壳等部分组成。它的动、静触片分别叠装在数层绝缘垫板内组成双断点桥式结构。而动触片又套装在有手柄的绝缘方轴上,方轴随手柄而旋转。于是每层动触片随方轴转动而变化位置来与静触片分断和接触。组合开关的顶盖部分由凸轮、弹簧及手柄等零件构成操作机构,这个机构由于采用了弹簧储能,使开关快速闭合及分断,且组合开关的分合速度与手柄的旋转速度无关,有利于灭弧。

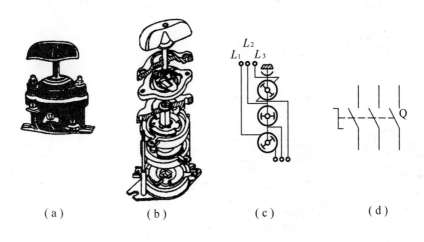

(a)　　　　(b)　　　　(c)　　　　(d)

图 6 - 3　HZ10 系列组合开关

(a)外形;(b)结构;(c)通断示意;(d)图形及文字符号

(2)组合开关的规格及型号含义

组合开关应根据电源种类、电压等级、所需触头数和额定电流进行选用。用于三相异步电动机直接启动时,应注意开关的额定电流必须不小于电动机额定电流的 3 倍,并需另配置熔断器。

HZ10 系列组合开关额定电压为 380 V(直流 220 V),额定电流分别由 10 A,25 A,60 A,100 A 等多种,极数有二极和三极。

组合开关型号的含义如图 6 - 4 所示。

3. 按钮

按钮是一种结构简单、应用广泛的低压手动电器。在低压控制系统中,手动发出控制信号,可远距离操纵各种电磁开关,如继电器、接触器等,转换各种信号电路和电气连锁电路。

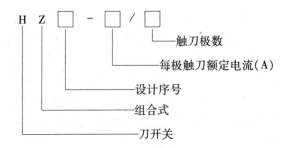

图6-4　组合开关型号的意义

(1)按钮的结构

按钮一般由按钮帽、复位弹簧、桥式动触头、静触头和外壳等组成。由动触头和静触头组合成具有动合触头与动断触头的复合式结构。图6-5是按钮外形、结构示意图、图形与文字符号。按下按钮帽,动触头和下面的静触头闭合而与上面的静触头断开,从而同时控制了两条电路;松开按钮帽,则在弹簧的作用下使触头恢复原位。按钮的触头允许通过的电流很小,一般不超过5 A。

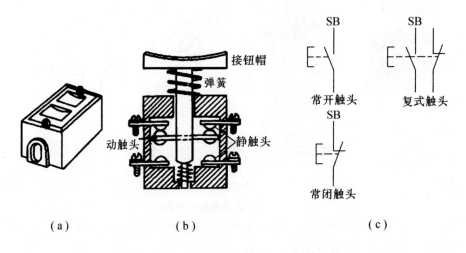

(a)　　　　　　　　(b)　　　　　　　　(c)

图6-5　按钮

(a)外形;(b)结构示意图;(c)图形与文字符号

(2)按钮的型号

按钮通常有单式、复式和三联式。主要产品有 LA18,LA19,LA20 系列。LA18 系列采用积木式结构。触头数量可根据需要拼装,一般装成两个动合两个动断。还可按需要装一动合一动断至六动合六动断形式。从按钮的结构形式又可分按钮式、旋钮式、紧急式与钥匙式等。LA19,LA20 系列有带指示灯和不带指示灯两种。LA19 系列是带有信号灯装置的按钮,其信号灯受一对动断触头控制。按钮帽用透明塑料制成兼作指示灯罩。LA20 系列按钮也是由两个或三个元件组合为一体的开启式或保护式产品。

为识别各个按钮的作用,以避免误操作,通常在按钮帽上涂以不同的颜色,以示区别。常以绿色表示启动按钮,而红色表示停止按钮。

按钮型号的含义如图6-6所示。

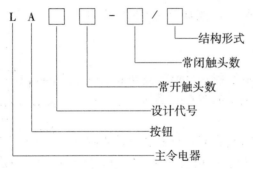

图 6-6　按钮型号的意义

其中结构形式的意义如下：

K——开启式，未加保护；

S——防水式，带密封的外壳；

J——紧急式，有红色大蘑菇头突出在外，在紧急时能方便的触动钮头，切断电源；

X——旋钮式，用旋钮旋转进行操作；

H——保护式，带保护外壳；

F——防腐式；

Y——钥匙式，用钥匙插进旋钮进行操作；

D——带指示灯按钮。

（3）按钮的选择

按钮主要根据使用场合所需要的触点数、触点形式及颜色来选用。

6.1.2　自动电器

自动电器含有电磁铁或其他动力机构，它按照指令、信号或参数变化而自动动作，使工作电路接通和切断，如接触器、继电器等。

1. 接触器

接触器是一种用来频繁地接通和切断主电路或大容量控制电路的电器。它广泛地用于控制电动机和其他电力负载，如电焊机、电热器、照明灯和电容器组等。由于在控制系统中要求接触器的操作频率很高，如每小时 300 次、600 次，甚至高达 3 000 次，因此为了保证一定的使用期限，接触器必须有足够长的机械寿命和电气寿命，一般要求机械寿命为数百万次以上至一千万次以上。电气寿命按不同的使用类别和不同的机械寿命级别有一定的百分比，一般达一百万次以上。

接触器的种类很多，按工作原理可分为电磁式、气动式和液压式。这里主要研究电磁式接触器。按控制主回路的电源种类可分为交流接触器和直流接触器两种，励磁线圈为直流，主触头用来接通或断开直流电路的为直流接触器；励磁线圈为交流，主触头用来接通或断开交流电路的称为交流接触器。此外还有励磁线圈为直流，主触头用来控制交流电路的交直流接触器。

接触器有主触头和辅助触头。主触头用来开闭大电流的主电路，辅助触头用于开闭小电流的控制电路。主触头的路数称为极数。根据极数的不同可分为单极接触器和多极接触器。直流接触器一般分为单极和双极的，交流接触器大多数是三极的，四极、五极接触器用于多速电动机控制或者自耦降压启动器的自动控制。

（1）接触器的结构

接触器主要由电磁系统、触头（触点）系统和灭弧装置三个部分组成，结构简图如图6-7所示。

①电磁系统

电磁系统包括动铁芯（衔铁）、静铁芯和电磁线圈三部分，其作用是将电磁能转换成机械能，产生电磁吸力带动触头动作。

电磁系统的结构形式根据铁芯形状和衔铁运动方式，可分为三种，即衔铁绕棱角转动拍合式和衔铁绕轴转动拍合式和衔铁直线运动螺管式。

电磁系统按铁芯形状分为U形和E形。

电磁系统按电磁线圈的种类可分为直流线圈和交流线圈两种。

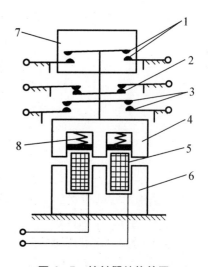

图6-7　接触器结构简图

1—主触头；2—常闭辅助触头；3—常开辅助触头；4—动铁芯；5—电磁线圈；6—静铁芯；7—灭弧罩；8—弹簧

②触头系统

触头是接触器的执行元件，用来接通或断开被控制电路。

触头的结构形式有很多，按其所控制的电路可分为主触头和辅助触头。主触头用于接通或断开主电路，允许通过较大的电流；辅助触头用于接通或断开控制电路，只能通过较小的电流。主触头也可以用于控制电路中。

触头按其原始状态可分为常开（动合）触头和常闭（动断）触头：原始状态时（即线圈未通电时）断开，线圈通电后闭合的触头叫常开触头；原始状态时闭合，线圈通电后断开的触头叫常闭触头。线圈断电后，所有触头均复原。

触头按其结构形式可分为桥型触头和指型触头。

触头按其接触形式可分为点接触、线接触和面接触三种。

③灭弧装置

当接触器触点切断电路时，如电路中电压超过10~12 V和电流超过80~100 mA，在拉开的两个触点之间将出现强烈火花，这实际上是一种气体放电的现象，通常称之为"电弧"。电弧的出现，既妨碍电路的正常分断，又会使触头受到严重腐蚀，为此，必须采取有效的措施进行灭弧，以保证电路和电气元件工作安全可靠。要使电弧熄灭，应设法降低电弧的温度和电场强度，常用的灭弧装置有灭弧罩、灭弧栅、磁吹灭弧、多纵缝灭弧装置等。

（2）接触器的工作原理

接触器的工作原理如下：当励磁线圈通电后，线圈电流产生磁场，使静铁芯产生电磁吸力吸引衔铁，并带动触头动作：常闭触头断开，常开触头闭合，两者是联动的。当线圈断电时，电磁吸力消失，衔铁在释放弹簧的作用下释放，使触头复原：常开触头断开，常闭触头闭合。

①交流接触器

交流接触器线圈通以交流电，主触头接通、分断交流主电路。

当交变磁通穿过铁芯时，将产生涡流和磁滞损耗，使铁芯发热，为减少铁损，铁芯用硅钢片冲压而成,为便于散热,线圈做成短而粗的圆筒状绕在骨架上。

由于交流接触器铁芯的磁通是交变的,故当磁通过零时,电磁吸力也为零,吸合后的衔铁在反力弹簧的作用下将被拉开;磁通过零后电磁吸力又增大,当吸力大于反力时,衔铁又被吸合。这样,交流电源频率的变化,使衔铁产生强烈振动和噪声,甚至使铁芯松散。因此交流接触器铁芯端面上都安装一个铜制的短路环,短路环包围铁芯端面约 2/3 的面积。

交流接触器的灭弧装置通常采用灭弧罩和灭弧栅进行灭弧。

②直流接触器

直流接触器线圈通以直流电流,主触头接通、切断直流主电路。由于其线圈通以直流电,铁芯中不会产生涡流和磁滞损耗,所以不会发热。为方便加工,铁芯用整块钢板制成。为使线圈散热良好,通常将线圈绕制成长而薄的圆筒状。

直流接触器灭弧较困难,一般采用灭弧能力较强的磁吹灭弧装置。

(3)接触器的符号

接触器的图形符号、文字符号如图 6 - 8 所示。

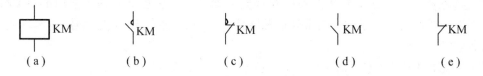

图 6 - 8　接触器的图形及文字符号

(a)线圈;(b)常开主触头;(c)常闭主触头;(d)常开辅助触头;(e)常闭辅助触头

(4)接触器的型号及代表意义

①交流接触器

交流接触器的型号及代表意义如图 6 - 9 所示。

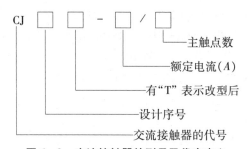

图 6 - 9　交流接触器的型号及代表意义

例如,CJ12 - 250/3 为 CJ12 系列交流接触器,额定电流 250 A,三个主触点。

CJ12T - 250/3 为 CJ12 系列改型后的交流接触器,额定电流 250 A,三个主触点。

我国生产的交流接触器常用的有 CJ1,CJ0,CJ10,CJ12,CJ20 等系列产品。CJ0 系列是专为机床配套的产品。CJ10 系列为一般性负荷的接触器,它主要用于控制笼型异步电动机的启动、运行和停止。CJ12 系列是一种能承受较重负荷的 AC2 使用类别产品,它主要用于控制绕线式电动机的启动、停车和转子电路电阻的切换等。CJ10 和 CJ12 新系列产品所有受冲击的部件均采用了缓冲装置;合理地减小触点的开距和行程;运动系统布置合理,结构紧凑;结构连接不用螺钉,维修方便。CJ20 系列可供远距离接通或分断电路用,并适宜于频繁的启动及控制交流电机。

②直流接触器

直流接触器的型号及代表意义如图6-10所示。

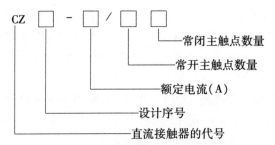

图6-10 直流接触器的型号及代表意义

例如,CZ0-40/20为CZ0系列直流接触器,额定电流40 A,常开主触点两个,常闭主触点0个。

直流接触器是用于频繁的操作和控制直流电动机的一种控制元件。常用的有CZ1,CZ3等系列和新产品CZ0系列。新系列接触器具有寿命长、体积小、工艺型号、零部件通用性强等优点。

(5)接触器的主要技术数据

①额定电压

接触器铭牌上标注的额定电压是指主触点的额定电压,通常用的电压等级为:

直流接触器:220 V,440 V,660 V;

交流接触器:220 V,380 V,660 V。

②额定电流

接触器铭牌上标注的额定电流是指主触点的额定电流。通常用的额定电流等级为:

直流接触器:25 A,40 A,60 A,100 A,150 A,250 A,400 A,600 A;

交流接触器:5 A,10 A,20 A,40 A,60 A,100 A,150 A,250 A,400 A,600 A。

上述电流是指接触器安装在敞开式控制屏上,触点工作不超过额定温升,负载为间断-长期工作制时的电流值。所谓间断-长期工作制是指接触器连续通电时间不超过8小时,若超过8小时,必须空载开闭三次以上,以消除表面氧化膜。如果上述诸条件改变了,就要相应修正其电流值。具体如下:

当接触器安装在箱柜内,由于冷却条件变差,电流要降低10%~20%使用;

当接触器工作于长期工作制,而且通电持续率不超过40%:敞开安装,电流允许提高10%~25%;箱柜安装,允许提高5%~10%。

介于上述情况之间时,可酌情增减。

③励磁线圈的额定电压

通常励磁线圈的额定电压等级为:

直流线圈:24 V,48 V,110 V,220 V,440 V;

交流线圈:36 V,127 V,220 V,380 V。

④触头数目

接触器的触头数目应能满足控制线路的要求。各种类型的接触器触头数目不同。交流接触器的主触头有三对(常开触头),一般有四对辅助触头(两对常开、两对常闭),最多可达到六对(三对常开、三对常闭)。

直流接触器主触头一般有两对(常开触头);辅助触头有四对(两对常开、两对常闭)。

⑤接通和分断能力

接通和分断能力指主触点在规定条件下能可靠地接通和分断的电流值。在此电流值接通时,主触点不应发生熔焊;分断时,主触点不应发生长时间燃弧。接触器的使用类别不同时,对主触点的接通和分断能力的要求是不一样的。常见的接触器使用类别及典型用途见表6-1。接触器的使用类别代号通常标注在产品的铭牌上或产品手册中。表6-1中的AC1和DC1类允许接通和分断额定电流;AC2、DC3和DC5类允许接通和分断4倍的额定电流;AC3类允许接通6倍的额定电流和分断电流;AC4类允许接通和分断6倍的额定电流。

表6-1　常见接触器的使用类别和典型用途

电流种类	使用类别代号	典型用途
AC(交流)	AC1	无感或微感负载、电阻炉
	AC2	绕线式电动机的启动和分断
	AC3	笼型电动机的启动和运转中分断
	AC4	笼型电动机的启动、反接制动、反向和点动
DC(直流)	DC1	无感或微感负载、电阻炉
	DC2	并励电动机的启动、反接制动、反向和点动
	DC3	串励电动机的启动、反接制动、反向和点动

⑥额定操作频率

接触器额定操作频率是指每小时接通次数。通常交流接触器为600次/小时;直流接触器为1 200次/小时。

(6)接触器的选用

选择接触器主要考虑以下技术数据。

①电源种类(交流或直流);

②主触点额定电压、额定电流;

③辅助触点种类、数量及触点额定电流;

④励磁线圈的电源种类、频率和额定电压;

⑤额定操作频率(次/小时),即允许的每小时接通的最多次数。

主触点的额定电流由下面经验公式计算,即

$$I_{CN} = \frac{P_N \times 10^3}{KU_N} \qquad (6-1)$$

式中　I_{CN}——主触头额定电流,A;

P_N——被控制的电动机的额定功率,kW;

U_N——电动机的额定电压,V;

K——经验系数,一般取1~1.4。

实际选择时,接触器的主触点额定电流大于上式计算值。当接触器的使用类别与所控制负载的工作任务相对应时,一般应使主触点的电流等级与所控制的负载相当,或稍大一些,即系数 K 取大些。若不对应,例如用 AC3 类的接触器控制 AC3 与 AC4 混合类负载时,则需降低电流等级,亦即使用次数将会减少。

接触器线圈电压一般从安全性考虑,可选低一些,但当控制线路简单,所用电器不多,为了节省变压器,可选 380 V,220 V。

2. 继电器

接触器虽已将电动机的控制由手动变为自动,但还不能满足复杂生产工艺过程自动化的要求。如对大型龙门刨床的工作,不仅要求工作台能自动地前进和后退,而且要求前进和后退的速度不同,能自动地减速和加速。这些要求,必须要由整套自动控制设备才能满足,而继电器就是这种控制设备中的主要元件。

继电器是一种自动动作的电器。当继电器输入电压、电流和频率等电量或温度、压力和转速等非电量并达到规定值时,继电器的触点便接通或分断所控制或保护的电路。继电器一般由输入感测机构和输出执行机构两部分组成。前者用于反映输入量的高低;后者用于接通或分断电路。

继电器实质上是一种传递信号的电器,它可根据特定形式的输入信号而动作,从而达到不同的控制目的。它与接触器不同,主要用于反映控制信号,其触点通常接在控制电路中。

继电器的种类很多,分类的方法也很多,常用的分类方法有:

按输入量的物理性质分为电压、电流、速度、时间、温度、压力、热继电器等;

按动作时间分为瞬时动作和延时动作(也称为时间继电器)继电器等;

按动作原理分为电磁式、感应式、电动式、电子式和机械式继电器等。

由于电磁式继电器具有工作可靠、结构简单、制造方便、寿命长等一系列的优点,故在机床电气传动系统中应用得最为广泛,约有 90% 以上的继电器是电磁式的。继电器一般用来接通和断开控制电路,故电流容量、触头、体积都很小,只有当电动机的功率很小时,才可用某些继电器来直接接通和断开电动机的主电路。电磁式继电器分为直流和交流两大类,它们的主要结构和工作原理与接触器基本相同,它们各自又可分为电流、电压、时间、中间继电器等。

这里主要介绍电器控制系统中常用的电磁式(电压、电流、中间)继电器、时间继电器、热继电器和速度继电器等。

继电器的主要特性是输入 – 输出特性,电磁式继电器的特性如图 6 – 11 所示,这一矩形曲线统称为继电特性曲线。

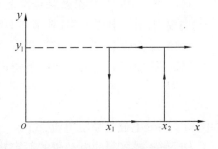

当继电器输入量 x 由零增至 x_1 以前,继电器输出量 y 为零。当输入量增加到 x_2 时,继电器吸合,通过其触点的输出量为 y_1;若 x 再增加,y 值保持 y_1 不变。当 x 减少到 x_1 时,继电器释放,输出由 y_1 降到零,x 再减小,y 值永为零。

图 6 – 11　继电特性曲线

在图 6 – 11 中,x_2 称为继电器吸合值,欲使继电器动作,输入量必须大于此值;x_1 称为继电器释放值,欲使继电器释放,输入量必须小于此值;$K = x_1/x_2$ 称为继电器的返回系数。它是继电器的重要参数之一。不同场合要求不同的 K 值。例如一般继电器要求低返回系数,K 值在 0.1 ~ 0.4 之间,这样当继电器吸合后,输入值波动较大时不致引起误动作;欠电压继电器则要求高返回系数,K 值在 0.6 以上。设某继电器 K=0.66,吸合电压为额定电压的 90%,则电压低于额定电压的 60% 时继电器释放,起到欠电压保护作用。K 值是可以调节的,具体方法随继电器的结构不同而有所差异。

继电器的另一个重要参数是吸合时间和释放时间。吸合时间是从线圈接受电信号到衔铁完全吸合时所需的时间。一般继电器的吸合时间与释放时间为 0.05~0.15 s,快速继电器为 0.005~0.05 s,它的大小影响着继电器的操作频率。

继电器的图形符号如图 6-12 所示。文字符号用 K 来表示。对于具体的电压、电流继电器等若用单字母来表示则也用 K,双字母则为 KV,KA 等。

线圈　　常开触点　　常闭触点

图 6-12　继电器的图形符号

(1)电磁式继电器

常用的电磁式继电器按反映参数可分为电流继电器、电压继电器和中间继电器。按线圈的电流种类可分为直流继电器和交流继电器。

①电磁式继电器的结构与工作原理

电磁式继电器的结构和工作原理与接触器相似,它由电磁系统、触头系统和释放弹簧等组成。由于继电器用于控制电路,所以流过触头的电流比较小,故不需要灭弧装置。

a.电流继电器

它是反映电路电流变化而动作的继电器。主要用于电动机、发电机或其他负载的过载及短路保护,直流电动机磁场控制或失磁保护等。电流继电器的特点是线圈匝数少、线径较粗、能通过较大电流。在使用时电流继电器的线圈和负载串联。由于线圈上的压降很小,不会影响负载电路的电流。常用的电流继电器有欠电流继电器和过电流继电器两种。

电路正常工作时,欠电流继电器吸合动作,当电路电流减小到某一整定值以下时,欠电流继电器释放,对电路起欠电流保护作用。电路正常工作时,过电流继电器不动作,当电路中电流超过某一整定值时,过电流继电器吸合动作,对电路起过流保护作用。

在电气传动系统中,用得较多的电流继电器有 JL14、JL15、JT3、JT9、JT10 等型号。选择电流继电器时主要根据电路内的电流种类和额定电流大小来选择。

b.电压继电器

电压继电器反映的是电压信号。由于它的线圈是并接在被测电路两端的,因此其线圈导线细、匝数多、阻抗大。电压继电器可分为过电压、欠电压和零电压继电器三种。过电压继电器是超过整定值(一般为(105%~120%)U_N)时衔铁吸合;欠电压继电器是低于整定值(一般为(30%~50%)U_N)时衔铁释放;而零电压继电器是电压降低接近零值(一般为5%~25%U_N)时衔铁才释放。

在机床电气传动系统中常用的电压继电器有 JT3、JT4 型。选择电压继电器要根据线路电压的种类和大小来选择。

c.中间继电器

中间继电器实质也是一种电压继电器。它的触头对数较多,容量较大,动作灵敏,主要起扩展控制范围或传递信号的中间转换作用。

在机床电气传动系统中常用的中间继电器除了 JT3、JT4 型外,目前常用的是 JZ7 型和 JZ8 型,在可编程序控制器和仪器仪表中还用到各种小型继电器。JZ7 系列中间继电器的主要结构与 CJ10 系列交流接触器相似,它有四个常闭触头和四个常开触头。其优点是体积小、吸合时冲击小、不易产生相间短路、工作可靠且寿命较长。其动作原理与交流接触器相似。

选用中间继电器时,主要根据控制线路所需触头的多少和电源电压等级来选择。

②电磁式继电器的型号及代表意义

电磁式继电器的型号及代表意义如图 6 – 13 所示。其中继电器的种类的表示如下:L 表示电流继电器,T 表示通用继电器,Z 表示中间继电器。例如,JL3 – 11,表示 JL3 系列电流继电器,1 个常开触点,1 个常闭触点。

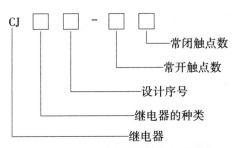

图 6 – 13　电磁式继电器的型号及代表意义

(2)热继电器

热继电器是利用电流的热效应原理工作的电器,广泛用于三相异步电动机的长期过载保护。电动机工作时,是不允许超过额定温升的,否则会降低电动机的寿命。电动机在实际运行中,常会遇到过载情况,但只要过载不严重、时间短,绕组不超过允许的温升,这种过载是允许的;但如果过载情况严重、时间长,电动机就要发热,轻则加速电动机的绝缘老化,重则烧毁电动机。由于熔断器和过电流继电器只能保护电动机不超过最大电流,却不能反映电动机的发热状况,因此必须采用热继电器进行保护。

①热继电器的结构与工作原理

热继电器主要由热元件、双金属片和触头系统三部分组成。其工作原理如图 6 – 14 所示。热元件由镍铬合金丝等材料的发热电阻丝做成;双金属片由两种热膨胀系数不同的金属碾压而成。当双金属片受热时,会出现弯曲变形,弯曲变形到一定程度,使继电器动作;热继电器的热元件是串接在电动机定子绕组的主电路中,当电动机正常工作时,热元件产生热量虽能使双金属片弯曲,但还不足以使继电器动作;当电动机过载时,经一定时间双金属片弯曲程度加大,

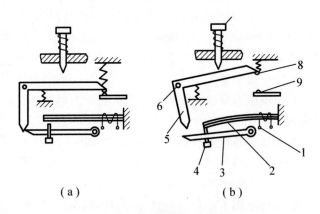

图 6 – 14　热继电器工作原理图
(a)未过载;(b)过载后
1—热元件;2—双金属片;3—扣板;4—压动螺钉;5—锁扣机构;
6—支点;7—复位按钮;8—动触点;9—静触点

压下压动螺钉 4,锁扣机构 5 脱开,热继电器触头 8,9(触头 8,9 是串接于控制电路中的)切断控制电路使主电路停止工作。热继电器动作后,经一段冷却时间,可手动或自动复位,手动复位要按下复位按钮 7 才能复位。改变压动螺钉 4 的位置,即可以调节动作电流。

②热继电器的型号及主要技术数据

热继电器的型号及代表的意义如图 6－15 所示。例如,JR0－20/3D 表示的是 JR0 系列热继电器,其额定电流为 20 A,三相,带有断相保护装置。

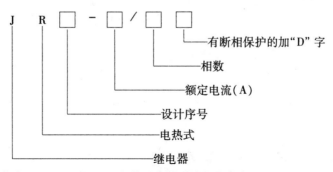

图 6－15　热继电器型号及代表意义

③热继电器的主要技术参数

a. 热继电器额定电流,即型号中的标示值,是指热继电器壳架的额定电流等级,同时也是该继电器中所能装入的最大热元件的额定电流值;

b. 热元件额定电流,是指热继电器工作时,保持长期不动作所能通过的最大电流值;

c. 触头额定电流,是指热继电器触头长期工作允许通过的电流。

④热继电器的图形及文字符号

热继电器的图形及文字符号如图 6－16 所示。

⑤热继电器使用注意事项

a. 应按照被保护电动机额定电流的 1.1～1.25 倍选取热元件的额定电流;

b. 热继电器的整定电流调节范围约为热元件额定电流的 60%～100%;

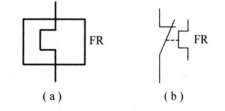

图 6－16　热继电器的图形符号与文字符号
(a)热元件;(b)常闭触头

c. 热继电器安装完毕需进行整定电流值的调整,整定电流值应等于被保护电动机的额定电流;

d. 由于热继电器有热惯性,大电流出现时它不能立即动作,故热继电器不能用作短路保护;

e. 用热继电器保护三相异步电动机时,至少要用有两个热元件的热继电器,从而在不正常的工作状态下,也可对电动机进行过载保护,例如电动机单相运行时,至少有一个热元件能起作用;

f. 安装时应注意,热继电器的工作环境温度与被保护设备的环境温度相差一般不应超过 15～25 ℃,以保证保护动作的准确;

g. 热继电器连接的导线截面积应满足负荷要求,导线与热继电器连接时要压接牢固,以免由于导线过细或因接触不良而发热使热继电器错误动作。

(3)时间继电器

在自动控制系统中,有时需要继电器得到信号后不立即动作,而是要顺延一段时间后再动作并输出控制信号,以达到按时间顺序进行控制的目的。时间继电器就可以满足这种要求。按工作原理,时间继电器可分为电磁式、空气阻尼式(气囊式)、半导体式和电动机式等几种;按延时方式,其可分为通电延时型、断电延时型和通、断电延时型等类型。时间继电器的图形符号及文字符号如图6-17所示。

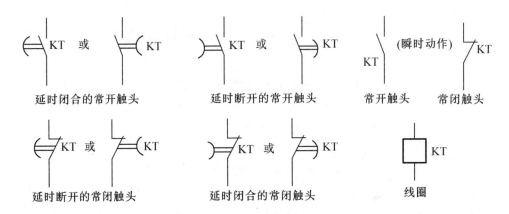

图6-17 时间继电器的图形及文字符号

① 直流电磁式时间继电器

这种继电器和直流电磁式电压继电器相比只是在铁芯上增加了一个阻尼铜(铝)套。由电磁感应定律可知,在继电器通断电过程中铜套内将感生涡流,它将反对穿过铜(铝)套的磁通变化,因而对原吸合磁通起了阻尼作用。

当继电器吸合时,由于衔铁处于释放位置,气隙大、磁阻大、磁通小,铜(铝)套阻尼作用相对也小,因此铁芯闭合时的延时不显著;而当继电器断电时磁通变化量大、铜套阻尼作用也大,因此这种继电器仅用作断电延时。相应的其延时触点也只有常开触点延时打开和常闭触点延时闭合两种。

这种时间继电器的延时时间较短,JT 系列最长不超过 5 s,而且准确度较低,一般只用于延时精度不高的场合。

直流电磁式时间继电器延时时间的长短是靠改变铁芯与衔铁间非磁性垫片的厚薄(粗调)或改变释放弹簧的松紧(细调)来调节的。垫片厚则延时短,垫片薄则延时长。释放弹簧紧则延时短,释放弹簧松则延时长。

直流电磁式时间继电器 JT3 系列的技术数据如表6-2所示。

表6-2 直流电磁式时间继电器 JT3 系列的技术数据

型号	吸引线圈电压/V	触点组合及数量(常开、常闭)	延时/s	延时/s
JT-□□/1	12, 24, 48, 110, 220,440	11,02,20,03,12,21, 04,22,13,3130	0.3~0.9	0.2~1.5
JT-□□/3			0.8~3.0	1~3.5
JT-□□/5			2.5~5.0	3~5.0

注:表中型号 JT-□□后面之1,3,5 表示延时类型(1 s,3 s,5 s)。

②空气阻尼式时间继电器

空气阻尼式时间继电器是利用空气阻尼原理来达到延时目的的。它由电磁机构、延时系统和触头系统三部分组成,如图 6-18 所示。电磁机构包括铁芯、衔铁和线圈,一般为直动式双 E 型机构;延时系统由活塞、橡胶塞、气室、进气孔、弹簧等组成气囊式阻尼器;触头系统由微动开关组成。

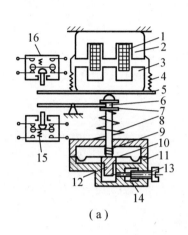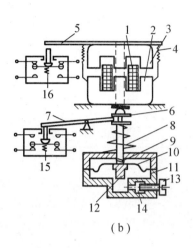

（a）　　　　　　　　　　　　　　（b）

图 6-18　空气阻尼式时间继电器

（a）通电延时型;（b）断电延时型

1—线圈;2—铁芯;3—衔铁;4—反力弹簧;5—推板;6—活塞杆;7—杠杆;8—塔形弹簧;
9—弱弹簧;10—橡胶膜;11—空气室壁;12—活塞;13—调节螺杆;14—进气孔;15,16—微动开关

空气式时间继电器有通电延时型和断电延时型两种。电磁机构可做成直流和交流。下面以通电延时型继电器为例介绍其动作原理。当线圈通电时,衔铁被铁芯吸合,上方杠杆式微动开关 16 的触头瞬时动作,而活塞杆 6 在弹簧 8 的作用下带动活塞 12 和橡胶膜 10 向上移动。此时橡胶膜下方空气稀薄而上方空气被压缩形成压差,则活塞杆只能缓慢上移,其移动速度由进气孔大小决定,可调节螺钉来控制。经一定时间后活塞杆才移到最上端通过下方杠杆的作用使得微动开关 15 的常闭触头打开,常开触头闭合,以达到通电延时目的。

当线圈断电时,衔铁在复位弹簧的作用下很快释放,推动活塞杆向下移动,使橡胶膜下方的空气迅速排掉,杠杆与触头均迅速复位。由此可见,断电时微动开关 15 和 16 的触头都是瞬时动作的。通电时微动开关 16 的触头是瞬时动作的,而微动开关 15 的触头才是延时动作的。

通电与断电延时型继电器在结构上只是电磁系统中铁芯与衔铁位置不同。当衔铁位于铁芯和延时机构之间为通电延时型,当铁芯位于衔铁与延时机构之间时为断电延时型,两者只是在安装电磁机构时改换方向。

国产 JS7-A 系列空气阻尼式时间继电器技术数据如表 6-3 所示。

空气阻尼式继电器具有结构简单、延时范围大、调整简单、寿命长、价格低、使用较广等优点,但其延时精度较低,适于对延时精度要求不高的场合。

③电动机式时间继电器

电动机式时间继电器是利用电动机(常用微型同步电动机)的运动而产生延时的装置。电动机式时间继电器的特点是延时精度高,在需要准确延时动作的控制系统中,常采用这种继电器;此外,它还具有延时时间调节范围广(可在几秒到几小时范围内调节)的优点;它的主要缺点是机械结构复杂、寿命较短、不适于频繁操作、成本高、体积大等。

表6-3 JS7系列空气阻尼式时间继电器技术数据

型号	吸引线圈电压/V	触头额定电压/V	触头额定电流/A	延时范围/s	延时触头				瞬动触头	
					通电延时		断电延时		常开	常闭
					常开	常闭	常开	常闭		
JS7-1A	24,36,110,127,220,380,420	380	5	各种型号均有0.4~60和0.4~180两种产品	1	1	—	—	—	—
JS7-2A					1	1	—	—	1	1
JS7-3A					—	—	1	1	—	—
JS7-4A					—	—	1	1	1	1

目前常用的电动机式时间继电器有JS10,JS11型等。JS10系列型号及代表意义如图6-19所示。其主要技术数据见表6-4和表6-5。其同步电动机频率为50 Hz,电压分127 V,220 V,380 V,500 V四种。

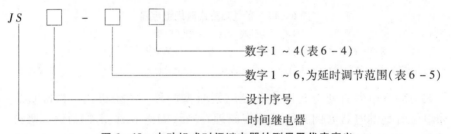

数字1~4(表6-4)

数字1~6,为延时调节范围(表6-5)

设计序号

时间继电器

图6-19 电动机式时间继电器的型号及代表意义

表6-4 JS10系列电动机式时间继电器触点表

编号	延时触点				附设不延时触点	
	接通延时		断开延时			
	常开	常闭	常开	常闭	常开	常闭
1	1	1			1	1
2	2				1	1
3			1	1	1	1
4			2	1	1	1

表6-5 JS10系列电动机式时间继电器延时调节范围

编号	延时范围	编号	延时范围	编号	延时范围
1	0.5~6 s	3	10~120 s	5	2.5~60 min
2	2.5~30 s	4	0.5~10 min	6	10~210 min

JS11 系列时间继电器,适用于交流 50 Hz 或 60 Hz、电压在 380 V 以下的电气自动控制线路。在电路中,它向需要延时的被控电路发送信号,其延时时间长,延时偏差小,延时精度高。其主要数据如表 6 - 6 所示。

表 6 - 6　JS11 系列时间继电器主要技术数据

型号	触头额定电压/V	触头额定电流/A	瞬时动作触头数量		延时动作触头数量		延时方式	延时范围		电源电压
			常开	常闭	常开	常闭		50 Hz	60 Hz	
JS11 - 11								0.4 ~ 8 s	0.25 ~ 6.5 s	
JS11 - 21								2 ~ 40 s	1 ~ 33 s	
JS11 - 31								10 ~ 240 s	10 ~ 200 s	110
JS11 - 41	380	100	1	1	3	2	通电延时	1 ~ 20 min	40 s ~ 16 min	127
JS11 - 51								5 ~ 120 min	5 ~ 100 min	220
JS11 - 61								0.5 ~ 12 h	30 min ~ 10 h	380
JS11 - 71								3 ~ 72 h	2 ~ 60 h	
JS11 - 12								0.4 ~ 8 s	0.25 ~ 6.5 s	
JS11 - 22								2 ~ 40 s	1 ~ 33 s	
JS11 - 32								10 ~ 240 s	100 ~ 200 s	110
JS11 - 42	380	100	1	1	3	2	断电延时	1 ~ 20 min	40 s ~ 16 min	127
JS11 - 52								5 ~ 120 min	5 ~ 100 min	220
JS11 - 62								0.5 ~ 12 h	30 min ~ 10 h	380
JS11 - 72								3 ~ 72 h	2 ~ 60 h	

④半导体式时间继电器

随着电子技术的发展,半导体时间继电器也迅速发展。这类继电器体积小、延时范围大,延时精度高、寿命长,已日益得到广泛应用。

JSJ 型晶体管时间继电器的优点是延时范围较大、调节方便、体积小、寿命长、操作频率较高等;缺点是延时值易受环境温度及电源电压波动的影响,抗干扰性较差,价格较贵等。

(4)速度继电器

速度继电器是利用转轴的一定转速来切换电路的自动电器,它主要用在笼型异步电动机的反接制动控制中,故称为反接制动继电器。速度继电器结构原理如图 6 - 20 所示。

速度继电器主要由定子、转子和触头三部分组成。定子的结构与笼型异步电动机相似,是一个笼型空心圆环,由硅钢片冲压而成,并装有笼型绕组。转子是一块永久磁铁。

速度继电器的轴与电动机的轴相连接,永久磁铁的转子固定在轴上。装有笼型绕组的定子与轴同心且能独自偏摆,与永久磁铁间有一气隙。当

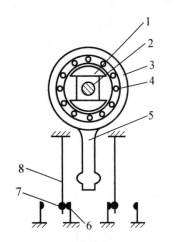

图 6 - 20　速度继电器结构原理图

1—转子;2—电动机轴;3—定子;
4—绕组;5—定子柄;6—静触头;
7—动触头;8—簧片

轴转动时永久磁铁随之一起转动,笼型绕组切割磁通产生感应电动势和电流,和笼型感应电动机原理一样,此电流与永久磁铁作用产生转矩,使定子随轴的转动方向偏摆,通过定子柄拨动触点,使继电器触点接通或断开。当轴的转速下降到接近零速时(约 100 r/min),定子柄在动触点弹簧力的作用下恢复到原来位置。

常用的速度继电器有 JY1 型和 JFZ0 型。JFZ0 型是一种新产品,其触点动作速度不受定子柄偏摆的影响,两组触点改用两组微动开关,其额定工作转速有 300 ~ 1 000 r/min 与 1 000 ~ 3 000 r/min 两种。这两种速度继电器的技术数据如表 6 - 7 所示。速度继电器主要根据电动机的额定转速进行选择。

表 6 - 7　JY1 型、JFZ0 型速度继电器的技术数据

型号	触点容量		触点数量		额定工作转速/(r/min)	允许操作频率/(次/小时)
	额定电压/V	额定电流/A	正转时动作	反转时动作		
JY1	380	2	一组转换触点	一组转换触点	100 ~ 3 600	< 30
JFZ0					300 ~ 3 600	

3. 行程开关

行程开关又称限位开关,用以反映工作机械的行程,以实现机电信号的转换,广泛用于机床及自动生产线的程序控制系统中。

(1)机械式行程开关

机械式行程开关根据其结构可分为直动式(如 LX1,JLXK1 系列)、滚轮式(如 LX2,JLXK2 系列)和微动式(如 LXW - 11,JLSK1 - 11 型)三种。图 6 - 21 是直动式行程开关的外形及动作原理图。行程开关的动作原理是:执行机构上带有压条,压条上装有压块,当执行机构运动时,带动压块一起运动。当压块压下行程开关的顶杆时,行程开关的动断触点先断开,继而动合触点闭合。当压块离开行程开关时,触点恢复常态。

表 6 - 8 为 JLXK1 系列行程开关技术数据。表 6 - 9 为德国西门子公司的 3SE3 系列行程开关技术数据。3SE3 系列规格全,外形结构多样,技术性能优良,拆装方便,使用灵活,动作可靠;有开启式、保护式两大类。动作方式有瞬动型和蠕动型,头部结构有直动、滚轮直动、杠杆、单轮、双轮、滚轮摆杆可调和弹簧杆等。

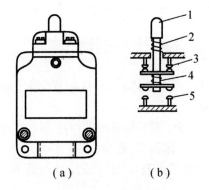

图 6 - 21　直动式行程开关

(a)外形图;(b)原理图

1—顶杆;2—弹簧;3—常闭触点;
4—触点弹簧;5—常开触点

表 6-8　JLXK1 系列行程开关技术数据

型号	额定电压/V		额定电流/A	触点数量		结构形式
	交流	直流		常开	常闭	
JLXK1-111	500	440	5	1	1	单轮防护式
JLXK1-211	500	440	5	1	1	双轮防护式
JLXK1-111M	500	440	5	1	1	单轮密封式
JLXK1-211M	500	440	5	1	1	双轮密封式
JLXK1-311	500	440	5	1	1	直动防护式
JLXK1-311M	500	440	5	1	1	直动密封式
JLXK1-411	500	440	5	1	1	直动滚轮防护式
JLXK1-411M	500	440	5	1	1	直动滚轮密封式

表 6-9　3SE3 系列行程开关主要技术数据

额定绝缘电压		最大工作电压（同极性）	额定发热电流	机械寿命/次	电寿命/次			推杆上测量的重复动作精度	保护等级
交流	直流				$U_N = 220\text{ V}$ $I_N = 1\text{ A}$	$U_N = 220\text{ V}$ $I_N = 0.5\text{ A}$	$U_N = 22\text{ V}$ $I_N = 10\text{ A}$		
500 V	600 V	500 V	10 A	30×10^6	5×10^6	10×10^6	10×10^4	0.02 mm	Ip67

（2）接近式行程开关

接近式行程开关是一种非接触式的检测装置。当运动着的物体在一定范围内接近它时，它就能发出信号，以控制运动物体的位置。它既能起行程开关的作用，又能起记数的作用。根据工作原理来划分，接近开关有高频振荡型、电容型、霍尔效应型、感应电桥型等，其中以高频振荡型为最常用。它由高频振荡器和放大器组成。振荡器在开关的作用表面产生一个交变磁场，当执行机构上为金属的压块接近此表面时，金属中产生的涡流吸收了振动的能量，使振动减弱以至停振，因而产生振动与停振两个信号，由整形放大器转换成二进制的开关信号，从而起到"开""关"的控制作用。接近开关具有定位精度高、操作频率高、功率损耗小、寿命长、耐冲击振动、耐潮湿、能适应恶劣工作环境等优点，因此，在工业生产中已得到广泛应用。

（3）红外线光电开关

红外线光电开关有对射式和反射式两种。对射式是由分离的发射器和接收器组成。当物体挡住发射器发出的红外线，使接收器接收不到红外线时，动断触点复位，即该触点闭合，动合触点复位，即该触点断开。反射式是利用物体对光电开关发射出来的红外线反射回去，由光电开关接收，从而判断是否有物体存在。如有物体存在时，光电开关接收红外线后便使该光电开关的动合触点闭合，动断触点断开。

4. 熔断器

（1）熔断器的特点与分类

熔断器是一种结构简单、使用方便、价格低廉、控制有效的保护电器。使用时串联在电路中，当电路或用电设备发生短路或过载时，熔体能自身熔断，切断电路，阻止事故蔓延，因而能实现短路或过载保护,无论是在强电系统或弱电系统中都得到广泛的应用。熔断器按结构可分为开启式、半封闭式和封闭式三种。封闭式熔断器又可分为有填料管式、无填料管式及有填料螺旋式等。熔断器按用途可分为:一般工业用熔断器;保护硅元件用快速熔断器;具有两段保护特性、快慢动作熔断器;特殊用途熔断器,如直流牵引用熔断器、旋转励磁用熔断器以及有限流作用并熔而不断的自复式熔断器等。

(2)熔断器的作用原理及主要特性

①熔断器的作用原理

熔断器主要由熔体(俗称保险丝)和安装熔体的熔管(或熔座)组成。熔体一般由熔点较低、电阻率较高的合金或铅、锌、铜、银、锡等金属材料制成丝或片状。熔管是由陶瓷、玻璃纤维等绝缘材料做成,在熔体熔断时还兼有灭弧作用。熔体串联在电路中,当电路的电流为正常值时,熔体由于温度低而不熔化。如果电路发生短路或过载时,电流大于熔体的正常发热电流,熔体温度急剧上升,超过熔体金属的熔点而熔断,分断故障电路,从而保护了电路和设备。熔断器断开电路的物理过程可分为:熔体升温阶段、熔体熔化阶段、熔体金属汽化阶段及电弧的产生与熄灭阶段四个阶段。

②熔断器的主要特性

a. 安秒特性

它表示熔断时间 t 与通过熔体的电流 I 的关系,熔断器的安秒特性如图 6 – 22 所示。

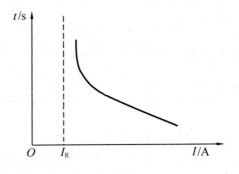

图 6 – 22　熔断器的安秒特性

熔断器的安秒特性为反时限特性,即短路电流越大,熔断时间越短,这就能满足短路保护的要求。在特性中,有一个熔断电流与不熔断电流的分界线,与此相应的电流称为最小熔断电流 I_R。熔体在额定电流下,绝不应熔断,所以最小熔断电流必须大于额定电流。

熔断器的熔断电流与熔断时间的数值关系如表 6 – 10 所示。

表 6 – 10　熔断器的熔断电流与熔断时间的数值关系

熔断电流	$1.25 \sim 1.3I_N$	$1.6I_N$	$2I_N$	$2.5I_N$	$3I_N$	$4I_N$
熔断时间	∞	1 h	40 s	8 s	4.5 s	2.5 s

b. 极限分断能力

通常是指在额定电压及一定的功率因数(或时间常数)下切断短路电流的极限能力,用极限断开电流值(周期分量的有效值)来表示。熔断器的极限分断能力必须大于线路中可能出现的最大短路电流。

③熔断器的符号及型号所表示的意义

熔断器在电气原理图中的图形符号及文字符号如图 6 – 23 所示。

熔断器的型号所表示的意义如图 6 – 24 所示。其中形式的表示如下:C 为瓷插式;L 为螺旋式;M 为无填料式;T 为有填料式;S 为快速式;Z 为自复

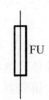

图 6 – 23　熔断器的符号

式。如 RC1A – 60 为瓷插式熔断器,额定电流为 60 A,其中 1 为设计序号,A 表示改型设计。又如 RL1 – 60/50 为螺旋式熔断器,熔断器额定电流为 60 A,所装熔体的额定电流为 50 A。

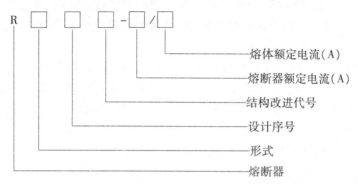

图 6 – 24　熔断器型号及所表示的意义

④熔断器的选用

在选用熔断器时,应根据被保护电路的需要,首先确定熔断器的形式,然后选择熔体的规格,再根据熔体确定熔断器的规格。

a. 熔断器形式的选择

熔断器形式的选择要根据线路的要求和安装条件而定,例如在墙上明装的配电板上,常采用 RC1A 系列瓷插式熔断器,因为它没有明露的带电部分;在具有较大短路电流的电力输配电系统中必须采用 RT0 系列有填料封闭管式熔断器,因为它的分断能力最强。

b. 熔体额定电流的选择

熔体额定电流的选择应同时满足正常负荷电流和启动尖峰电流两个条件。这就是要求选用的熔体在电动机启动过程中或在线路合闸送电瞬间有冲击电流作用的情况下,熔体不被熔断,同时又能保证在线路或用电设备过载至一定数值或短路时,在一定时间内熔断。

选择熔体的额定电流时,必须按照电路中实际所需的工作电流为依据,又要考虑负荷的性质。具体选用方法如下:

·对于电炉、照明等电阻性负载的短路保护,熔体的额定电流等于或稍大于电路的工作电流。

·保护单台电动机时,考虑到电动机受启动电流的冲击,熔断器的额定电流应按下式计算,即

$$I_{RN} = (1.5 \sim 2.5) I_N \qquad (6-2)$$

式中　I_{RN}——熔体的额定电流;

　　　I_N——单台电动机的额定电流,轻载启动或启动时间短时,系数可取接近 1.5,带重载或启动时间长时,系数可取 2.5,A。

·如用于保护频繁启动的电动机,应按下式计算,即

$$I_{RN} = (3 \sim 3.5) I_N \qquad (6-3)$$

·多台电动机长期共用一个熔断器时,可按下式计算,即

$$I_{RN} \geqslant (1.5 \sim 2.5) I_{Nmax} + \sum I_N \qquad (6-4)$$

式中　I_{Nmax}——容量最大的一台电动机的额定电流,A;

$\sum I_N$——除容量最大的电动机之外,其余电动机额定电流之和,A。

1.5~2.5 的选择同式(6-2)。

·并联电容器采用熔断器保护时,对于单台并联电容器,熔体的额定电流应为电容器额定电流的 1.5~2.5 倍;对于并联电容器组,熔体的额定电流应为电容器组额定电流的 1.3~1.8 倍。

在选择熔体额定电流时,还应注意以下几个方面:熔体的额定电流在线路上应由前级至后级逐渐减小,否则会出现越级动作现象;另外也不应超过线路上导线的安全载流量;与电度表相连的熔断器,熔体的额定电流应小于电度表的额定电流。

c.熔断器电压及电流的选择

·熔断器的额定电压必须大于或等于线路的工作电压;

·熔断器的额定电流必须大于或等于所装熔体的额定电流。

d.熔断器的维护

运行中的熔断器应经常进行巡视检查,巡视检查的内容有:负荷电流应与熔体的额定电流相适应;有熔断信号指示器的熔断器应检查信号指示是否弹出;与熔断器连接的导体、连接点以及熔断器本身有无过热现象,连接点接触是否良好;熔断器外观有无裂纹、脏污及放电现象;熔断器内部有无放电声。

在检查中,若发现有异常现象,应及时修复,以保证熔断器的安全运行。

e.更换熔体时的安全注意事项

熔体熔断后,应首先查明熔体熔断的原因,排除故障。熔体熔断的原因是由于短路还是过载可根据熔体熔断的情况进行判断。熔体在过载下熔断时,响声不大,熔丝仅在一两处熔断,变截面熔体只有小截面熔断,熔管内没有烧焦的现象。熔体在短路下烧断时响声很大,熔体熔断部位大,熔管内有烧焦的现象。根据熔断的原因找出故障点并予以排除。

更换的熔体规格应与负荷的性质及线路电流相适应。另外,更换熔体时,必须停电更换,以防触电。

5.自动空气断路器

自动空气断路器简称自动空气开关或自动开关。它相当于刀开关、熔断器、热继电器和欠压继电器的功能组合,是一种既起手动开关作用,又可自动有效地对串接在其后面的电气设备的失压、欠压、过载和短路进行保护的电器。

(1)结构和工作原理

自动开关由操作机构、触头、保护装置(各种脱扣器,可以根据用途来配备)、灭弧系统等组成。它的工作原理如图 6-25 所示。

自动开关的主触头是靠手动操作或电动合闸的。主触头闭合后,自由脱扣机构将主触头锁在合闸位

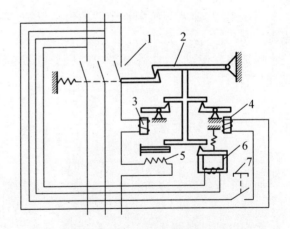

图 6-25　自动开关工作原理图

1—主触头;2—自由脱扣器;3—过电流脱扣器;4—分励脱扣器;
5—热脱扣器;6—欠电压脱扣器;7—启动按钮

置上。过电流脱扣器的线圈和热脱扣器的热元件与主电路串联,欠电压脱扣器的线圈和电源并联。当电路发生短路或严重过载时,过电流脱扣器的衔铁吸合,使自由脱扣机构动作,主触头断开主电路。当电路过载时,热脱扣器的热元件发热使双金属片向上弯曲,推动自由脱扣机构动作。当电路欠压时,欠电压脱扣器的衔铁释放,也使自由脱扣机构动作。分励脱扣器则作为远距离控制用,在正常工作时,其线圈是断电的,在需要远距离控制时,按下启动按钮,使线圈通电,衔铁带动自由脱扣机构动作,使主触头断开。

(2)自动开关的分类

自动开关种类繁多,可按用途、结构特点、极数、限流性能和传动方式来分类。

①按用途分,有保护配电线路用、保护电动机用、保护照明线路用和漏电保护用自动开关及特殊用途的自动开关,如灭磁开关等。

②按结构形式分,有框架式和塑料外壳式自动开关。

③按极数分,有单极、双极、三极和四极自动开关。

④按操作方式分,有直接手柄操作式、杠杆操作式、电磁铁操作式和电动机操作式自动开关

⑤按限流性能分,有一般不限流型和快速型限流式自动开关。

(3)主要技术参数

①额定电压与额定电流。自动开关的额定电压是指它能长期承受的工作电压,数值上取决于电网的额定电压等级。我国标准规定为交流 220 V、380 V、矿用 660 V 及 1 140 V,直流为 220 V 与 440 V 等。额定电流是保证自动开关能长期可靠工作的电流。

②通断能力。自动开关的通断能力是在一定的实验条件下(电压和功率因数或时间常数),自动开关能够可靠接通与分断电流的能力,通常以最大通断电流来表示其极限通断能力。自动开关的极限通断能力大于或等于线路最大短路电流。

③保护特性。保护特性主要是指自动开关的动作时间 t 与过电流脱扣器动作电流 I 的关系特性 $t = f(I)$ 或 $t = f(I/I_N)$,其中 I_N 为过电流脱扣器的额定电流。为了使自动开关具有不同的保护特性,必须配置相应的脱扣器。例如为了得到短路瞬时动作特性,一般配置电磁式脱扣器。为了得到反时限安秒特性,可配置热继电器式脱扣器。为了得到短延时或长延时定时脱扣特性,还可配置钟表机构式延时脱扣器。使用半导体脱扣器可以得到各种保护特性。自动开关的过电流保护特性分为一段保护、二段保护与三段保护特性三种,用户可根据保护对象的要求合理选用。三段保护特性即具有过载长延时、短路短延时、特大短路瞬时动作三种保护特性。这样可以充分利用电气设备的允许过载能力,尽可能地缩小故障停电的范围。失压保护特性是,当电压低于规定值时,自动开关应在规定的时间内动作,切断电路。漏电保护特性是,当电路漏电电流超过规定值时,漏电保护自动开关应在规定时间内动作,切断电路。前者借助失压脱扣器来实现,后者借助漏电脱扣器来实现。

④分断时间。自动开关从发出断开信号(如按下分励脱扣器按钮)起到触头分开、电弧熄灭为止的时间间隔,即分断时间(包括固有断开时间和熄弧时间两部分)。当自动开关工作在短延时(0.2 s 或 0.4 s)定时限保护段和在瞬时工作段时,分断时间 $t > (30 \sim 40 \text{ ms})$ 的,称为一般型自动开关;分断时间 $t > (10 \sim 20 \text{ ms})$ 的,称为快速型自动开关。

(4)自动开关的符号及型号意义

图 6 - 26 为自动开关的图形符号和文字符号。

我国用 DZ 和 DW 表示自动开关的型号,DZ 表示装置式自动开关,DW 表示开敞式自动

开关。装置式自动开关常用的有 DZ4,DZ5 和新产品 DZ10 系列。前两种为小容量(额定电流有 25 A 和 50 A 两种)。DZ10 系列的额定电流有 100 A,250 A,500 A 三个等级。极限电流(在额定电源电压下能开断的最大短路电流)在直流电压为 220 V 时可达 7 000 ~ 25 000 A,在交流电压为 380 V 时为 7 000 ~ 50 000 A。开敞式有 DW1,DW2,DW0 系列和能替代它们的新产品 DW10 系列。下面以新产品 DZ10 系列为例介绍其型号及意义,如图 6 – 27 所示。

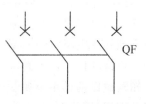

图 6 – 26　自动开关的图形、文字符号

在辅助触头中,"0"表示无辅助触头;"2"表示有辅助触头。脱扣器代号中,"0"表示没有脱扣器;"1"表示有热脱扣器;"2"表示有电磁脱扣器;"3"表示有热脱扣器和电磁脱扣器的复式脱扣器。

例如,DZ10 – 250/330,为 DZ 系列装置式自动空气开关,额定电流250 A,3 极,复式脱扣器,不带附件。

(5)自动开关的选用

①自动开关的额定电压和额定电流应大于或等于线路的正常工作电压和工作电流;

②欠电压脱扣器的额定电压等于线路的额定电压;

④过电流脱扣器的额定电流大于或等于线路的最大负载电流。

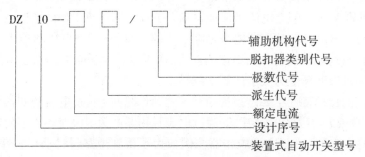

图 6 – 27　自动开关型号及表示意义

6.2　常用基本控制线路

由按钮、继电器、接触器等低压控制电器组成的电器控制线路,具有线路简单、维修方便、便于掌握、成本低廉等许多优点,多年来在各种生产机械的电器控制领域中,一直获得广泛的应用。

不同的控制对象,其电器控制线路的复杂程度也不同,但总是由几个最基本的控制环节和保护环节组成,而每个基本环节又起不同的控制和保护作用。掌握这些基本环节有利于对电器控制线路的分析和设计。

6.2.1　电器控制基础

电器控制线路主要由各种电气元件(如前一章所介绍的按钮、开关、接触器、继电器等)和电动机等用电设备组成。电器控制线路的表示方法有:电气原理图、电气设备安装图和电气设备接线图。电器控制线路应根据简明易懂的原则,用规定的方法和符号进行绘制。

1. 电器控制线路常用的图形、文字符号

电器控制线路图是工程技术的通用语言,为了便于交流与沟通,在电器控制线路中,各种电气元件的图形、文字符号必须符合国家的标准。近年来,随着我国改革开放的不断发展,相应地引进了许多国外的先进设备。为了便于掌握引进的先进技术和先进设备,便于国际交流和满足国际市场的需要,国家标准局参照国际电工委员会(IEC)颁布的有关文件,制定了我国电气设备有关国家标准,采用新的图形和文字符号及回路标号,颁布了 GB/T 4728—84 及 GB/T 4728—1996/1999《电气简图用图形符号》、GB/T 5465—1996《电气设备用图形符号》、GB/T 6988—1997《电气技术用文件的编制》和 GB 7159—87《电气技术中的文字符号制定通则》等国家标准。在新的国家标准颁布之后,旧的国家标准逐渐被取代。

附录 A 列出了常用电气图形的新旧符号,该表中的新符号选自国家标准 GB/T 4728—84/85《电气简图用图形符号》;附录 B 为电气设备的常用文字符号(摘自 GB/T 7159—87);附录 C 为电气设备的辅助文字符号新旧对照表。现将它们列出,以供参考。

电器控制线路图中的支路、节点,一般都加上标号。主电路标号由文字符号和数字标号组成。文字符号用以标明主电路中的元件或线路的主要特征;数字标号用以区别电路不同线段。控制电路的标号由三位或三位以下的数字组成,交流控制电路的标号一般以主要压降元件(如电气元件线圈)为分界,左侧用奇数标号,右侧用偶数标号。直流控制电路中正极按奇数标号,负极按偶数标号。

2. 电气原理图

电气原理图表示电器控制线路的工作原理,以及各电气元件的作用和相互关系,而不考虑各电气元件实际安装的位置和实际连线情况。绘制电气原理图应遵循以下原则(图 6 – 28)。

①电器控制线路根据电路通过的电流大小可分为主电路和控制电路。主电路包括从电源到电动机的电路,是强电流通过的部分,一般用粗线条绘在原理图的左侧(或上部)。控制电路是通过弱电流的电路,它包括接触器和继电器的线圈,接触器的辅助触头,继电器和其他控制电器的触头及自动装置的其他部件,还包括信号电路、保护电路及各种连锁电路,一般用细线条绘在原理图的右侧(或下部)。

②电器控制线路中,各个电器并不按照它实际的位置情况绘在线路上,而是采用同一电气元件的各部件分别绘在它们完成作用的地方,但需用同一文字符号标出。若有多个同一种类的电气元件,可在文字符号的后面加上数字序号的下标,如 KM_1,KM_2 等。

③电器控制线路的全部触点都按"平常"状态绘出。"平常"状态对接触器、继电器等是指线圈未通电时的触点状态;对按钮、行程开关是指没有受到外力时的触点位置。

④控制电路的分支线路,原则上按照动作先后顺序排列,两线交叉连接时的电气连接点需用黑点标出。

⑤表示导线、信号通路、连接线等的图线都应是交叉和折弯最少的直线。可以水平布置,或者垂直布置,也可以用斜的交叉线。

⑥为了突出或区分某些电路、功能等,导线符号、信号通路、连接线等可采用粗细不同的线条来表示。

⑦所用图形符号和文字符号应符合国家标准。如果采用了国家标准中未规定的图形符号时,必须加以说明。选择图形符号应尽可能采用优选形式,在满足需要的前提下,尽量

采用最简单的形式。

⑧对具有循环运动的机构,应给出工作循环图,如行程开关等应绘出动作程序和动作位置。

图 6-28 为笼型异步电动机正反转控制线路的电气原理图。

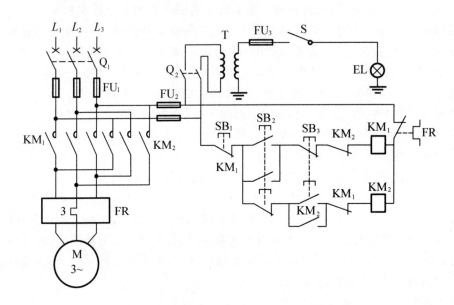

图 6-28　笼型异步电动机正反转控制线路

3. 电气设备安装图

它用来表示各种电器在生产设备和电器控制柜中的实际安装位置,主要有控制柜、控制板、操纵台等电气设备具体布置图。图中同一电气元件的各部件(如触点与线圈)必须画在一起。各电气元件的位置,应与实际安装位置一致。各电气元件的安装位置是由生产设备的结构和工作要求决定的,如电动机要和被拖动的机械部件在一起,行程开关应放在要取得信号的地方,操作元件放在便于操作的地方,一般电气元件应放在控制柜内。电气设备安装图是电气设备安装和维修时的必备资料。在绘制时均用粗实线画出简单轮廓,留出线槽和备用面积。图中不标尺寸。

4. 电气设备接线图

它是根据原理图,配合安装要求来绘制的,用来表示各电气元件之间实际接线情况。它为电气元件的配线、检修和施工提供了方便,实际工作时与电气原理图配合使用。它可以是电器控制设备各单元之间的接线图,复杂的电气设备还可画出安装板的接线图。

绘制电气设备接线图的规定主要有以下几条。

①同一电气元件的各个部件应画在一起。

②不在同一控制柜或配电屏上的电气元件的电气连接必须通过端子板进行,端子板的编号应与原理图一致,并按原理图的接线进行连接。

③图中文字符号、元件连接顺序、线路号码编制都必须与电气原理图一致。

④走向相同的多根导线可用单线表示。画连接导线时,应标明导线的规格、型号、根数和穿线管的尺寸。

6.2.2　控制线路的常用基本回路

1. 点动控制

生产设备在正常加工时处于长期工作状态,此即谓"长动"。除了长动状态外,生产设备还有一种调整工作状态,如机床中作加工准备时的对刀,在这一工作状态中对电动机的控制要求是一点一动,即按一次按钮动一下,连续按则连续动,不按则不动,这种动作常称为"点动"或"点车"。图 6 – 29(a)是实现点动的最简单的控制线路,在此只要不用自锁回路便可得到点动的动作。

但在实际工作中,生产设备既要求点动,又要求能连续长期工作。图 6 – 29(b)(c)(d)是能同时满足上述两个要求的线路。图 6 – 29(b)采用了选择开关 S 来选择工作状态,S 打开时为点动工作,S 闭合时为长动工作。但这个线路在操作时多了一个动作,不太方便。图 6 – 29(c)中采用两个按钮分别控制,当按动按钮 SB_1 时长动工作,而按点动按钮 SB_2 时,依靠其动断触点将自锁触点回路断开,使 KM 不能自锁而得点动工作。但这线路的可靠性不高,如果 KM 的释放动作缓慢,将因 SB_2 的动断触点过早闭合,使 KM 继续自锁得电而使电动机长动工作。为消除上述缺点,就采用图 6 – 29(d)所示线路,图中采用中间继电器 K 进行连锁控制。按 SB_1 时,通过 K 接通 KM,且 K 自锁,使电动机长动工作;若按 SB_2 时,由于没有接通 K,所以不能将 KM 自锁,仅能点动工作,且当电动机已经启动长动工作后,再按点动按钮 SB_2,将不能起作用。

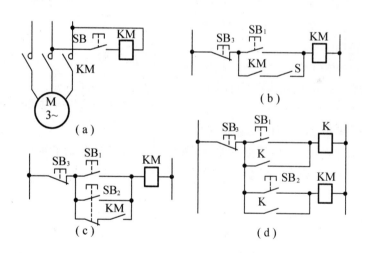

图 6 – 29　点动自动控制线路

2. 连锁或互锁控制

生产设备或自动生产线都由许多运动的部件组成,不同的运动部件之间既互相联系又互相制约。例如,车床的主轴必须在油泵电动机启动使齿轮箱有充分的润滑之后才能启动。又如,龙门刨床的工作台运动时不允许刀架移动等。这种既互相联系又互相制约的控制称为连锁控制。

如图 6 – 30 所示,接触器 KM_2 必须在接触器 KM_1 工作后才能工作,即保证了油泵电动机工作后主电动机才能工作的要求。

互锁实际上也是一种连锁关系,之所以这样称谓,是为了强调触点之间的互锁作用。

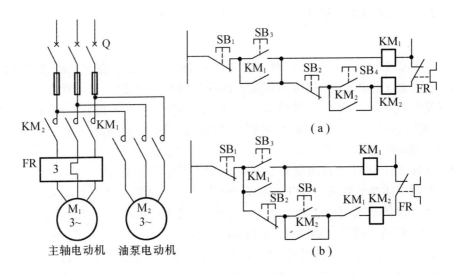

图 6-30 电动机的连锁

例如,常常有这样的要求,两台电动机 M_1 和 M_2 不能同时接通,如图 6-31 所示,KM_1 动作后,它的动断触点就将 KM_2 接触器的线圈断开,这样就限制了 KM_2 再动作;反之也一样。此时,KM_1 和 KM_2 的两对动断触点,常称作"互锁"触点。

这种互锁关系在电动机正反转线路中,可保证正反向接触器 KM_1 和 KM_2 不能同时闭合,以防止电源短路。

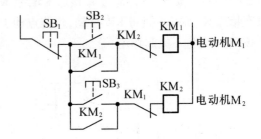

图 6-31 两台电动机的互锁控制

由上述分析可见,若要求甲接触器动作时,乙接触器不能动作,则需将甲接触器的动断触点串在乙接触器的线圈电路中;若要求甲接触器动作后乙接触器才能动作,则需将甲接触器的动合触点串在乙接触器的线圈电路中。

3. 多点控制

对于有些机械和生产设备,为了操作的方便,常常要求在两个或两个以上的地点都能进行操作。例如,重型龙门刨床,有时在固定的操作台上控制,有时需要站在机床四周用悬挂按钮控制。自动电梯,人在电梯箱里时在里面控制,人进电梯箱前在楼道上控制,等等。如图 6-32(a)所示,把启动按钮并联起来,停止按钮串联起来,分别装置在两个地方,就可实现两地操作。

在大型机床上,为了保证操作安全,要求几个操作者都发出操作指令(按启动按钮),设备才能工作,如图 6-32(b)所示。

4. 顺序控制

在自动化的生产中,根据加工工艺的要求,加工需按一定的程序进行,即工步要依次转换,一个工步完成后,能自动转换到下一个工步。在组合机床和专用机床中常用继电器顺序控制线路来完成这类任务。如图 6-33 所示,按下启动按钮 SB_1 后,继电器 K_1 得电并自

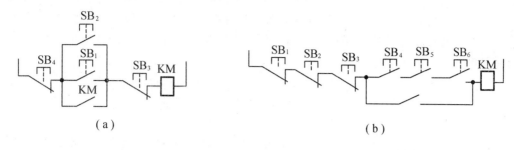

图 6-32　多点控制线路

锁,进行第一个工作程序,并且 K_1 的另一动合触点闭合,为 K_2 得电做好了准备。当第一个工作程序完成后,行程开关 ST_1 被压下,K_2 得电并自锁,进行第二个工作程序。同时由于 K_2 的一个动断触点打开,使 K_1 断电。其他工作程序的转换则依次类推。

大多数生产设备的加工工艺是经常变动的,为了解决程序的可变性问题,简单的可用顺序控制器,复杂的则要采用可编程控制器或微机。

5. 工作循环自动控制

某些生产机械要求在一定范围内能自动往

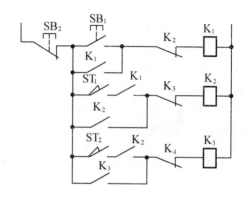

图 6-33　顺序控制线路

复运行,如机床的工作台、高炉的添加料设备等。这就需要利用行程开关来检测往返运动的相对位置,再控制电动机的正反转,来完成对往复运动的控制。

图 6-34 是机床工作台自动往复行程控制的电路,行程开关 ST_1,ST_2 分别装在机床床身的两侧需返回的位置,而挡铁要装在运动部件工作台上。线路工作过程如下:按下启动按钮 SB_2,KM_1 得电,电动机正转,工作台前进,当到达预定行程后(可通过调整挡块的位置来调整行程),挡铁压下 ST_1,ST_1 动断触点断开,切断接触器 KM_1,同时 ST_1 动合触点闭合,反向接触器 KM_2 得电,电动机反转,工作台后退。当后退到位,挡铁压下 ST_2,工作台又转到正向运动,进行下一个工作循环。直到按下停止按钮 SB_1 才会停止。图中的行程开关 ST_3,ST_4 分别为正向、反向终端保护行程开关,当 ST_1,ST_2 失灵时,避免工作台因超出极限位置而发生事故。因此,行程开关除了行程控制外还可用来做限位保护。

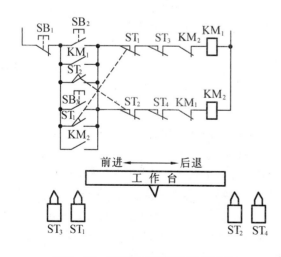

图 6-34　正反转自动循环控制线路

由于反复循环的行程控制,电动机在每经过一个自动往复行程控制都要进行两次反接制动过程,会受到较大的制动电流和机械的冲击,因此这种电路只适用于对小容量电动机的控制。

上述这种利用行程开关按照机床运动部件的位置或机件的位置变化所进行的控制,称为按行程原则的自动控制,或称行程控制。行程控制是机床和生产自动线应用最为广泛的控制方式之一。

6.3 笼型异步电动机启动控制线路

启动对于电动机而言就是施电于电动机,使电动机转子转动起来,达到所要求的转速后正常运行的过程。通常对中小容量的异步电动机均采用直接启动方式,即启动时将笼型异步电动机的定子绕组直接接在交流电源上,电动机在额定电压下直接启动。对于额定功率超出允许直接启动范围的大容量笼型异步电动机应采用降压启动的方式,即在启动时将电源电压适当降低后加在定子绕组上进行启动,待电动机转速升高到接近额定转速时,再将电压恢复到额定值,转入正常运行。

在降压启动时,虽然能使启动电流减小,但启动转矩也随之减小。所以一般应在电动机空载或轻载情况下启动,启动过程结束后,再加上机械负载。笼型异步电动机常用的降压启动的方法有串电阻或电抗降压启动、Y - △降压启动和自耦变压器降压启动等。

6.3.1 全压直接启动

所谓全压直接启动,就是将电动机的定子绕组通过闸刀开关或接触器直接接入电源,在额定电压下进行启动。由于直接启动的启动电流很大,因此,什么情况下允许直接启动,有关供电、动力部门都有规定,主要取决于电动机的功率与供电变压器的容量之比值。

1. 采用刀开关直接启动控制

图 6 - 35 为利用刀开关直接启动的控制线路。工作过程如下:合上刀开关 Q,电动机 M 接通电源全电压直接启动。打开刀开关 Q,电动机 M 断电停转。这种线路适用于小容量、启动不频繁的笼型异步电动机,例如小型台钻、冷却泵、砂轮机等。图中熔断器起短路保护作用。

2. 采用接触器直接启动控制

图 6 - 36 是采用接触器直接启动的控制线路,许多中小型卧式车床的主电动机都采用这种启动方式。主电路由刀开关 Q、熔断器 FU_1、接触器 KM 的主触头、热继电器 FR 的发热元件和电动机 M 组成;控制电路由和 FU_2、停止按钮 SB_2、启动按钮 SB_1、接触器 KM 的常开辅助触头和线圈、热继电器 FR 的常闭触头组成。

工作过程如下:合上刀闸开关 Q,按下启动按钮 SB_1,接触器 KM 的线圈通电,其主触点闭合,电动机启动。由于接触器的辅助触点 KM 并接于启动按钮,因此当松手断开启动按钮后,接触器线圈 KM 通过其辅助触点可以继续保持通电状态。这个辅助触点通常称为自锁触点。按下停止按钮 SB_2,接触器 KM 的线圈失电,其主触点断开,电动机失电停转。

线路中熔断器 FU_1 和 FU_2 起短路保护作用。热继电器 FR 起过载保护作用。当负载过大或电动机单相运行时,FR 动作,其常闭触点将控制电路切断,使接触器线圈 KM 失电,切断电动机主电路。零压保护是通过接触器 KM 的自锁触点来实现的。当电网电压消失(如停电)而又重新恢复时,由于自锁触点 KM 的存在,不按启动按钮电动机就不能启动,从而确保操作人员和设备的安全。

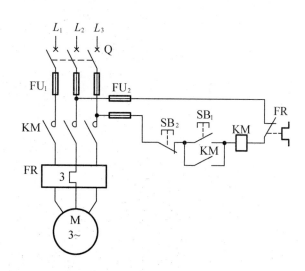

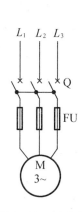

图 6 - 35　开关直接
启动的控制线路

图 6 - 36　接触器直接启动的控制线路

在图 6 - 36 中,把接触器 KM、熔断器 FU_2、热继电器 FR 和按钮 SB_1 及 SB_2 组装成一个控制装置,叫电磁启动器。电磁启动器有可逆与不可逆两种:不可逆电磁启动器可控制电动机单向直接启动、停止;可逆电磁启动器有两个接触器组成,可控制电动机的正反转。

6.3.2　降压启动

1. 串电阻启动的控制线路

图 6 - 37 是定子串电阻降压启动的控制线路。电动机启动时在三相定子电路中串接入电阻,使电动机定子绕组电压降低,启动后再将电阻短路,电动机在正常电压下运行。图 6 - 37(a)控制线路的工作过程如下:

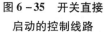

$$\text{按 } SB_2 \rightarrow \begin{cases} \rightarrow KM_1 \text{ 得电(电动机串电阻启动)} \\ \rightarrow KT \text{ 得电} \xrightarrow{\text{延时}} KM_2 \text{ 得电(短接电阻,电动机正常运行)} \end{cases}$$

只要 KM_2 得电就能使电动机正常运行。但线路图 6 - 37(a)在电动机启动后 KM_1 与 KT 一直得电动作,不但电能损耗大,也易导致出现故障。线路图 6 - 37(b)就解决了这个问题,接触器 KM_2 得电后,其动断触点将 KM_1 及 KT 断电,KM_2 自锁。这样,在电动机启动后,只要 KM_2 得电,电动机便能正常工作。

定子串电阻启动的方法不受定子绕组接法限制,启动过程平滑,设备简单,成本低廉,但是电能损耗大。通常仅在中小容量电动机不经常启停时采用这种方式。若采用电抗器代替电阻器,则所需设备费较贵,且体积大。

2. Y - △降压启动控制线路

由于电动机定子绕组接成三角形时,每相绕组所承受的电压为电源的线电压(380 V);而作星形连接时,每相绕组所承受的电压为电源的相电压(220 V)。因此,对于正常运行时定子绕组接成三角形的笼型异步电动机,当启动时改为星形连接,就可达到降压启动以限制启动电流的目的。当转速上升到一定数值后,再将定子绕组由星形恢复到三角形连接,电动机就可进入全压正常运行。目前 4 kW 以上的 JO2,JO3 系列的三相异步电动机定子绕

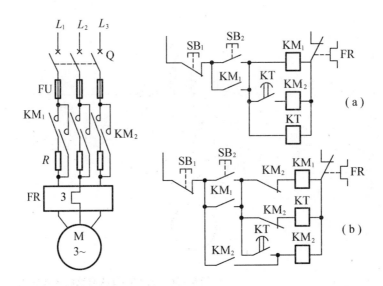

图 6 – 37　电动机定子串电阻降压启动控制线路

组在正常运行时,都是接成三角形的,对这些电动机就可采用 Y – △ 降压启动。图 6 – 38 是一种 Y – △ 启动线路。从主回路可知,如果控制线路能使电动机接成星形(即 KM_Y 主触点闭合),并且经过一段延时后再接成三角形(即 KM_Y 主触点打开, $KM_\triangle$ 主触点闭合),则电动机就能实现降压启动,而后再自动转换到正常速度运行。

控制线路的工作过程如下:

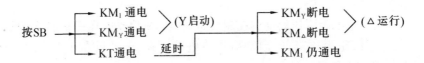

KM_Y 与 $KM_\triangle$ 的动断触点保证接触器 KM_Y 与 $KM_\triangle$ 不会同时通电,以防电源短路。$KM_\triangle$ 的动断触点同时也使时间继电器 KT 断电(启动后不需要 KT 得电)。Y – △ 的转换也是由时间继电器 KT 来控制的。

Y – △ 换接启动除了可用接触器控制外,尚有一种专用的 Y – △ 启动器,其特点是体积小、质量轻、价格便宜、不易损坏、维修方便。

Y – △ 降压启动控制线路简单、经济可靠,是应用十分广泛的启动方式。但是由于启动转矩小,且启动电压不能按实际需要调节,故只适用于空载或轻载启动的场合,并只适用于正常运行时定子绕组按 △ 接线的异步电动机。

3. 自耦变压器降压启动控制线路

自耦变压器启动的主电路和控制电路如图 6 – 39 所示,采用了两个接触器和一个时间继电器。控制线路图及工作过程和串电阻启动类似。工作过程如下:按下启动按钮 SB_2 接触器 KM_1 得电,电源通过自耦变压器加到电动机定子绕组上,降压启动。由时间继电器控制其降压启动的时间,时间继电器延时时间一到,其常开触点闭合,使接触器 KM_2 的线圈得电,同时接触器 KM_1 的线圈失电,自耦变压器从电网中切除,电动机在正常电压下运行。采用自耦变压器降压启动同其他降压启动的方法相比,具有以下两个优点:一是从电网吸取

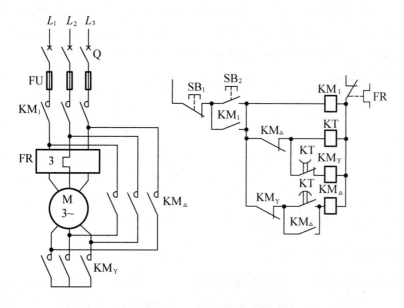

图 6 - 38　Y - △降压启动控制线路

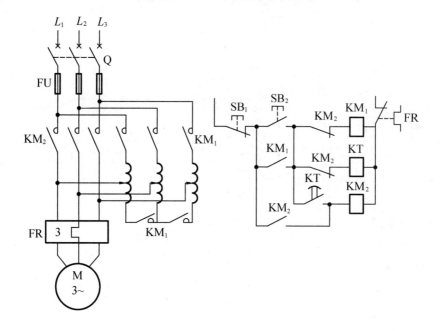

图 6 - 39　定子串自耦变压器启动控制线路

的电流小,即对电网的冲击电流小,或者说在启动电流一定的情况下,启动转矩增大了;二是启动时电压可调。缺点是自耦变压器的体积大、质量大、价格高、维修麻烦,且启动时自耦变压器处于过电流状态下运行,因此不适用于频繁启动的电动机。所以,它在启动不太频繁,要求启动转矩较大、容量较大的异步电动机上应用较为广泛。通常把自耦变压器的输出端做成有固定抽头(一般有 $K = 80\%$,65% 和 50% 三种电压,可根据需要进行选择)、连同转换开关(代替图 6 - 39 中的接触器 KM_1 , KM_2)和保护用的继电器等组合成一个设备,叫作启动补偿器。补偿器 QJ3 , QJ5 系列都是手动操作, XJ01 系列则是自动操作。

综合以上几种启动线路可见,一般均采用时间继电器,按照时间原则切换电压实现降压启动。由于这种线路工作可靠,受外界因素如负载、转动惯量以及电网电压波动的影响较小,线路及时间继电器的结构都比较简单,因而在电动机启动控制线路中多采用时间控制来控制其启动过程。

6.4　异步电动机正反转控制线路

在实际应用中,往往要求生产机械改变运动方向,如工作台前进、后退;电梯的上升、下降等,这就要求电动机能实现正、反转。对于三相异步电动机,只要把电动机定子三相绕组任意两相调换一下接到电源上去,即可改变电动机定子相序,从而就可以改变电动机的运行方向。通过采用两个接触器来完成电动机定子绕组相序的改变。

6.4.1　电动机正反转线路

图 6-40 为异步电动机正反转控制线路,由图 6-40(b)可知,按下 SB_2,正向接触器 KM_1 得电动作,主触点闭合,使电动机正转。按停止按钮 SB_1,电动机停止。按下 SB_3,反向接触器 KM_2 得电动作,其主触点闭合,使电动机定子绕组与正转时相比相序反了,则电动机反转。

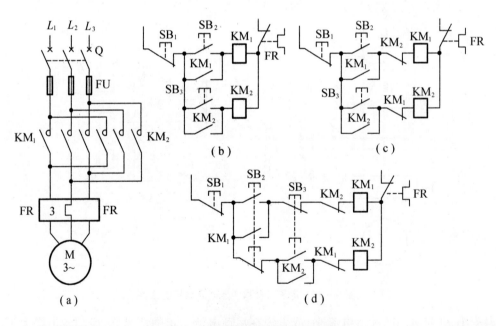

图 6-40　异步电动机正反转控制线路

从主回路来看,如果 KM_1 和 KM_2 同时通电动作,就会造成主回路短路。在线路图 6-40(b)中,如果按了 SB_2 又按了 SB_3,就会造成上述事故。为此要求线路中必须设置连锁环节。如图 6-40(c)所示,根据本章前面所讲述过的互锁的内容,利用两个接触器的辅助常闭触头互相控制的方式将其中一个接触器的常闭触头串入另一个接触器的线圈电路中,则任何一个接触器先通电后,即使按下相反方向的启动按钮,另一个接触器也无法通电,这种方式称为电气连锁或电气互锁。在机电设备控制线路中,这种连锁关系应用极为广泛。凡是有相反动作,如工作台上下、左右、前后移动;机床主轴电动机必须在液压泵电动机工作后才能启动等,都需要有类似的这种连锁控制。如果现在电动机正在正转,想要反转,则线路图6-40(c)必须先按停止按钮 SB₁ 后,再按方向按钮 SB₃ 才能实现,显然操作不方便。线路图6-40(d)利用复合按钮就可实现正反转的直接转换。很显然采用复合按钮,还可以起到连锁作用,这是由于按下复合按钮 SB₂ 时,只有 KM₁ 可得电动作,同时 KM₂ 回路被切断。同理按下复合按钮 SB₃ 时,只有 KM₂ 得电,同时 KM₁ 回路被切断。这样的互锁叫机械互锁。图6-40(d)既有接触器常闭触头的电气互锁,也有复合按钮常闭触头的互锁,即具有双重互锁。该线路操作方便、安全可靠,故应用广泛。

6.4.2　电动机正反转自动循环线路

1. 工作台正反向自动循环控制

在6.2.2节中已经介绍了机床工作台自动往复行程控制的电路。它是利用行程开关来完成控制要求的。此处就不作详细介绍。

2. 动力头的自动循环控制

图6-41是动力头的行程控制线路,它也是由行程开关按行程控制来实现动力头的往复运动的。

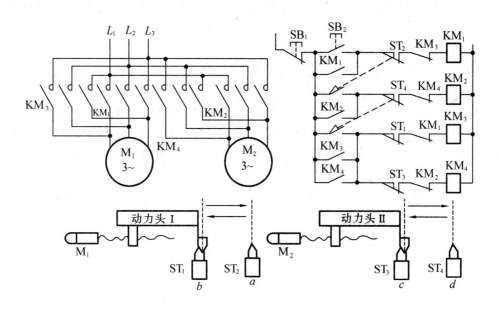

图6-41　动力头行程控制线路

此控制线路完成了这样一个工作循环:首先使动力头Ⅰ由位置 b 移到位置 a 停下;然后动力头Ⅱ由位置 c 移到位置 d 停住;接着使动力头Ⅰ和Ⅱ同时退回到原位置停下。

行程开关 ST₁,ST₂,ST₃,ST₄ 分别装在床身 b,a,c,d 处。电动机 M₁ 带动动力头Ⅰ,电动机 M₂ 带动动力头Ⅱ。动力头Ⅰ和Ⅱ在原位时分别压下 ST₁ 和 ST₃。线路的工作过程如下:

按下启动按钮 SB₂,接触器 KM₁ 得电并自锁,使电动机 M₁ 正转,动力头Ⅰ由原位 b 向 a 点前进;

当动力头到 a 点位置时,ST₂ 行程开关被压下,结果使 KM₁ 失电,动力头Ⅰ停止;同时使

KM_2 得电动作,电动机 M_2 正转,动力头 Ⅱ 由原位 c 点向 d 点前进;

当动力头 Ⅱ 到达 d 点时,ST_4 被压下,结果使 KM_2 失电,与此同时 KM_3 与 KM_4 得电动作并自锁,电动机 M_1 与 M_2 都反转。此时动力头 Ⅰ 与 Ⅱ 都向原位退回,当退回到原位时,行程开关 ST_1,ST_3 分别被压下,使 KM_3 和 KM_4 失电,两个动力头都停在原位。

KM_3 和 KM_4 接触器的辅助动合触点,分别起自锁作用,这样能够保障动力头 Ⅰ 和 Ⅱ 都确实退到原位。如果只用一个接触器的触点自锁,那另一个动力头就可能出现没退回到原位接触器就已失电的情况。

6.5　异步电动机的调速控制线路

异步电动机的调速方法有三种,即改变频率 f,改变极对数 p 和改变转差率 S。其中改变转差率 S 的方法,又可以通过调定子电压、转子电阻、转子电压以及定转子供电频率差等方法来实现,从而派生出很多种调速方法。

我国电网频率是固定的 50 Hz,改变电源频率需要专门的变频装置。变频装置虽可实现大范围的无级调速,但由于其成本较高,尚未普遍应用。目前常用的是改变极对数调速和转子电路串电阻的调速方法。

转子电路串电阻的方法只适用于绕线式异步电动机。这种方法调速虽简单可靠,但它是有级调速,若在转子电路中串入一个调速变阻器,可以实现平滑地无级变速,但要消耗大量的电能,不经济。随转速降低,特性变软。所以这种调速方法大多用在重复、短时运转的生产机械中,如在起重运输设备中应用非常广泛。

在生产中有大量的生产机械,它们并不需要连续平滑调速,只需要几种特定的转速就可以了,而且对启动性能没有高的要求,一般只在空载或轻载下启动。在这种情况下用变极对数调速的方法是合理的。改变定子绕组的接线,可改变磁极对数。由于绕线式异步电动机改变定子极对数后,转子绕组也要重新组合,在生产中难以实现,而笼型异步电动机转子绕组本身无固定的极对数,它是随定子绕组极对数改变而变化的,因此变极对数的调速方法只适用于笼型异步电动机。

双速笼型异步电动机定子绕组是由三相定子绕组接成三角形(每相绕组中的两线圈串联)改接成双星形(每相绕组中的两线圈并联),这样电动机由四极低速运行变为两极高速运行,极对数减少一半,转速增大一倍。

另外,由于极对数的改变,不仅使转速发生了改变,而且三相定子绕组中电流的相序也改变了。为了使改变极对数后仍维持原来的转向不变,就必须在改变极对数的同时,改变三相绕组接线的相序,如图 6-42 所示,这是设计变极调速电动机控制线路时应注意的一个问题。

双速电动机是由改变定子绕组的磁极对数来改变其转速的。如图 6-42 所示,将出线端 D_1,D_2,D_3 接电源,D_4,D_5,D_6 端悬空,则绕组为三角形接法,每相绕组中两个线圈串联,成四个极,电动机为低速;当出线端 D_1,D_2,D_3 短接,而 D_4,D_5,D_6 接电源,则绕组为双星形,每相绕组中两个线圈并联,成两个极,电动机为高速。

图 6-42 是三种双速电动机高低速控制线路,图 6-42(a)主电路中接触器 KM_L 动作为低速,KM_H 动作为高速。图 6-42(b)用开关 S 实现高低速控制。图 6-42(c)用复合按钮 SB_2 和 SB_3 来实现高低速控制。采用复合按钮连锁,可使高低速直接转换,而不必经过停

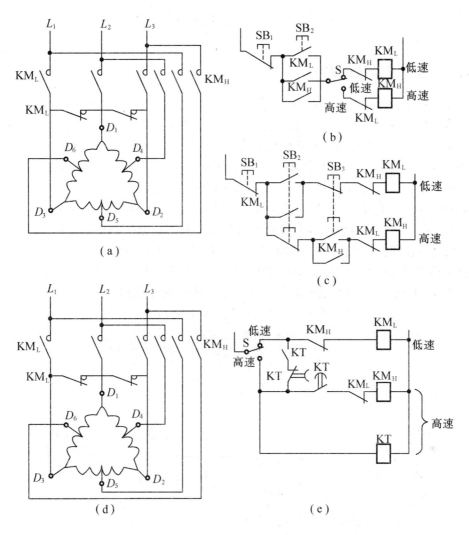

图 6 - 42　双速电动机高低速控制线路

止按钮。主电路使用了两个接触器。

图 6 - 42(d) 主电路中采用了两个接触器。接触器 KM_L 动作, 电动机为低速运行状态; 接触器 KM_H 动作时, 电动机为高速运行状态。图 6 - 42(e) 用双投开关 S 转换高低速, 当开关打到高速时, 由时间继电器的两个触点首先接通低速, 经延时后自动切换到高速, 这样先低速后高速的控制, 目的是限制启动电流。

双速电动机调速的优点是可以适应不同负载性质的要求, 需要恒功率调速时可采用 △/YY 电动机, 需要恒转矩调速时用 Y/YY 电动机, 线路简单、效率高、特性好, 调速时所需附加设备少, 维修方便。缺点是多速电动机体积大、价格稍高, 只能有级调速。多速电动机调速主要用于机电联合调速的场合, 特别是中小型机床上用得很多。

6.6　异步电动机制动控制线路

6.6.1　能耗制动控制线路

三相异步电动机进行能耗制动时,首先将定子绕组从三相交流电源断开,接着立即将一低压直流电源通入定子绕组。直流电流通过定子绕组后,在电动机内部建立一个固定不变的磁场。由于转子在运动系统储存的机械能维持下继续旋转,转子导体就产生感应电势和电流,该电流与恒定磁场相互作用产生作用方向与转子实际旋转方向相反的制动转矩。在它的作用下,电动机转速迅速下降。此时运动系统储存的机械能被电动机转换成电能后消耗在转子电路的电阻中。当转子转速为零时,再将直流电源切除,如图6-43(a)所示。

图6-43(b)(c)是分别用复合按钮与时间继电器实现能耗制动的控制线路。图中整流装置由变压器和整流元件组成。KM_2为制动用接触器,KT为时间继电器。图6-43(b)是一种手动控制的简单的能耗制动控制线路。要停车时按下SB_1按钮,到制动结束时放开按钮。图6-43(c)利用时间继电器可实现自动控制,简化了操作。

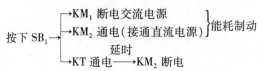

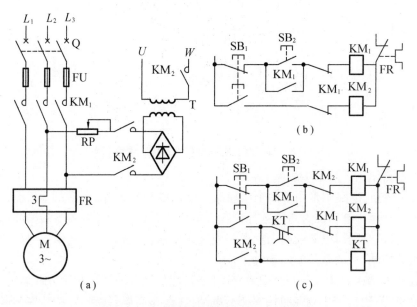

图6-43　异步电动机能耗制动控制线路

控制线路工作过程如下:

制动作用的强弱与通入直流电流的大小和制动开始时电动机转速有关,在同样的转速下电流越大制动作用越强。该电流的大小可由可调电阻来调节。该电流一般取电动机额定电流的2~3倍,如果过大将使电动机定子绕组过热。

6.6.2　反接制动控制电路

改变电动机三相电源的相序,使电动机的旋转磁场反转而产生制动转矩的方法称为反接制动。具体做法是:停机时,把电动机与电源相接的三根电源线任意两根对调,当转速接近于零时,再切断电源。

电动机正在正向运行时,如果把电源反接,电动机转速将由正转急剧下降到零。如果反接电源不能及时切除,则电动机又要从零速反向启动运行。因此,必须在电动机制动到零速或接近零速时,将反接电源切断,电动机才能真正停下来。

另外,反接制动时,由于旋转磁场与转子的相对速度很大,接近两倍的同步转速,转差率大于 1,因此电流很大,所以对笼型异步电动机常在定子电路中串接电阻,对绕线式异步电动机则在转子电路中串接电阻,此电阻称为反接制动电阻。可三相均衡串接,也可两相串接,两相串接的电阻值应为三相串接的 1.5 倍。

1. 单向启动反接制动控制电路

图 6 - 44 为单向启动反接制动控制电路。此电路采用速度继电器来检测电动机转速的变化。在 120~3 000 r/min 范围内速度继电器触头动作,当转速低于 100 r/min 时,其触头复位。

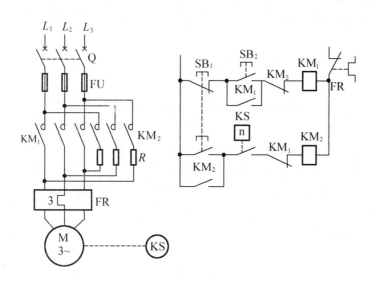

图 6 - 44　单向启动反接制动控制线路

其中,KM_1 为单向旋转接触器,KM_2 为反接制动接触器,KS 为速度继电器,R 为反接电阻。

启动时按下 SB_2,KM_1 通电并自锁,电动机运转。当转速上升到 120 r/min 以上时,速度继电器 KS 的动合触头闭合,为反接制动做准备。当按下停止复合按钮时,SB_1 常闭触点先断开,KM_1 断电,电动机脱离电源,靠惯性继续高速旋转,KS 动合触头仍闭合。当 SB_1 动合触点闭合后,KM_2 通电并自锁,电动机串接电阻接反相序电源。此时,电动机进入反接制动状态,转速迅速下降。当电动机转速降到低于 100 r/min 时,速度继电器 KS 的动合触点复位,KM_2 断电,反接制动结束。电动机脱离电源后自然停车。

2. 双向启动反接制动控制电路

图6-45为双向启动反接控制电路,KM_1和KM_2分别为正、反转接触器,KM_3为短接电阻R接触器,$K_1 \sim K_3$为中间继电器,KS为速度继电器(其中KS_1为正转闭合触头,KS_2为反转闭合触头),电阻R为启动限流电阻和反接制动电阻。

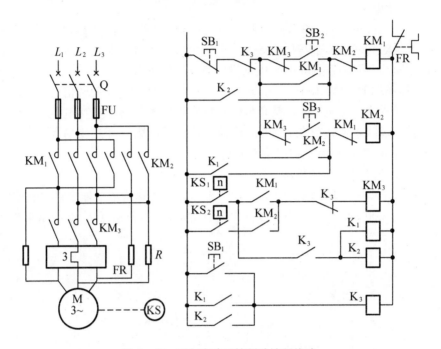

图6-45　双向启动反接制动控制线路

电路工作原理如下:当合上电源开关Q,按下正转启动按钮SB_2,KM_1通电并自锁,电动机串入电阻R接正序三相电源,开始降压启动。当转速上升到一定值(即大于100 r/min)时,KS_1正转触头闭合,KM_3通电,短接电阻R,电动机进入全压启动并转入正常运行。

当停车时,按下停止按钮SB_1(SB_1为复合按钮),KM_1,KM_3均断电。电动机脱离正序三相电源并串入电阻R,同时,K_3得电,其动断触头保证了KM_3断电,使电阻R串入定子电路。由于此时电动机正向转速仍很高,在KS_1仍闭合的状态下,K_3动合触头闭合,使K_1通电,而K_1动合触头的闭合又使KM_2通电,电动机串电阻接反序电源进行反接制动。同时K_1的动合触头又保证了K_3继续得电,使反接制动得以实现。当电动机转速下降到小于100 r/min时,KS_1正转动合触头复位,K_1断电,K_3,K_2同时断电,反接制动过程结束,电动机停转。

SB_3为反向降压启动按钮。电动机反向降压启动和反接制动停车过程与正转时相同,读者可自行分析。

反接制动虽制动力大、制动效果显著,但其准确性差,冲击力大,易损坏部件,且使电网供给的电磁功率与拖动系统的机械功率全部转变为电动机转子的热损耗,其能量损耗大,所以要限制反接制动次数,一般用于不经常启动和制动的场合。

能耗制动与反接制动相比较,具有制动准确、平稳、能量消耗小等优点,但需要直流电源,电路较复杂。制动力较小,尤其是在低速时更为突出。一般在重型机床中常与电磁抱闸配合使用,先进行能耗制动,待转速降至一定值时,再令抱闸动作,可以有效实现准确、快速停车。能耗制动适用于电动机容量大和起制动频繁的场合,如磨床、立铣等金属切削机床中。

习题与思考题

6-1　电器在电路中的主要作用是什么?

6-2　组合开关的结构有什么特点? 型号的含义是什么?

6-3　按钮的主要结构是什么? 常用按钮有哪几种形式?

6-4　接触器的用途是什么? 选择接触器时主要考虑哪些技术数据?

6-5　电磁式继电器与电磁式接触器同是用来通断电路的,它们有何不同?

6-6　在电器控制中,熔断器和热继电器保护作用有何不同,为什么?

6-7　电动机启动电流很大,启动时热继电器会不会动作,为什么?

6-8　空气断路器的作用是什么? 它可在线路发生什么故障时快速自动切断电源?

6-9　分析各种时间继电器的优缺点。

6-10　比较接近式行程开关与机械式行程开关的优缺点。

6-11　电弧是如何产生的? 它的出现对电路有何影响? 常用的灭弧方法有哪些?

6-12　一台异步电动机,额定功率为 5.5 kW,额定电压为 380 V,额定电流为 11.25 A,启动电流为额定电流的 7 倍,试选用对它进行控制和保护用的按钮、接触器、热继电器和组合开关。

6-13　在表 6-11 中填上电器的图形符号和文字符号。

表 6-11　习题 6-13 表

名　　称		文字符号	图形符号		
			线圈(元件)	常开触点	常闭触点
刀开关					
接触器					
时间继电器	延时闭合				
	延时断开				
	延时闭合和延时断开				
空气断路器					
按钮					
速度继电器					
热继电器					
熔断器					
行程开关					

6－14　机电设备电器控制线路的表示方法有几种,各有何用途? 原理线路图的绘制原则是什么?

6－15　在电动机的主电路中既然装有熔断器,为什么还要装热继电器? 它们各起什么作用?

6－16　在装有电器控制的机床上,电动机由于过载而自动停车后,若立即按启动则不能开车,这可能是什么原因?

6－17　自锁环节怎样组成,它起什么作用,具有什么功能?

6－18　什么是互锁环节,它起到什么作用?

6－19　试问图 6－46 所示的点动控制线路能否正常工作?

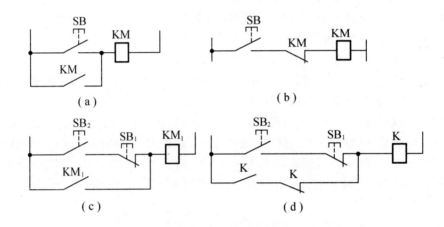

图 6－46　点动控制线路图

6－20　试设计一台异步电动机的控制线路。要求:

(1)能实现启、停的两地控制;

(2)能实现点动调整;

(3)能实现单方向的行程保护;

(4)要有短路和过载保护。

6－21　在图 6－36 用接触器启停电动机的控制线路中已经有接触器 KM,为什么还要装刀开关 Q? 它们的作用有何不同?

6－22　在图 6－36 中如果将刀开关 Q 下面的三个熔断器改接到刀开关上面的电源线上面是否合适,为什么?

6－23　一台双速电动机,试按下述要求设计控制电路。

(1)分别用两个按钮操作电动机的高速和低速启动,用一个总停止按钮操作电动机的停止;

(2)启动高速时,应先接成低速经延时后再换接到高速;

(3)应有短路保护和过载保护。

6－24　今有两台电动机,每次只允许一台运转且一台只需单方向运转,另一台要求能正反转。两台电动机都要求有短路保护和过载保护,试画出其电路图。

6－25　在空调设备中风机的工作情况有如下要求:

(1)先开风机再开压缩机;

（2）压缩机可自由停转；

（3）风机停止时，压缩机即自动停车。

试设计一个控制电路。

6 - 26　为了限制点动调整时电动机的冲击电流，试设计它的电器控制线路。要求正常运行时为直接启动，而点动调整时需串入限流电阻。

6 - 27　容量较大的笼型异步电动机反接制动电流较大，应在反接制动时在定子回路中串入电阻，试按转速原则设计其控制线路。

第7章　伺服电动机

控制电动机一般是指用于自动控制、自动调节、远距离测量、随动系统以及计算装置中的微特电机。它是构成开环控制、闭环控制、同步连接等系统的基础元件。控制电机是在一般旋转电机的基础上发展起来的小功率电机,就电磁过程及所遵循的基本规律而言,它与一般旋转电机没有本质区别,只是所起的作用不同。传动生产机械用的传动电机主要用来完成能量的变换,具有较高的力能指标(如功率和功率因数等);而控制电机则主要用来完成控制信号的传递和变换,要求它们技术性能稳定可靠、动作灵敏、精度高、体积小、质量轻。当然传动用电机与控制电机没有一个严格的界线,下一章所介绍的步进电动机是一种控制电机,但也可用于传动电机使用。

7.1　直流伺服电动机

伺服电动机也称为执行电动机,在控制系统中用作执行元件,将电信号转换为轴上的转角或转速,以带动控制对象。伺服电动机有交流和直流两种,它们的最大特点是可控。在有控制信号输入时,伺服电动机就转动;没有控制信号输入,则停止转动;改变控制电压的大小和相位(或极性)就可改变伺服电动机的转速和转向。因此,它与普通电动机相比具有如下特点 :

(1)调速范围广,伺服电动机的转速随着控制电压改变,能在宽广的范围内连续调节;

(2)转子的惯性小,即能实现迅速启动、停转;

(3)控制功率小,过载能力强,可靠性好。

直流伺服电动机,通常用于功率稍大的系统中,其输出功率一般为 1~600 W。

它的基本结构和工作原理与普通直流他励电动机相同,不同点只是做得比较细长一些,以便满足快速响应的要求。

图 7-1(a)(b)所示分别为传统型电磁式、永磁式直流伺服电动机的两种类型。除传统型外,还有低惯量型直流伺服电动机,它有无槽、杯形、圆盘、无刷电枢几种。它们的特点及应用范围见表 7-1。电磁式就是他励式,故直流伺服电动机的机械特性公式与他励直流电动机机械特性公式相同,即

$$n = \frac{U}{K_e \Phi} - \frac{R}{K_e K_t \Phi} T \tag{7-1}$$

式中　U——电枢控制电压;

　　　R——电枢回路电阻;

　　　Φ——每极磁通;

　　　K_e,K_t——电动机结构常数。

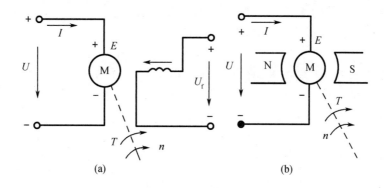

图 7-1　直流伺服电动机的接线图

(a)电磁式(他励式);(b)永磁式

表 7-1　直流伺服电动机的特点和应用范围

种　类	励磁方式	产品型号	结构特点	性能特点	适用范围
一般直流伺服电动机	电磁或永磁	SZ 或 SY	与普通直流电动机相同,但电枢铁芯长度与直径之比大一些,气隙较小	具有下垂的机械特性和线性的调节特性,对控制信号响应快速	一般直流伺服系统
无槽电枢直流伺服电动机	电磁或永磁	SWC	电枢铁芯为光滑圆柱体,电枢绕组用环氧树脂粘在电枢铁芯表面,气隙较大	具有一般直流伺服电动机的特点,而且转动惯量和机电时间常数小,换向良好	需要快速动作、功率较大的直流伺服系统
空心杯形电枢直流伺服电动机	永磁	SYK	电枢绕组用环氧树脂浇注成杯形,置于内、外定子之间,内、外定子分别用软磁材料和永磁材料做成	具有一般直流伺服电动机的特点,且转动惯量和机电时间常数小,低速运转平滑,换向好	需要快速动作的直流伺服系统
印刷绕组直流伺服电动机	永磁	SN	在圆盘形绝缘薄板上印制裸露的绕组构成电枢,磁级轴向安装	转动惯量小,机电时间常数小,低速运行性能好	低速和启动、反转频繁的控制系统
无刷直流伺服电动机	永磁	SW	由晶体管开关电路和位置传感器代替电刷和换向器,转子用永久磁铁做成,电枢绕组在定子上,且做成多相式	既保持了一般直流伺服电动机的优点,又克服了换向器和电刷带来的特点。寿命长,噪音低	要求噪音低,对无线电不产生干扰的控制系统

　　由式(7-1)看出,改变控制电压 U 或改变磁通 Φ 都可以控制直流伺服电动机的转速和转向。前者称为电枢控制,后者称为磁场控制。由于电枢控制具有响应迅速、机械特性

硬、调速特性线性度好的优点,在实际生产中大都采用电枢控制方式(永磁式伺服电动机,只能采取电枢控制)。

图 7-2 所示为直流伺服电动机机械特性曲线。从图看出,在一定负载转矩下,当磁通 Φ 不变时,如果升高电枢电压 U,电动机的转速就上升,反之,转速下降,当 $U=0$ 时,电动机立即停止,因此,无自转现象。直流伺服电动机经常在峰值力矩下不断驱动负载,直流伺服电动机的选择,首先应根据系统运行情况,确定负载的转矩和转速对应点。然后绘制电动机的固有机械特性曲线,并考虑电动机的效率对转矩的影响,使所有负载对应点均位于固有机械特性曲线的下方。

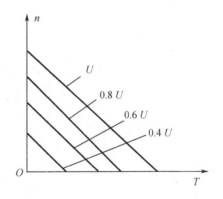

图 7-2 直流伺服电动机的
$n = f(T)$ 曲线(ϕ = 常数)

7.2 力矩电动机

在某些自动控制系统中,被控制对象的转速相对于伺服电动机的转速低得多,所以,两者之间常常必须用减速机构连接。由于采用了减速器,一方面使系统装置变得复杂,另一方面它是使闭环控制系统产生自激振荡的重要原因之一,影响了系统性能的提高。因此希望有一种低转速、大转矩的伺服电动机。力矩电动机就是一种能和负载直接连接产生较大转矩,能带动负载在堵转或大大低于空载转速下运转的电动机。

力矩电动机分交流和直流两大类。交流力矩电动机可分为异步型和同步型两种类型。直流力矩电动机具有良好的低速平稳性和线性的机械特性及调节特性,在生产中应用最广泛。

7.2.1 永磁式直流力矩电动机的结构特点

直流力矩电动机的工作原理和传统直流伺服电动机相同,只是在结构和外形尺寸上有所不同。一般直流伺服电动机为了减少其转动惯量,大部分做成细长圆柱形,而直流力矩电动机为了能在相同体积和电枢电压的前提下,产生比较大的转矩及较低的转速,一般都做成扁平状,其结构如图 7-3 所示。

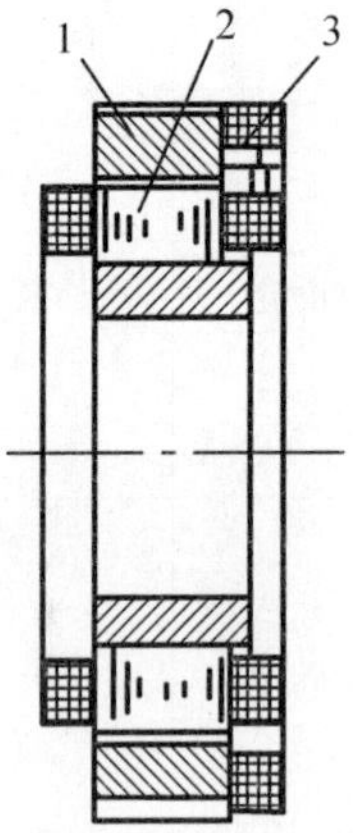

图 7-3　永磁式直流力矩
电动机结构示意图
1—定子;2—电枢;3—刷架

7.2.2 直流力矩电动机转矩大、转速低的原因

1. 转矩大的原因

从直流电动机基本工作原理可知,设直流电动机每个磁极下磁感应强度平均值为 B,电枢绕组导体上的电流为 I_a,导体的有效长度(即电枢铁芯厚度)为 l,则每根导体所受的电磁力为电磁转矩为

$$F = BI_a l$$

电磁转矩为

$$T = NF\frac{D}{2} = NBI_{a}l\frac{D}{2} = \frac{BI_{a}Nl}{2}D \tag{7-2}$$

式中 N——电枢绕组总的导体数;

　　　　D——电枢铁芯直径。

式(7-2)表明了电磁转矩与电动机结构参数 l,D 的关系。电枢体积大小,在一定程度上反映了整个电动机的体积,因此,在电枢体积相同条件下,即保持 $\pi D^2 l$ 不变,当 D 增大时,铁芯长度 l 就应减小;其次,在相同电流 I_a 以及相同用钢量的条件下,电枢绕组的导线粗细不变,则总导体数 N 应随 l 的减小而增加,以保持 Nl 不变。满足上述条件,则式(7-2)中 $\frac{EI_{a}Nl}{2}$ 近似为常数,故转矩 T 与直径 D 近似成正比例关系。

2. 转速低的原因

导体在磁场中运动切割磁力线所产生的感应电势为

$$e = Blv$$

其中, v 为导体运动的线速度, $v = \frac{\pi Dn}{60}$。 v 的单位为 m/s, D 的单位为 m, n 的单位为 r/min。

设一对电刷之间的并联支路数为 2,则一对电刷间, $\frac{N}{2}$ 根导体串联后总的感应电势为 E,且在理想空载条件下,外加电压 U 应与 E 相平衡,所以

$$U_{v} = E_{v} = NBl\pi Dn_{0}/120$$

$$n_{0} = \frac{120}{\pi}\frac{U}{NBlD} \tag{7-3}$$

其中, U,E 的单位为 V; B 的单位为 T; D,L 的单位为 m; n_0 的单位为 r/min。

式(7-3)说明,在仍保持 Nl 不变的情况下,理想空载转速 n_0 和电枢铁芯直径 D 近似成反比,电枢直径 D 越大,电动机理想空载转速 n_0 就越低。

由以上分析可知,在其他条件相同的情况下,增大电动机直径,减小轴向长度,有利于增加电动机的转矩和降低空载转速,故力矩电动机都做成扁平圆盘状结构。

7.2.3　直流力矩电动机的主要参数

直流力矩电动机的主要参数如下:

1. 峰值堵转转矩

直流力矩电动机在永磁体不失磁的情况下,所能获得的最大有效转矩,一般表示为 M_f,单位为 N·m。

2. 峰值堵转电压

直流力矩电机产生峰值堵转转矩时施加在电机两端的电压,一般表示为 U_f,单位为 V。

3. 峰值堵转电流

直流力矩电机产生峰值堵转转矩时的电枢电流,一般表示为 I_f,单位为 A。

4. 峰值堵转控制功率

直流力矩电动机产生峰值堵转转矩时的控制功率,一般表示为 P_f,单位为 W。

5. 连续堵转转矩

直流力矩电机在某一堵转状态下其稳定温升不超过允许值,并可以长期工作,此状态下产生的转矩被称为连续堵转转矩,一般表示为 M_n,单位为 N·m。

6. 连续堵转电压

直流力矩电机产生连续堵转转矩时施加在电机两端的电压,一般表示为 U_n,单位为 V。

7. 连续堵转电流

直流力矩电机产生连续堵转转矩时的电枢电流,一般表示为 I_n,单位为 A。

8. 连续堵转控制功率

直流力矩电动机产生连续堵转转矩时的控制功率,一般表示为 P_n,单位为 W。

9. 最大空载转速

直流力矩电机被施加峰值堵转电压,并不连接负载时的空载转速;一般表示为 n_{omax},单位为 r/min。

10. 转矩波动系数

直流力矩电机转子一周范围内,输出堵转转矩的最大值与最小值只差与其最大值与最小值之和之比,用百分数表示。

11. 转矩灵敏度

直流力矩电机的峰值堵转转矩与峰值堵转电流之比,即每安培电流产生的转矩,一般表示为 K_t,单位为 N·m/A。

7.2.4 直流力矩电动机选用

永磁式直流力矩电动机属于一种低转速、大转矩、可以堵转的伺服电动机,由于直流力矩电机的特殊性能,在选用时按堵转转矩和转速来选用。图7-4为永磁直流力矩电动机的工作特性,永磁直流力矩电动机,根据电机规格表中的峰值堵转转矩和最大空载转速作出特性曲线,再根据连续堵转转矩指标作出连续工作区。被选电机的峰值堵转转矩必须大于最大负载转矩,包括摩擦转矩和加速转矩,并留一定的安全系数,而对应连续工作区的转矩、转速又能满足负载工作点长期运行的要求,同时电机的外形安装尺寸和质量也应符合要求。

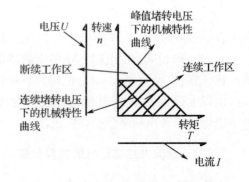

图7-4　直流力矩电机机械特性曲线

图7-5表示力矩电机的运行特性。每一斜线代表某一电压下的速度-转矩曲线。这组曲线可以提供力矩电机在任何速度、转矩或外加电压情况下工作点的情况(4象限运行)。标有4个双曲线以外的区域为换向不良区。

Ⅰ象限运行在正向转矩、正向转速,为电动运行状态。

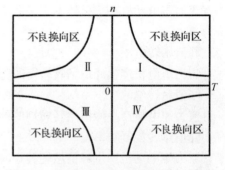

图7-5　永磁直流力矩电动机的运行特性

Ⅲ象限运行在负向转矩、负向转速,电压为负,亦为电动运行状态。

Ⅱ象限运行在负向转矩、正向转速,为发电运行状态或制动运行状态。相当于电机被外机械拖动超过给定控制电压方向的转速;或大于电机负向转矩而拖动电机正向旋转。

Ⅳ象限运行在正向转矩、负向转速,为制动运行状态或发电运行状态。相当于负载大于电机堵转转矩而拖动电机反向旋转;或在负向电压下拖动电机超过给定控制电压方向的转速。根据以上力矩电机的四象限运行特性就可以灵活地选用电机以适应各种系统运行状态。

7.3　无刷直流电动机

直流电动机具有调速范围宽广、机械特性线性、控制电路简单、启动性能好、堵转转矩大等优点,因而被广泛应用于各种驱动装置和伺服系统中。但传统的直流电动机均是有刷结构,以机械方法进行换向,因而存在相对的机械摩擦,由此带来了噪声、火花、无线电干扰以及寿命短等致命弱点(高速时尤其明显),再加上制造成本高及维护困难等缺点,从而大大地限制了它的应用范围。针对上述传统直流电动机的弊端,长期以来人们都在寻求可以不用电刷和换向器装置的直流电动机。随着电力电子工业的迅速发展,许多新型的电力电子器件以及高性能永磁材料的问世,为无刷直流电动机的广泛应用奠定了坚实的基础。

无刷直流电动机(Brushless DC Motor,BDCM)以电子换向装置代替了一般直流电动机的机械换向装置,因此保持了有刷直流电动机的优良控制特性,而克服了某些局限性,可适用于一般直流电动机不能胜任的工作环境。

无刷直流电动机在换向时需要提供一个转子位置检测信号。该信号可通过安装位置传感器获得,称为有位置传感器无刷直流电动机;也可利用检测电枢绕组内的反电势获得,称为无位置传感器无刷直流电动机。以有位置传感器无刷直流电动机为例,其结构主要由电动机本体、位置传感器和驱动控制电路三部分组成,如图7-6所示。

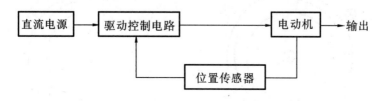

图7-6　无刷直流电动机的构成框图

7.3.1　无刷直流电动机的工作原理

图7-7为无刷直流电动机的系统图,图中 VF 为逆变器(和整流器的作用相反,变直流为交流的装置),BDCM 为无刷直流电动机本体,PS 为与电动机本体同轴连接的转子位置传感器。控制电路对转子位置传感器检测的信号进行逻辑变换后产生脉宽调制 PWM 信号,经过前级驱动电路放大送至逆变器各功率开关管,从而控制电动机各相绕组按一定顺序工作,在电机气隙中产生跳跃式旋转磁场。下面以常用的二相导通星形三相六状态无刷直流电动机为例来说明其工作原理。

当转子稀土永磁体位于图7-8(a)所示位置时,转子位置传感器输出磁极位置信号,经过控制电路逻辑变换后驱动逆变器,使功率开关管 T_1,T_6 导通,即绕组 A,B 通电,A 进 B 出,

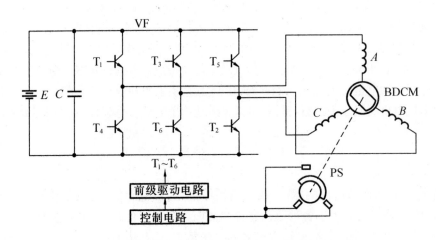

图7-7 稀土永磁无刷直流电动机系统图

电枢绕组在空间的合成磁场 F_1 如图7-8(a)所示。此时,定转子磁场相互作用拖动转子顺时针方向转动。电流流通路经为:电源正极→T_1 管→A 相绕组→B 相绕组→T_6 管→电源负极。当转子转过60°电角度,到达图7-8(b)所示位置时,位置传感器输出信号,经逻辑变换后使开关管 T_6 截止,T_2 导通,此时 T_1 仍导通。则绕组 A,C 通电,A 进 C 出,电枢绕组在空间合成磁场如图7-8(b)中 F_1 所示。此时,定转子磁场相互作用使转于继续沿顺时针方向转动。电流流通路经为:电源正极 T_1 管→A 相绕组→C 相绕组→T_2 管电源负极。依此类推。当转子继续沿顺时针方向转动时,功率开关管的导通逻辑为 T_3T_2→T_3T_4→T_5T_4→T_5T_6 T_1T_6→…,则转子磁场始终受到定子合成磁场的作用并沿顺时针方向连续转动。

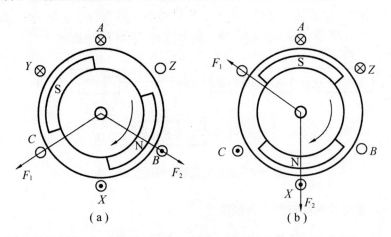

图7-8 稀土永磁无刷直流电动机工作原理示意图

在图7-8(a)到图7-8(b)的60°电角度范围内,转子磁场顺时针连续转动,而定子合成磁场在空间保持图7-8(a)中 F_1 的位置不动。只有当转子磁场转够60°角度到达图7-8(b)中的位置时,定子合成磁场才从图7-8(a)中 F_1 位置顺时针跃变至图7-8(b)中 F_1 的位置。可见,定子合成磁场在空间不是连续旋转的磁场,而是一种跳跃式旋转磁场,每个跳跃角是60°电角度。

转子每转过60°电角度,逆变器开关管之间就进行一次换流,定子磁状态就改变一次。

可见,电机有 6 个状态,每个状态都是两相导通,每相绕组中流过电流的时间相当于转子旋转 120°电角度(因为持续 2 个状态)。每个开关管的导通角为 120°,故该逆变器为 120°导通型。两相导通星形三相六状态无刷直流电动机相电压波形如图 7 − 9 所示。

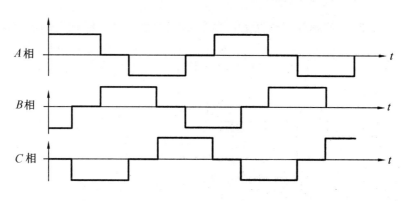

图 7 − 9　相电压波形

7.3.2　位置传感器

位置传感器用来检测无刷直流电动机的转子磁极和定子旋转磁场间相对位置,并由它发出控制信号控制逆变器触发换相的一种装置。根据结构和原理的不同,有很多不同的形式,其中应用较为广泛的有以下几种。

1. 电磁式位置传感器

电磁式位置传感器是利用电磁效应来实现位置测量作用的。有开口变压器、铁磁谐振电路、接近开关等多种类型。在无刷直流电动机中,用得较多的是开口变压器。电磁式位置传感器具有输出信号大,工作可靠,寿命长,使用环境要求不高,适应性强,结构简单、紧凑等优点;但这种传感器信噪比较低,体积较大,同时其输出波形为交流,一般须经整流,滤波后方可使用。

2. 光电式位置传感器

光电式位置传感器是利用光电效应制成的,由跟随电动机转子一起旋转的遮光板和固定不动的光源及光电管等部件组成。这类位置传感器性能较稳定,但存在输出信噪比较大、光源灯泡寿命短,使用环境要求高等弊端。若采用新型光电元件,则可克服上述不足之处。

3. 磁敏式位置传感器

磁敏式位置传感器是指它的某些电参数按一定规律随周围磁场变化的半导体敏感元件,其基本原理为霍尔效应和磁阻效应。目前,常见的磁敏传感器有霍尔元件或霍尔集成电路、磁敏电阻器及磁敏二极管等多种。

有位置传感器无刷直流电动机对位置传感器的放置位置有一定的要求,因为它将影响电机的运行性能。

无位置传感器的无刷电机是利用电动势作为转子位置信号以控制电机驱动电路换向并产生电磁转矩,故也称电动势换向的无刷直流电机。但电机在开始启动时电动势为零,没有位置信号,也无法检测反电势的过零点,即没有换向信号,则电机不能自启动,必须外加启动信号使电机向某一方向具有一定的初始速度以步进方式启动,则绕组内产生反电势,在检测到反电势后,再用模拟开关切换到无刷电机控制方式,从而完成启动。电动势换向的无刷直流电机启动有外同步驱动方式和预定位方式启动两种。

7.3.3 无刷直流电动机的特性

无刷直流电动机的控制与普通直流电动机类似,通过控制流经绕组的电流实现力矩控制,根据拖动的负载性质,呈现出传动系统的运动状态,并以此决定驱动系统的逆变行为。

表7-2及图7-10分别为某无刷直流电动机的额定参数及机械特性曲线。

表7-2 某无刷直流电动机的额定参数

一	额定参数	数值
1	额定电压	12 V
2	空载转速	30 500 r/min
3	空载电流	50.9 mA
4	额定转速	22 800 r/min
5	额定转矩(最大连续转矩)	1.26 mN·m
6	额定电流(最大连续负载电流)	0.391 A
7	堵转转矩	5.18 mN·m
8	堵转电流	1.43 A
9	最大效率	67 %
二	特征值	数值
1	相间电阻	8.38 Ω
2	相间电感	0.144 mH
3	转矩常数	3.62 mN·m/A
4	转速常数	2 640 (r/min)/V
5	机械时间常数	1.6 ms
6	转子惯量	0.024 9 g·cm^2
三	热参数	数值
1	绕组热时间常数	0.84 s
2	电机热时间常数	154 s
3	环境温度	-20 ~ +85 ℃
4	绕组最高允许温度	+125 ℃
四	其他参数	数值
1	极对数	1
2	相数	3
3	重量	6 g

机械特性曲线

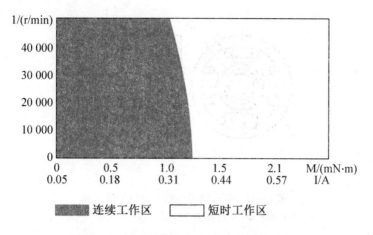

图 7 - 10　某无刷直流电动机的机械特性曲线

7.4　交流伺服电动机

7.4.1　两相交流伺服电动机的结构

两相交流伺服电动机的结构与普通异步电动机的结构差不多,其定子绕组则与单相电容式异步电动机的结构相类似。定子用硅钢片叠成,在定子铁芯的内圆表面上嵌入两个相差 90°电角度(即 $90°/p$ 空间角)的绕组,一个叫励磁绕组 WF,另一个叫控制绕组 WC,如图 7 - 11 所示,这两个绕组通常是分别接在两个不同的交流电源(两者频率相同)上。这一点与单相电容式异步电动机不同。

两相交流伺服电动机转子一般分为鼠笼转子和杯形转子两种结构。鼠笼转子和三相鼠笼式电动机的转子结构相似,杯形转子伺服电动机的结

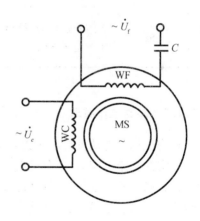

图 7 - 11　交流伺服电动机的接线图

构如图 7 - 12 所示。杯形转子通常用铝合金或钢合金制成空心薄壁圆筒,为了减少磁阻,在空心杯形转子内放置固定的内定子。不同结构的转子都制成具有较小惯量的细长形。目前用得最多的是鼠笼转子的交流伺服电动机,交流伺服电动机的特点和应用范围如表 7 - 3 所示。

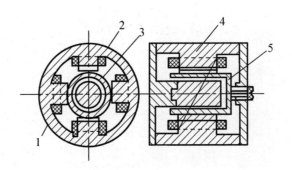

图 7 – 12　杯形转子伺服电动机的结构图
1—励磁绕组;2—控制绕组;3—内定子 4—外定子;5—转子

表 7 – 3　交流伺服电动机的特点和应用范围

各　类	产品型号	结构特点	性能特点	应用范围
鼠笼式转子	SL	与一般鼠笼式电机结构相同,但转子做得细而长,转子导体用高电阻率的材料	励磁电流较小,体积较小,机械强度高,但是低速运行不够平稳,存在时快时慢的抖动现象	小功率的自动控制系统
空心杯形转子	SK	转子做成薄壁圆筒形,故在内、外定子之间	转动惯量小,运行平滑,无抖动现象,但是励磁电流较大,体积也较大	要求运行平滑的系统

7.4.2　基本工作原理

两相交流伺服电动机是以单相异步电动机原理为基础的,从图 7 – 11 看出,励磁绕组接到电压一定的交流电网上,控制绕组接到控制电压 U_f 上,当有控制信号输入时,两相绕组便产生旋转磁场。该磁场与转子中的感应电流相互作用产生转矩,使转子跟着旋转磁场以一定的转差率转动起来,其同步转速

$$n_0 = 60f/p \quad \text{r/min}$$

转向与旋转磁场的方向相同,把控制电压的相位改变180°,则可改变伺服电动机的旋转方向。

对伺服电动机的要求是控制电压一旦取消,电动机必须立即停转。但根据单相异步电动机的原理,电动机转子一旦转动以后,再取消控制电压,仅剩励磁电压单相供电,它将继续转动,即存在"自转"现象,这意味着失去控制作用,这是不允许的。如何解决这个矛盾呢?

7.4.3　消除自转现象的措施

其解决办法,就是使转子导条具有较大电阻,从三相异步电动机的机械特性可知,转子电阻对电动机的转速转矩特性影响很大(图 7 – 13),转子电阻增大到一定程度,例如图中的

R_{23}时,最大转矩可出现在 $S=1$ 附近。为此目的,把伺服电动机的转子电阻 R_2 设计得很大,使电动机在失去控制信号,即成单相运行时,正转矩或负转矩的最大值均出现在 $S_m>1$ 的地方,这样可得出图 7 – 14 所示的机械特性曲线。

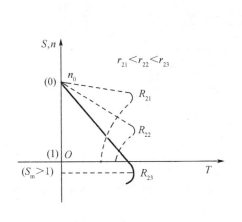

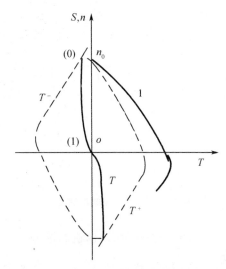

图 7 – 13   对应于不同转子电阻 r_2 的
$n=f(T)$ 曲线

图 7 – 14 $U_e=0$ 时交流伺服电动机的
$n=f(T)$ 曲线

图 7 – 14 中曲线 1 为有控制电压时伺服电机的机械特性曲线,曲线 T^+ 和 T^- 为去掉控制电压后,脉动磁场分解为正、反两个旋转磁场对应产生的转矩曲线。曲线 T 为去掉控制电压后单相供电时的合成转矩曲线。从图 7 – 14 可以看出,它与异步电动机的机械特性曲线不同,它是在第二和第四象限内。当速度 n 为正时,电磁转矩 T 为负,当 n 为负时,T 为正,即去掉控制电压后,单相供电时的电磁转矩的方向总是与转子转向相反,所以是一个制动转矩。由于制动转矩的存在,可使转子迅速停止转动,保证了不会存在"自转"现象,停转所需要的时间,比两相电压 U 和 U_f 同时取消,单靠摩擦等控制方法所需的时间要少得多。这正是两相交流伺服电动机在工作时,励磁绕组始终是接在电源上的原因。

综上所述,增大转子电阻 R_2,可使单相供电时合成电磁转矩在第二和第四象限,成为制动转矩,有利于消除"自转"。同时 R_2 的增大,还使稳定运行段加宽、启动转矩增大,有利于调速和启动。因此,目前两相交流伺服电动机的鼠笼导条,通常都是用高电阻材料(如黄铜、青铜)制成,杯形转子的壁很薄,一般只有 0.2 ~ 0.8 mm,因而转子电阻较大,且惯量很小。

两相交流伺服电动机的控制方法有三种:

①幅值控制;

②相位控制;

③幅值 – 相位控制。

生产中应用最多的是幅值控制,下面只讨论幅值控制法。

图 7 – 15 所示接线图为幅值控制的一种接线图,从图中可看出,两相绕组接于同一单相电源,适当选择电容 C,使 U 与 U_f 相角差90°,改变 R 的大小,即改变控制电压 U_f 的大小,可以得到图 7 – 16 所示的不同控制电压下的机械特性曲线族。由图可见,在一定负载转矩下,控制电压越高,转差率越小,电动机的转速就越高,不同的控制电压对应着不同的转速。这

种维持 U 与 U_f 相位差为 90°,利用改变控制电压幅值大小来改变转速的方法,称为幅值控制方法。

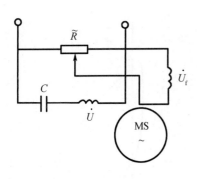

图 7-15 幅值控制接线图　　图 7-16 不同控制电压下的 $n = f(T)$ 曲线

7.4.4 交流伺服电动机的选择

交流伺服电机选择时,首先应该考虑到以下几个方面:

1. 惯量比

惯量比是指电机的转动惯量与负载惯量的比值。要想能够良好的发挥驱动器的伺服特性,惯量比的设定十分重要。在通常使用中,小型电机的惯量比一般设定在 $1 \sim 30$ 之间。如若惯量比设定较大,则伺服动态性能将变差,同时抵抗、抑制振动的能力也将变差,机械系统的稳定性也就越不好。

2. 转速

电机选取时,需要了解实际系统在运行时所需要达到的运行速度,要把运行速度严格的限制在所选电机的额定转速之内。工作时,工作转速应该尽量在接近额定转速的范围里使用。即:允许瞬间转速 > 最大转速 > 额定转速。

3. 有效转矩

伺服电机的额定转矩需要满足实际的需求。在正常情况下,连续工作的负载转矩 < 伺服电机的额定转矩,系统所需要的最大转矩 < 伺服电机输出的最大转矩。有效转矩应该小于电机的额定转矩的 80%。

4. 加减速转矩

伺服电机除了连续转动的时候,在运行过程中,加减速时对转矩有很大的要求。此时的加减速转矩(峰值转矩)应小于选用电机最大转矩的 80%。

例 7-1　有一进给系统,采用丝杠螺母机构驱动,其参数为:平台最大质量为 600 kg,平台移动速度为 0.1 m/s,丝杠导程为 5 mm,滑轨的动摩擦系数为 0.003,重力加速度取 10 m/s² ,传动效率为 0.9。试选择交流伺服电动机。

解　(1)折算到电机端的转速

$$n = (0.1/0.005) \times 60 = 1\ 200\ \text{r/min}$$

(2)折算到电机端的驱动负载

$$t = 9.55 \times fv/\eta n = 9.55 \times (600 \times 10 \times 0.003 \times 0.1)/(0.9 \times 1\ 200)$$
$$= 0.015\ 917\ \text{N·m}$$

（3）折算到电机端的惯量

$$j = m \cdot v^2/(n/9.55)^2 = (600 \times 0.1^2)/(1\,200/9.55)^2 = 3.8\mathrm{e}^{-4}\ \mathrm{kg \cdot m^2}$$

拟选择 SGM7J - 02AFC6S 电动机。

（4）进行电动机校核

电动机工作在 1 200 r/min 时，如图 7 - 17 机械特性曲线图所示，连续工作（A 曲线）是 0.637 N·m，大于折算到电机端的驱动负载；瞬间最大（B 曲线）为 2.23 N·m，满足一般的加速时附带的惯性力要求。综上，该电动机驱动能力满足系统驱动要求。

电动机转子转动惯量查表为 $0.263 \times 10^{-4}\ \mathrm{kg \cdot m^2}$，根据电动机运行转速，其要求惯量比为 15 倍，如图 7 - 18 所示，此时 15 倍为 $3.945 \times 10^{-4}\ \mathrm{kg \cdot m^2}$，大于则算到电机端的惯量，满足伺服驱动要求。

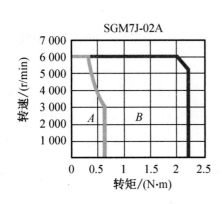

图 7 - 17　交流伺服电动机
机械特性曲线

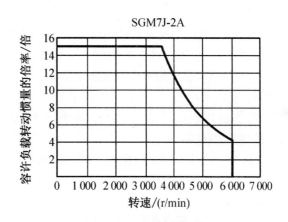

图 7 - 18　交流伺服电动机
惯量比曲线图

7.5　测速发电机

7.5.1　测速发电机的主要用途

测速发电机是一种微型发电机，它的作用是将转速变为电压信号。在理想状态下，测速发电机的输出电压 U 可以用下式表示，即

$$U = Kn = KK'\frac{\mathrm{d}\theta}{\mathrm{d}t} \tag{7 - 4}$$

式中　KK'——比例常数（即输出特性的斜率）；

n, θ——测速发电机转子的旋转速度及旋转角度。

可见，测速发电机主要有两种用途：

（1）测速发电机的输出电压与转速成正比，因而可以用来测量转速，故称为测速发电机；

（2）如果以转子旋转角度 θ 为参数变量，则可作为机电微分、积分器。

测速发电机广泛用于速度和位置控制系统中。根据结构和工作原理的不同，测速发电机分为直流测速发电机、异步测速发电机和同步测速发电机，但后者用得极少。

7.5.2   测速发电机的工作原理及特性

在此仅介绍直流测速发电机。

1. 基本原理

直流测速发电机是一种用来测量转速的小型他励直流发电机,其工作原理如图7－19所示。

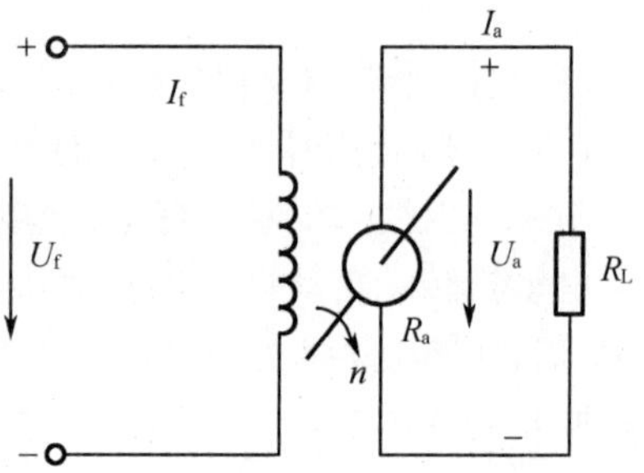

空载时,电枢两端电压为

$$U_a = E = C_e n \qquad (7-5)$$

由此看出,空载时测速发电机的输出电压与它的转速成正比。

2. 特性

有负载时,直流测速发电机的输出电压将满足

$$U_a = E - I_a R_a \qquad (7-6)$$

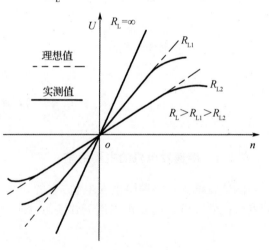

图 7－19   直流测速发电机工作原理图

其中,R_a为包括电枢电阻和电刷接触电阻。

电枢电流

$$I_a = U_a / R_c \qquad (7-7)$$

其中,R_L为负载电阻。

将式(7－5)及式(7－7)代入式(7－6)可得

$$U_a = C_e n \Big/ \left(1 + \frac{R_a}{R_L} \right) \qquad (7-8)$$

式(7－8)就是有负载时直流测速发电机的输出特性方程,由此可作出图7－20所示的输出特性曲线。

由上看出,若C_e和R_a,R_L都能保持常数(即理想状态),则直流测速发电机在有负载时的输出电压与转速之间仍然是线性关系。但实际上,由于电枢反应及温度变化的影响,输出特性曲线不完全是线性的。同时还可看出,负载电阻越小和转速越高,输出特性曲线弯曲得越厉害。因此,在精度要求高的场合,负载电阻必须选得大些,转速也应工作在较低的范围内。

图 7－20   输出特性曲线

7.6   直线电动机

直线电动机是一种不经过任何中间转换机构,而将电能直接转换成直线运动的伺服驱动元件。过去,在各种工程技术中需要直线运动时,一般都采用旋转电动机通过中间转换机构(例如链条、钢丝绳、传送带、齿条或丝杠等)来实现。中间转换机构的存在,使整机的体积增加、效率下降、精度降低。直线电动机的出现,解决了此类问题。目前在交通运输、

工业领域以及精密仪器设备,直线电动机已得到广泛的应用。

7.6.1　直线电动机的优缺点

1. 优点

在实现直线运动时,与旋转电动机传动相比较,直线电动机传动具有以下优点。

(1)直线电动机不需要中间传动机构,简化了装置的结构,提高了精度,减少了振动和噪声,保证了运行的可靠性,提高了传动效率,易于维护。

(2)快速响应。直线电动机运行时,它的零部件和传动装置不像旋转电动机会受到离心力的作用,因而它的直线速度可以不受限制。用直线电动机驱动负载时,由于不存在中间传动机构,故其动态性能好,可实现快速启动和正反向运行。

(3)机械损耗小,可靠性高,寿命长。

(4)由于直线电动机结构简单,且其初级铁芯在嵌线后可以用环氧树脂等密封成整体,所以可以在一些特殊场合中应用。例如可在潮湿的环境甚至水中使用,也可以在有腐蚀性气体或有毒、有害气体中应用,也可在几千摄氏度的高温或零下几百摄氏度的低温下使用。

(5)装配灵活性大,可将电动机和其他机件合成一体。

2. 缺点

直线电动机的缺点主要表现在:

(1)与同容量的旋转电动机相比较,直线电动机的效率和功率因数要低,尤其在低速时比较明显。

(2)直线电动机特别是直线感应电动机的启动推力受电源电压影响较大,故需采取有关措施保证电源的稳定或改变电动机的有关特性来减少或消除这种影响。

7.6.2　直线电动机的类型

按工作原理来划分,直线电动机一般包括直线异步电动机、直线同步电动机和直线直流电动机三种。由于直线电动机与旋转电动机在原理上基本相同,故以直线异步电动机为例,对该类型电动机加以简单介绍。

7.6.3　直线异步电动机的结构

直线异步电动机与笼型异步电动机工作原理完全相同,二者只是在结构形式上有所差别。图 7-21 所示为异步电动机的结构示意图,(a)为旋转式,(b)为直线式。直线异步电动机相当于把旋转异步电动机沿径向剖开,并将定子和转子圆周展开成平面。直线异步电动机的定子一般是初级,转子是次级。实际应用中初级和次级不能做成相等长度,而应该做成初级和次级长度不等的结构。由于短初级结构比较简单,故一般常采用短初级。

7.6.4　直线异步电动机的工作原理

直线电动机是由旋转电动机演变而来的,因而当初级的多相绕组通入多相电流后,也会产生一个气隙磁场,这个磁场的磁感应强度 B_δ 按通电的相序顺序作直线移动(图 7-22),该磁场称为行波磁场。显然行波磁场的移动速度与旋转磁场在定子内圆表面的线速度是一样的,这个速度称之为同步线速,用 v_s 表示,且

$$v_s = 2f\tau \quad cm/s \qquad (7-9)$$

式中　τ——极距,cm;

　　　f——电源频率,Hz。

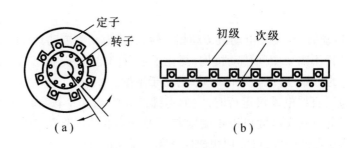

图 7-21　异步电动机的结构

(a)旋转式;(b)直线式

在行波磁场切割下,次级导条将产生感应电势和电流,所有导条的电流和气隙磁场相互作用,产生切向电磁力 F。如果初级是固定不动的,那么,次级就顺着行波磁场运动的方向做直线运动。

在 F 推力作用下,次级运动速度 v 应小于同步速度 v_s,则滑差率 S 为

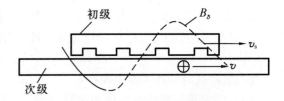

图 7-22　直线电机的工作原理

$$S = \frac{v_s - v}{v_s}$$

故次级移动速度为

$$v = (1 - S)v_s = 2f\tau(1 - S) \tag{7-10}$$

式(7-10)表明直线异步电动机的速度与电机极距及电源频率成正比,因此,改变极距或电源频率都可改变电动机的速度。

与旋转电动机一样,改变直线异步电动机初级绕组的通电相序,就可改变电动机运动的方向,从而可使直线电动机做往复运动。

直线异步电动机的机械特性、调速特性等都与交流伺服电动机相似,因此,直线异步电动机的启动和调速以及制动方法与旋转电动机也相同。

习题与思考题

7-1　简述伺服电动机的应用特点。

7-2　直流伺服电动机的控制方式主要有哪些?

7-3　力矩电动机为什么多制造成扁平圆盘状结构?

7-4　无刷直流电动机的特点是什么?简述其工作原理。

7-5　无刷直流电动机中的位置传感器有哪几种?

7-6　交流伺服电动机是如何消除"自转"现象的?

第8章 步进电动机

8.1 步进电动机的特点

步进电动机(Stepping motor)是一种电磁式增量运动执行元件,它可以将输入的电脉冲信号转换成相应的角位移或直线位移。因输入的是脉冲信号,运动是断续的,故又称脉冲电机或阶跃电机。由于其具有控制方便、体积小等特点,所以在智能仪表和位置控制中得到了广泛的应用,例如办公设备中的打字机、电传机、复印机和绘图仪等的驱动以及数控机床和机器人。近年来,随着大规模集成电路的发展及微处理器在数控技术中的推广应用,给步进电动机开拓了广阔的发展前景。

步进电动机是较早使用的典型的机电一体化元件。它的运行方式和直流电动机是完全不同的。步进电动机的运动受输入脉冲控制,每当输入一个电脉冲时,它便转过一个固定的角度,这个角度称为步距角(简称步距)。因此,步进电动机的位移是断续的,位移量决定于输入脉冲的个数。步进电动机的运行速度决定于它的步距和所加脉冲的频率。步进电动机不能直接接到交直流电源上工作,而必须使用专用设备——步进电动机控制驱动器。典型的步进电动机控制系统如图 8-1 所示。

图 8-1 典型步进电动机控制框图

变频信号源是一个脉冲频率从几赫到几十千赫可以连续变化的信号发生器,它为环形分配器提供脉冲序列。环形分配器的主要功能是把来自变频信号源的脉冲序列按一定的规律分配后,经过功率放大器的放大加到步进电动机驱动电源的各项输入端,以驱动步进电动机的转动。功率放大器主要对环形分配器的较小输出信号进行放大,以达到驱动步进电动机的目的。

上述控制系统采用的是开环系统,不需要反馈元件,结构比较简单,成本低廉。对于高精度的控制系统,采用开环结构精度往往不能满足要求,因此必须在控制回路中增加反馈环节,构成闭环系统。

步进电动机具有自身的特点,归纳起来有:

(1)电动机本体部件少,无刷,价格便宜,可靠性高。

(2)位移与输入脉冲数成正比,速度与输入脉冲频率成正比。

(3)步距值不受各种干扰因素的影响,如电压的大小,电流的大小和波形、温度的变化,等等。

（4）步距误差不长期积累。步进电动机每走一步所转过的角度与理论步距值之间总有一定的误差。走任意的步数以后,也总是有一定的累积误差,但是每转一圈的累积误差为零。

（5）控制性能好。易于启动、停止、正反转及变速,在一定的频率及负载范围内运行时,任何运行方式都不会丢步。

（6）停止时(保持通电状态),具有自锁能力,这对于位置控制显得很重要。

（7）步距角选择范围大,可从几十角分到 170°大范围内选择。

（8）可以达到较高的调速范围。

（9）带惯性负载的能力较差。

（10）步进电动机的驱动电源直接关系到运行性能的优劣,所以一般都比较复杂,在价格上高出普通电机所用电源的数倍。

8.2 步进电动机的工作原理

8.2.1 步进电动机的结构

步进电动机的结构同普通的旋转电动机一样,也是由定子和转子两大部分组成。定子由硅钢片叠成,其上面装了一定相数的控制绕组。环形分配器送来的电脉冲依次对多相定子绕组进行励磁。转子用硅钢片叠成或用软磁性材料做成凸极结构。转子本身没有励磁绕组的步进电动机叫作"反应式步进电动机",或"磁阻式(VR 型)步进电动机"。转子由永久磁铁做成的叫作"永磁式(PM 型)步进电动机"。另外还有"混合式(HB 型)步进电动机"等。这三种步进电动机的特点如下:

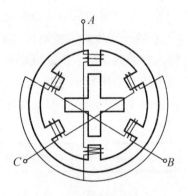

图 8-2 反应式步进电动机的结构示意图

（1）反应式步进电动机结构简单,生产成本低,步距角小;但动态性能差。

（2）永磁式步进电动机出力大,动态性能好;但步距角大。

（3）混合式步进电动机综合了反应式、永磁式步进电动机两者的优点,它的步距角小,出力大,动态性能好,是目前性能最高的步进电动机。它有时也称作永磁感应式步进电动机。

步进电动机的结构形式虽然多种多样,但工作原理都相同。图 8-2 为一台三相反应式步进电动机的结构示意图。定子有 6 个磁极,每两个相对的磁极上绕有一相控制绕组;转子上装有 4 个凸齿。更详细的电动机定转子结构如图 8-3 所示,实物如图 8-4 所示。

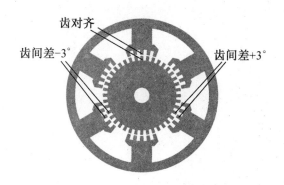

齿对齐

齿间差-3°

齿间差+3°

图 8-3 步进电动机结构图

图 8-4 一种步进电动机实物图

8.2.2 步进电动机的基本工作原理

步进电动机的工作原理,其实就是电磁铁的工作原理,如图 8-5 所示。由环形分配器送来的电脉冲,对定子绕组轮流通电。设先对 A 相绕组通电,B 相和 C 相都不通电。由于磁通具有力图沿磁阻最小路径通过的特点,对于图 8-5(a)当转子齿 1 和 3 的轴线与定子 A 相的轴线重合时磁阻最小,即在电磁力的作用下,转子 1,3 齿被吸引到 A 相下。此时,转子只受径向力而无切线方向力,故转矩为零,转子稳定在这个位置上。此时,B,C 两相的定子齿与转子在不同方向上各错开 30°。图 8-5(b)是 A 相断电 B 相通电瞬间的转子的受力情况,转子 2,4 齿受到 B 相绕组顺时针方向的力矩作用。图 8-5(c)是 B 相通电时转子稳定之后的位置。从图 8-5(a)到图 8-5(c),转子顺时针转过了 30°。同理,接下来,B 相断电 C 相通电,则转子又顺时针转过 30°。如果通电顺序为 C→B→A 时,则转子逆时针方向一步一步转动。定子通电每换接一次,则转子转过一个步距角。图 8-6 为进一步通电示意图。

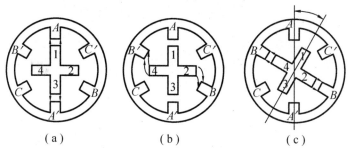

(a) (b) (c)

图 8-5 步进电动机转过一个步距角的动作示意图

(a)A 相通电时的稳定点;(b)A 相断电 B 相通电瞬间转子的受力情况;

(c)B 相通电时的稳定点

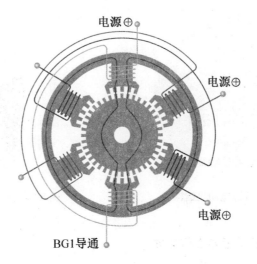

电源⊕

电源⊕

电源⊕

BG1导通

图 8 - 6　进一步通电动作示意图

8.2.3　工作方式

　　三相步进电动机一般有单三拍、六拍及双三拍等工作方式。"单""双""拍"的意思是："单"指定子绕组每次切换前后只有一相通电；"双"指每次有两相定子绕组通电；"拍"指从一种通电状态转到另一种通电状态。

　　1. 三相单三拍

　　步进电动机的驱动电源依次对步进电动机的定子三相绕组轮流通电，其顺序为 $A{\rightarrow}B{\rightarrow}C{\rightarrow}A{\rightarrow}\cdots$。步进电动机需要三拍完成一次循环，每拍又只有一相定子绕组通电，所以称为单三拍工作方式。其特点是每拍使电机前进一个步距角。只需将定子各相的通电顺序倒过来，即可变换前进的方向。由于单三拍工作方式在运行中容易出现振动，稳定性较差，所以一般很少采用。

　　2. 三相六拍

　　该工作方式需要六拍完成一次循环。常见的通电顺序为 $A{\rightarrow}AB{\rightarrow}B{\rightarrow}BC{\rightarrow}C{\rightarrow}CA{\rightarrow}A{\rightarrow}\cdots$。其特点是每隔一拍有相邻两相同时通电，每拍的步距角为三拍工作方式的一半。三相六拍工作方式的运行性能很稳定，转矩也比较大，所以常被选用。

　　3. 三相双三拍

　　它的通电顺序为 $AB{\rightarrow}BC{\rightarrow}CA{\rightarrow}AB{\rightarrow}\cdots$。其特点是每拍均有相邻的两相同时通电，所以运行比较平稳，其步距角与单三拍方式相同。

　　四相或五相步进电动机的工作方式与三相类似，如四相步进电动机的工作方式有单四拍($A{\rightarrow}B{\rightarrow}C{\rightarrow}D{\rightarrow}A\cdots$)、双四拍($AB{\rightarrow}BC{\rightarrow}CD{\rightarrow}DA{\rightarrow}AB\cdots$)和八拍($A{\rightarrow}AB{\rightarrow}B{\rightarrow}BC{\rightarrow}C{\rightarrow}CD{\rightarrow}D{\rightarrow}DA{\rightarrow}A{\rightarrow}\cdots$)等。

8.2.4　步进电动机主要技术性能指标

　　1. 步距角 β

　　指输入一个电脉冲信号，步进电动机转子的相应角位移。通常按下式计算，即

$$\beta = 360°/(Z \cdot m \cdot K) \tag{8-1}$$

式中 *β*——步进电动机的步距角,(°);

　　　Z——转子齿数;

　　　m——步进电动机的相数;

　　　K——控制系数,是拍数与相数的比例系数。

2. 最大静转矩 T_{max}

定子绕组通入电脉冲,步进电动机的转子静止时,由外力使转子离开平衡位置的极限转矩称为最大静转矩。它反映了步进电动机的负载能力和工作的快速性。步进电动机可驱动的负载转矩应比最大静转矩小得多,一般为 $(0.3 \sim 0.5) T_{max}$。

3. 启动转矩 T_s

步进电动机在一定的电源和负载转动惯量的条件下,从静止状态突然启动的而不失步的最大输出转矩,称为启动转矩。步进电动机的启动转矩与最大静转矩密切相关。

4. 运行频率

步进电动机在一定负载条件下能不失步运行的最高频率。

5. 启动频率

步进电动机在不失步条件下可施加的最高突跳脉冲频率,称为启动频率。它是衡量步进电动机快速性能的一个重要指标。

启动频率要比连续运行频率低得多,这是因为在电机启动过程中,电机产生的电磁转矩除克服负载转矩外,还要克服转动部分的惯性转矩。厂家提供的步进电动机启动频率一般指空载时的最大值,当电机接上负载后的启动频率比空载的启动频率要低。

6. 精度

步进电动机的精度通常是指静态步距角误差和静态步距角的积累误差。

现介绍某 57 系列步进电动机参数,如表 8 – 1 所示。

表 8 – 1　某 57 系列步进电动机参数

电动机参数	数值
相数	2
步矩角	1.8° ±5%
电压	2.7 V
电流	3 A
电阻	0.9 ±10% Ω
电感	1.3 ±20% mH
保持转矩	85 N·cm
绝缘等级	B
转动惯量	145 g·cm²
重量	0.65 kg

例 8 – 1　已知三相步进电动机的转子齿数为 120,其工作在双三拍工作方式,求其步距角大小?

解　控制方式系数 $K =$ 拍数/相数 $= 3/3 = 1$

则步矩角

$$\beta = \frac{360}{Z \cdot m \cdot K} = \frac{360}{120 \times 3 \times 1} = 1(°)$$

8.3　步进电动机的环形分配器及驱动

8.3.1　步进电动机的环形分配器

环形分配器的主要功能是把来自变频信号源的脉冲序列按一定的规律分配后,经过功率放大器的放大加到步进电动机驱动电源的各项输入端,以驱动步进电动机的转动。同时步进电动机有正反转的要求,所以这种环形分配器的输出既是周期的,又是可逆的。因此环形分配器是一种特殊的可逆循环计数器,但这种计数器的输出不是一般编码,而是按步进电动机励磁状态要求的特殊编码。

步进电动机的环形分配器有硬件和软件两种方式。硬件环形分配器由硬件构成。软件环形分配器由计算机软件设计的方法来实现环分的要求,通常称为软环形分配器。

1. 软环形分配器

软环形分配器的脉冲分配和方向控制都由软件解决,硬件结构简单。图8-7是典型软环形分配器的硬件结构框图。

图8-7　软环形分配器硬件结构框图

软环形分配器的设计方法主要有查表法、比较法和移位寄存器法等。其中最常用的是查表法。

查表法的基本设计思想是结合驱动电源线路,按步进电动机励磁状况转换表要求,确定软环形分配器输出状态表,将其存入存储器中。运行程序时,依次将输出状态表中的数据,也就是对应存储器单元的内容送到 CPU 的输出口,使 P_0, P_1, P_2 依次送出控制信号,从而使步进电动机绕组轮流通电。

表8-2 给出了三相反应式步进电动机三相六拍软环形分配器的输出状态表,K 为存储单元基地址(十六位二进制数),后面所加的数为地址的索引值。

表8-2　三相反应式步进电动机三相六拍软环形分配器输出状态表

节拍序号	存储单元		C	B	A	对应通电相
	地址	内容	P_2	P_1	P_0	
1	K + 0	01H	0	0	1	A
2	K + 1	03H	0	1	1	AB
3	K + 2	02H	0	1	0	B
4	K + 3	06H	1	1	0	BC
5	K + 4	04H	1	0	0	C
6	K + 5	05H	1	0	1	CA

由表 8 - 2 可见,要使步进电动机正转,只需依次输出表中存储单元中的内容即可。当输出状态已是表底状态时,则修改索引值使下一次输出重新为表首状态。如果要使步进电动机反转,则只需反向依次输出各存储单元的内容,当输出状态到达表首状态时,则修改索引值使下一次输出重新为表底状态。

软环形分配器的硬件结构简单,系统的成本低,更改灵活,有利于系统的小型化。但是,输出状态表要占用计算机 CPU 时间,往往受计算机运算速度的限制,有时难以满足高速实时控制的要求。

2. 硬环形分配器

硬环形分配器会增加硬件的成本,但具有软件简单,响应速度快,占用 CPU 时间少等优点。硬环形分配器的种类很多,其中比较常用的是专用的集成芯片,如 CH250,L297 系列等步进电动机环形分配器。

CH250 是上海无线电十四厂专为三相反应式步进电动机设计的环形分配器,在配合适当的三相功率放大电路后,就可使三相步进电动机作双三拍或三相六拍运行。它采用 CMOS 工艺,集成度好,可靠性高,结构简单,价格低廉,既易于与计算机接口,又易于与驱动电路相连,且控制简单。因此在生产中容易得到推广和应用,是控制三相步进电动机的比较理想的集成芯片。CH250 具有抗干扰能力强的特点,噪声容限为 35% U_{DD},U_{DD} 在 4 ~ 18 V 范围内都可正常工作。

L297 是意大利 SGS 半导体公司生产的步进电动机专用控制器,它能产生四相控制信号,可用于计算机控制的两相双极和四相单极步进电动机,该电路能够用单四拍、双四拍、四相八拍方式控制步进电动机。芯片内的 PWM 斩波器电路可在开关模式下调节步进电动机绕组中的电流。该集成电路采用了 SGS 公司的模拟/数字兼容的 I^2L 技术,使用 5 V 的电源电压,全部信号的连接都是与 TTL/CMOS 或集电极开路的晶体管兼容。L297 的芯片管脚特别紧凑,该器件采用双列直插 20 脚塑封封装。

8.3.2　步进电动机的驱动

步进电动机的驱动电路实际上是一种脉冲放大电路,它主要对环形分配器的较小输出信号进行放大,使脉冲具有一定的功率驱动能力。驱动电路中的功率放大器件主要有晶闸管(SCR)、可关断晶闸管(GTO)、功率晶体管、达林顿晶体管(Darl)、场效应晶体管(MOSFET)等各种功率模块。

晶闸管是在 20 世纪 60 年代发展起来的一种新型电力半导体器件,是一种脉冲触发的开关器件。它的优点主要是功率放大倍数大、控制灵敏、反应快、损耗小、效率高、体积小、质量小等。晶闸管虽有上述优点但也存在一些缺点,如过载能力弱,抗干扰能力差,导致电网电压波形畸变。另外,晶闸管虽然触发简单,但关断困难,尽管后来又发展了可关断晶闸管,但总的来说控制电路仍比较复杂。

功率晶体管的功率损耗比同样功率等级的晶闸管低得多。同时,当晶体管基极电流消失,或反偏时,晶体管立即截止,实际上不存在关断问题,也不需要昂贵而复杂的换相电路。但是,目前现有的功率晶体管的电压和电流额定值还没有晶闸管那么高,而且功率晶体管不具备承受浪涌电流的能力。同时,为保持功率晶体管处于导通状态,基极需要连续通过电流。另外,其放大倍数较小,一般只有十几至几十倍,因此在负载电流较大时,基极电流也较大,故基极电路中的功率损耗相当大。

达林顿晶体管是一种复合管,它的电流放大倍数可达千倍以上。这样高的电流增益,正向导通压降也很高,由此而引起的功率损耗也很大。但不管怎样,采用功率晶体管的电路与采用晶闸管的电路相比,体积更小,价格也更低。

场效应功率管是新发展起来的功率器件,它属于电压控制的功率放大器件,有很高的输入阻抗,用小的电压信号就可以控制很大的功率。目前,这种功率管在许多场合已取代了晶体管。

驱动电路中对步进电动机性能有明显影响的部分是输出级的结构。因此,步进电动机驱动电路也往往以此来命名。步进电动机的驱动电路可以分为:单电压型、双电压型、斩波恒流型、调频调压型和平滑细分型等。

1. 单电压电路

所谓单电压电路,是指在电动机绕组工作过程中,只用一个电源对绕组供电。20世纪60年代初期,国外就已大量使用这种电路。图8-8给出了一种最简单的单电压驱动电路。上一级的输出脉冲信号E作用于晶体管T的基极,该晶体管的集电极经外接电阻R接电动机的一相绕组L,绕组的另一端直接与电源$+U$相连。二极管D反接在晶体管集电极和电源之间。下面对该电路进行分析。

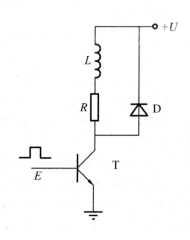

图8-8 单电压电路

晶体管T工作于开关状态。当基极输入为高电平时,该晶体管导通,如果忽略晶体管的导通压降,则电源电压作用在电阻R和绕组L上。但由于流过绕组线圈L的电流不能突变,在接通电源后绕组中的电流按指数规律上升,其时间常数$\tau = L/r$(L为绕组电感,r为绕组电阻),须经3τ时间后才能达到稳态电流。由于步进电动机绕组本身的电阻很小(约零点几欧姆),所以时间常数很大。为了减小时间常数,在步进电动机绕组中串联电阻R,这样时间常数$\tau = L/(R+r)$就大大减小,缩短了绕组中电流上升的过渡过程,从而提高了工作速度。绕组回路串入电阻增加了回路的阻尼,使电流振荡大幅度减少,对减少电机的共振也有利。当电流达到稳态值之后,绕组L上的电压接近为零,而电压全部加在电阻R上,故稳态电流$i_L = +U/R$。图8-9为该电路中有关电压、电流的波形图,图中i_L的前沿和后沿之所以不陡,是由于电感(绕组)的作用造成的。当基极输入低电平,该晶体管截止时,电动机绕组将产生一个很大的反电势。为了防止晶体管被击穿,所以在电路中加了一个二极管,它在晶体管T截止时起续流和保护作用。如果在二极管的支路上串联一个电阻R_D,如图8-10(a)所示,就能减小电路中电感放电的时间常数,使放电加快,从而使绕组电流后沿变陡,对提高步进电动机的高频性能有利。但却使步进电动机的低频特性变坏,对转子的阻

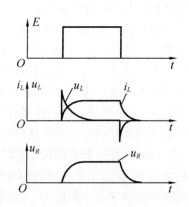

图8-9 电压、电流波形图

尼作用减弱,容易引起低频共振使运行不平稳,尤其是在二极管 D 开路时甚至会出现失步现象。

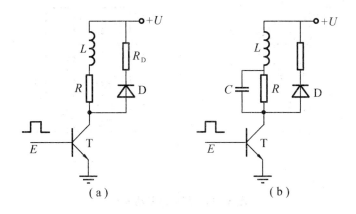

图 8 - 10　改进的单电压电路

(a)加泄放电阻;(b)加电容

　　单电压驱动电路的优点是电路只用一个电源,每相绕组只用一个功率元件,线路简单。缺点是效率低,尤其对高频工作的步进电动机更为严重。电阻 R 上的功率消耗所产生的热量对驱动器正常工作很不利,在设备安装时必须考虑通风散热问题,这就使整个驱动器的体积增加,结构复杂。因此,单电压驱动电路常用于小功率的步进电动机的驱动。

　　单电压驱动电路还有一些改进形式,例如在外接电阻 R 上并联一个电容 C,如图 8 - 10(b)所示。并联电容的目的是由于电容两端的电压不能突变,在绕组由截止到导通的瞬间,电源电压全部降落在绕组上,使电流上升更快,所以 C 又称为加速电容,但该电容会使低频时振荡加剧,使低频特性变坏。因此使用时要考虑到这一点。

　　这种并接电容的电路的特点是,在相同的电路、电压和外接电阻下,使流入绕组的电流平均值增加了,从某种意义上讲是提高了效率。因此,这种并联电容的电路目前使用较为广泛,甚至在要求较高的场合中也有应用。

　　2. 双电压电路

　　改善驱动器的高频特性可以通过提高绕组导通电流的前沿,亦即提高绕组电流的平均值来实现。虽可通过提高电源电压来提高绕组电流的前沿,但为保持稳态时电流不超过额定值必须相应地增加电阻 R 的值。此时电阻上的损耗相应增加使整个系统的效率下降,同时也带来通风散热等一系列问题。

　　采用双电压驱动就可以有效地解决此问题。双电压电路习惯上也称为高低压切换型电路。它是随着对步进电动机要求大功率和高频工作而出现的。主要是加大绕组电流的注入量及注入速度,提高步进电动机的输出功率。它的基本思想是在导通绕组的前沿用高电压供电来提高电流的前沿上升率,而在前沿过后用低电压来维持绕组的电流。图 8 - 11(a)所示为一相单元电路的原理图。L 为步进电动机每相绕组的电感,R 为外接电阻,D_1 为隔离二极管,D_2 为泄放二极管。每相绕组串联两个功率晶体管 T_1 和 T_2,分别由高压和低压供电,高压 $+U_1$ 用于加速电流的增长,一般设计在 80 ~ 120 V;低压 $+U_2$ 用于维持绕组的电流,一般设计在几伏至 30 V。

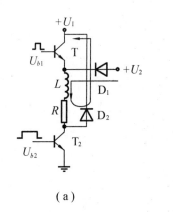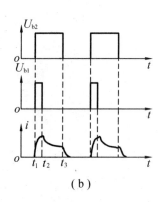

（a）　　　　　　　　　　　（b）

图 8 – 11　双电压驱动线路

（a）原理图；（b）电压、电流波形图

其工作过程如下：U_{b2} 是加到晶体管 T_2 基极上的电压，它可由环形分配器输出的脉冲信号或经过几级放大获得；U_{b1} 是加到晶体管 T_1 基极上的电压，它可由微分电路或其他整形电路使脉冲 U_{b2} 变窄（一般将其脉宽整定为 $1\sim3$ ms）来获得。U_{b2} 和 U_{b1} 的前沿应保持同步。在 $t_1\sim t_2$ 时间内，由于 U_{b2} 和 U_{b1} 均为高电平，所以晶体管 T_1 和 T_2 均饱和导通，高电压 $+U_1$ 经 T_1 和 T_2 加到步进电动机的绕组 L 上，使其电流迅速上升，当时间到达 t_2 时 U_{b1} 变为低电平，晶体管 T_1 截止，步进电动机绕组的电流由低电压电源 $+U_2$ 来维持，此时电流下降到步进电动机的额定电流，直到 t_3 时，U_{b2} 也变为低电平，晶体管 T_2 截止。当晶体管 T_1，T_2 都截止后，步进电动机绕组电流经 D_1、绕组 L、电阻 R，D_2 泄放，将能量回馈给高电压电源，这样既达到了缩短泄放时间，又可节约电能的作用。快速的泄放有利于提高驱动电路的高频响应性能，图 8 – 11(b) 为电压、电流波形。

这种驱动电路常用于大功率的驱动电源。它所具有的优点是：功耗小，启动转矩大，工作频率高。缺点是功率晶体管的数量要增加一倍，增加了驱动电源；同时低频时步进电动机振动噪声大，存在低频共振现象。

3. 斩波电路

以上介绍的各种驱动电路为了使输出电流保持额定值，采取了各种措施。而恒流斩波驱动电路（又称波顶补偿电路），可以很好地解决这个问题。恒流斩波电路与双电压电路输出电流波形的比较如图 8 – 12 所示。恒流斩波电路的原理如图 8 – 13 所示。环形分配器输出的脉冲信号经放大后直接加到晶体管 T_2 的基极，另外该脉冲信号与鉴幅电路的输出相与后经放大后加到晶体管 T_1 的基极。

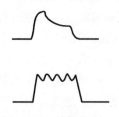

图 8 – 12　电流波形比较

恒流斩波电路的工作过程如下：环形分配器输出高电平时晶体管 T_1，T_2 导通，此时电路由高电压电源 $+U_1$ 来供电，绕组 L 上的电流上升。当 L 上的电流上升到额定值以上时，取样电阻 R 上端取出的电压将超过鉴幅门限，鉴幅电路输出低电平，则与门输出低电平使晶体管 T_1 截止。此时电路由低电压电源 $+U_2$ 来供电，绕组 L 中的电流开始下降。当降到额定值以下时，取样电阻上端的电压也降低到鉴幅电路的门限电压以下。此时,鉴幅电路的输出为高电平,与门输出为高电平使晶体管 T_1 再次导通,绕组中电流又开始上升。如此反复,步进电动机绕组中的电流就稳定在额定值上,形成小小的锯齿波。如图 8 – 13 中所示,当环形分配器输出低电平时,晶体管 T_1 和 T_2 都截止。此时绕组的续流与双电压驱动时相同,经 D_2,L,D_1 向电源泄放。

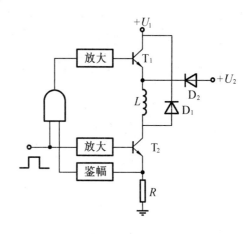

图 8 – 13　斩波电路原理

恒流斩波电路中,由于驱动电压较高且步进电动机绕组回路又不串电阻,所以电流上升很快。当到达所需值时,由于取样电阻的反馈控制作用,绕组电流可以恒定在确定的数值上,而且不随电机的转速而变化,从而保证在很大的频率范围内步进电动机都能输出恒定的转矩。这种驱动器所具有的其他特点是:

(1)由于绕组回路未串外接电阻,而取样电阻又很小,因此整个系统的功耗下降了很多,相应提高了效率;

(2)输出转矩均匀,冲击小;

(3)低频共振现象基本消除,在任何频率下,电机都可稳定运行;

(4)线路较复杂,对于小功率步进电动机,也可把功率晶体管 T_2 去掉,称为单电压电路的一种改进形式。

4. 调频调压电路

上面介绍的几种功放电路都没有涉及步进电动机绕组中的电流在高频和低频时的差别,只在改善步进电动机高频特性方面采取了一些措施。这样将使高频段步进电动机性能提高了,而在低频段使主振区的振荡加剧,甚至形成失步区。因此,在 20 世纪 70 年代初期发展成一种电压能随频率而变化的电路,即在低频时用低压,高频时用高压,这样既可使高频性能提高,又能避免低频可能出现的振荡,使步进电动机的频率特性曲线变得平坦。电压随频率变化可由不同方法来实现。最简单的办法是分频段调压,把步进电动机工作频段分为几段,每段工作电压不同,由此来弥补低频振荡的影响。更完善的办法是工作电压随着频率变化而成正比地变化。

图 8 – 14 为一种调频调压电路的原理图。末级功放仍是单电压的结构,只是增加了比较器和调压电路。其高频和低频时的电流波形如图 8 – 15 所示。

该电路工作过程是:控制频率信号 f 一方面经分配器控制开关管 T_2 的导通或截止;另一方面经频率/电压转换器(F/V),将频率变换成与之成正比的电压 V_1,V_1 与周期为 T 的锯齿波电压 V_2 进行比较。在 $V_1 < V_2$ 期间(t_1 期间),比较器输出低电平使调压开关管 T_1 导通,输出脉冲电压 u_1。在 $V_1 > V_2$ 期间,比较器输出高电平使 T_1 截止,输出电压 u_1 为零。此脉冲电压经 D_1,L_1,C 组成的滤波器输出工作电压 u_2。当控制频率 f 升高时,V_2 随之升高,经比较器使 T_1 的导通角 α 变大($\alpha = t_1/T$),从而使工作电压 u_2($u_2 = au_1$)升高,同理当 f 下降时 u_2 也随之下降,由此实现了工作电压随频率成正比的变化。调频调压电路可较好地适应步进电动机工作频率的变化,是一种高性能宽频率带驱动电路。

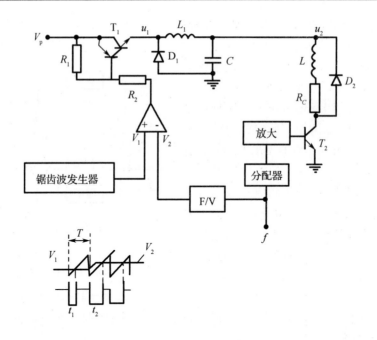

图 8 - 14 调频调压电路原理

(a)   (b)

图 8 - 15 调频调压电路的电流波形

(a)低频;(b)高频

5. 细分驱动

以上提出的步进电动机各种驱动线路,都是按照环形分配器决定的分配方式控制电动机各相绕组的导通或截止,从而使电动机产生步进旋转的合成磁势拖动转子步进旋转。其步距角的大小只有两种,即整步工作或半步工作,步距角由电动机结构所确定。如果要求步进电动机有更小的步距角,更高的分辨率(即脉冲当量),或者为减小电动机振动、噪声等原因,可以在每次输入脉冲切换时,不是将绕组电流全部通入或切除,而是只改变相应绕组中额定电流的一部分,则电动机的合成磁势也只旋转步距角的一部分,转子的每步运动也只有步距角的一部分。这里,绕组电流不是一个方波,而是阶梯波,额定电流是台阶式的投入或切除,电流分成多少个台阶,则转子就以同样的次数转过一个步距角。这种将一个步距角细分成若干步的驱动方法,称为细分驱动。

下面用磁势转换图来分析细分驱动的原理,并以三相反应式步进电动机为例说明。

对应于半步工作状态。状态转换表为 $A \rightarrow AB \rightarrow B \rightarrow BC \rightarrow C \rightarrow CA \rightarrow \cdots$,如果要将每一步细分成四步走完,则可将电动机每相绕组的电流分四个台阶投入或切除。图 8 - 16 画出了四细分时各相电流的变化情况,横坐标上标出的数字为切换输入 CP 脉冲的序号。同时也表示细分后的状态序号。初始状态 0 时,A 相通额定电流,即 $i_A = I_N$,当第一个 CP 脉冲到来时,B 相不是马上通额定电流,而是只通额定电流的四分之一,即 $i_B = I_N/4$,此时电动机的合成磁势由 A 相中 I_N 与 B 相中 $I_N/4$ 共同产生。由图 8–17(a)可看出合成磁势的旋转情况。

状态 2 时,A 相电流未变,而 B 相电流增加到 $i_B = I_N/2$;状态 3 时,$i_A = I_N$,$i_B = \frac{3}{4}I_N$;状态 4 时,$i_A = I_N$,$i_B = I_N$。未加细分时,从 A 到 AB 状态只需一步,而在细分工作时经四步才运行到 AB,这四步的步距角为 θ_1、θ_2、θ_3 和 θ_4(图 8–17),这四步才走完半步状态工作时一步的步距角,即 $\theta_1 + \theta_2 + \theta_3 + \theta_4 = \theta_b$。图中还表示出从 $AB \rightarrow B$ 细分的情况。不细分时,完成状态转换一个循环走六步,即 $m_1 = 6$,电动机转角为 $\theta = 6\theta_b$;细分后需 24 步才完成一个循环,即 $m_1 = 24$,电动机转角仍为 $6\theta_b$。

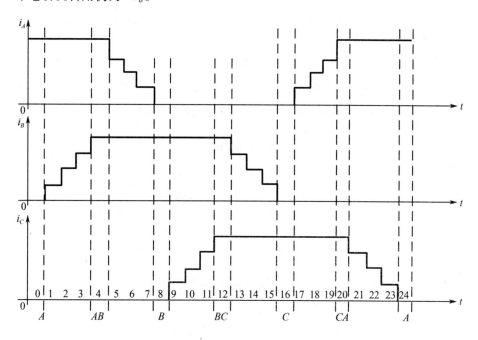

图 8–16　三相六拍四细分各相电流波形

不细分时,即电动机运行六拍时,每步的步距角理论上是一样的,即 $\theta_b = 60°$(电度角),细分后步距角应为 15°,但上述细分方法各步的步距角理论值就不相同,其中由包含 θ_1 的三角形中可以得出

$$\frac{\sin(120° - \theta_1)}{4} = \frac{\sin\theta_1}{1}$$

$$\sin120°\cos\theta_1 - \cos120°\sin\theta_1 = 4\sin\theta_1$$

$$\sin120°\cos\theta_1 = 4\sin\theta_1 + \cos120°\sin\theta_1$$

$$\tan\theta_1 = \frac{\sin\theta_1}{\cos\theta_1} = \frac{\sin120°}{4 + \cos120°}$$

$$\tan\theta_1 = \frac{\frac{1}{4}\cos30°}{1 - \frac{1}{4}\sin30°}$$

可得

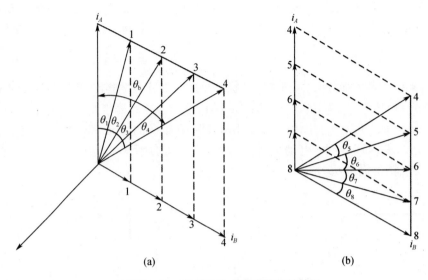

图 8 – 17   细分时合成磁势的旋转情况

$$\theta_1 = 13.9°$$

由

$$\tan(\theta_1 + \theta_2) = \frac{\dfrac{2}{4}\cos 30°}{1 - \dfrac{2}{4}\sin 30°}$$

得

$$\theta_2 = 30° - \theta_1 = 16.1°$$

由

$$\tan(\theta_1 + \theta_2 + \theta_3) = \frac{\dfrac{3}{4}\cos 30°}{1 - \dfrac{3}{4}\sin 30°}$$

得

$$\theta_3 = 16.1°$$

同理

$$\theta_4 = 13.9°$$

可见,四细分时步距角有两个数值,即 13.9° 及 16.1°。

步距角不均匀容易引起电动机振动和失步。如果要使细分后步距角仍然一致,则通电流的台阶就不应该是均匀的。如若使 θ_1 为 15°,则 i_B 应满足

$$\tan 15° = \frac{i_B \cos 30°}{I_N - i_B \sin 30°}$$

得

$$i_B = 0.267\,9 I_N$$

同理可计算出 $\theta_2, \theta_3, \theta_4$ 都为 15° 时的 i_B 值。

表 8 – 3 给出了等距细分时电动机通电相电流各台阶的数值。其中 s 为细分步距,k 为

脉冲序号,i/I_N 为通电相电流与额定电流的比值。由表中可见,i/I_N 与 k 之间的关系是较复杂的,既不是线性,也不是正弦。

表 8－3　等距细分时各步电流值

$\dfrac{i}{I_N}$ ＼ s ＼ k	三相六拍 (1~2 相通电)								四相分拍 (1~2 相通电)							
	2	4	6	8	19	12	14	16	2	4	6	8	10	12	14	16
1	0.5	0.268	0.184	0.141	0.114	0.196	0.083	0.073	0.414	0.199	0.132	0.098 4	0.078 7	0.005 5	0.056 1	0.019 1
2	1	0.5	0.347	0.268	0.219	0.214	0.16	0.141	1	0.414	0.268	0.199	0.158	0.132	0.113	0.098 4
3		0.732	0.5	0.386	0.316	0.268	0.239	0.206		0.668	0.414	0.303	0.240	0.199	0.170	0.102
4		1	0.653	0.5	0.409	0.347	0.302	0.268		1	0.577	0.414	0.325	0.268	0.228	0.199
5			0.815	0.614	0.5	0.242	0.369	0.327			0.676	0.535	0.414	0.339	0.288	0.25
6			1	0.732	0.591	0.5	0.435	0.386			1	0.668	0.510	0.414	0.35	0.303
7				0.859	0.584	0.577	0.5	0.443				0.821	0.613	0.493	0.414	0.357
8				1	0.781	0.653	0.565	0.5				1	0.727	0.557	0.482	0.414
9					0.886	0.732	0.631	0.557					0.854	0.668	0.553	0.473
10					1	0.815	0.098	0.614					1	0.767	0.628	0.535
11						0.904	0.767	0.672						0.877	0.71	0.559
12						1	0.840	0.732						1	0.797	0.668
13							0.917	0.794							0.894	0.72
14							1	0.859							1	0.821
15								0.927								0.906
16								1								1
1	0.502	0.257	0.174	0.131	0.105	0.088	0.075 6	0.056 3	0.464	0.228	0.151	0.114	0.090 7	0.075 6	0.004 8	0.056 6
2	1	0.502	0.340	0.257	0.207	0.174	0.149	0.131	1	0.464	0.305	0.228	0.182	0.151	0.130	0.114
3		0.747	0.602	0.380	0.307	0.257	0.222	0.196		0.717	0.464	0.345	0.274	0.228	0.195	0.171
4		1	0.665	0.502	0.405	0.340	0.293	0.257		1	0.630	0.464	0.368	0.305	0.261	0.228
5			0.830	0.624	0.502	0.421	0.363	0.319			0.808	0.588	0.464	0.384	0.328	0.280
6			1	0.747	0.599	0.502	0.433	0.380			1	0.717	0.563	0.404	0.395	0.345
7				0.873	0.697	0.583	0.502	0.441				0.854	0.665	0.540	0.464	0.404
8				1	0.797	0.665	0.572	0.502				1	0.771	0.630	0.534	0.464
9					0.899	0.747	0.641	0.563					0.882	0.717	0.631	0.525
10					1	0.831	0.712	0.624					1	0.808	0.680	0.588
11						0.916	0.783	0.685						0.901	0.750	0.652
12						1	0.855	0.747						1	0.834	0.747
13							0.929	0.810							0.915	0.785
14							1	0.873							1	0.854
15								0.938								0.926
16								1								1

从表 8－3 中还可以看出,虽然 i/I_N 与 k 之间的关系较复杂,但从数值上看,与线性关系偏差较小,所以用线性细分可认为是等距细分的近似,一般情况下用线性细分即可满足要

求(图 8 – 18)。

细分驱动需控制相绕组电流的大小。由前述各种驱动线路的原理可以看出,只有两种驱动线路可用于细分驱动,这就是单电压串电阻驱动和斩波恒流驱动。

利用单电压的原理实现细分驱动可以有两种线路,其一是使功放管工作在放大区,利用集电极电流 i_c 与基极电流 i_b 成正比的关系即可组成简单的细分电路,如图 8 – 18 所示,此时

$$i_b = \frac{u_b - u_{be}}{R_b}$$

绕组电流

$$i_c = \beta I_b = \frac{\beta(u_b - V_{be})}{R_b}$$

为使功放管在绕组电流达额定值时也不进入饱和区,应满足

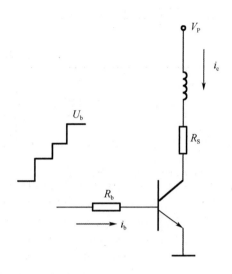

图 8 – 18   线性放大细分

$$i_c R_s < V_P - V_{ce}$$

V_{ce} 为功放管饱和压降。为使功放管在绕组电流为零时也不进入截止区,此时 u_b 应略小于功放管基射极导通压降 V_{be}。因为功放管工作在放大区,耗散功率很大,所以只适用小功率的电动机。

要使功放管工作在开关状态,可用多路功放管对同一相绕组供电来实现细分驱动,具体电路如图 8 – 19 所示,图中以回路并联为例。如果取 $R_{s1} = R_{s2} = R_{s3} = R_{s4} = R_s$,则任一路导通时,可为绕组提供电流 V_P/R_s(V_{ce} 忽略不计),取 $V_P/R_s = I_N/4$,就能实现四细分,额定电流工作时四个晶体管均导通。如果取 $V_P/R_{s1} = \frac{1}{4}I_N$,$V_P/R_{s2} = \frac{2}{4}I_N$,$V_P/R_{s3} = \frac{3}{4}I_N$,$V_P/R_{s4} = I_N$,则各台阶只有一个管导通就可以了。如果取 $V_P/R_{s1} = \frac{1}{15}I_N$,$V_P/R_{s2} = \frac{2}{15}I_N$,$V_P/R_{s3} = \frac{4}{15}I_N$,$V_P/R_{s4} = \frac{8}{15}I_N$,则利用导通信号的不同组合可实现十五细分。

在斩波恒流驱动电路中,绕组电流的大小取决于比较器的给定电压,所以利用这种电路实现细分实际就是对应各个电流台阶对比较器施加对应的给定电平。利用集成驱动片3717,在给定电平端 V_R 施加台阶电平,即可实现细分驱动,如图 8 – 20 所示。

8.3.3   步进电动机驱动器介绍

现如今步进电动机驱动器成型产品较多,介绍某二相步进电机驱动器,其能实现高频斩波,恒流驱动,具有很强的抗干扰性、高频性能好、启动频率高、控制信号与内部信号实现光电隔离、电流可选、结构简单、运行平稳、可靠性好、噪声小。主要性能参数如下:

(1)最大输出负载电流1.0 A;

(2)细分数可选(1/2,1/4,1/8),对应的微步距角分别为(0.9°/STEP,0.45°/STEP,0.225°/STEP);

(3)斩波频率 $f = 40$ kHz;

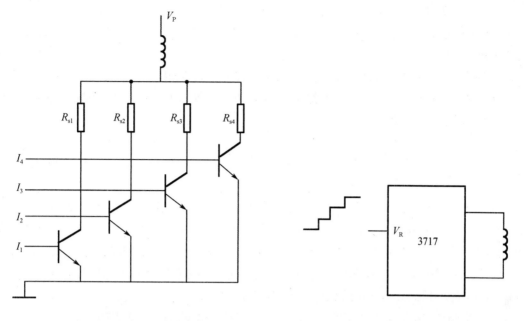

图 8-19　多路电流合成细分　　　　　　　　　　　图 8-20　集成驱动片

（4）电机的相电流为正弦波；

（5）可选择电流为半流。

　　步进电机在脉冲停止以后，会有锁定力矩，一般电流越大，锁定力矩越大。所谓满流就是停止锁定电流和工作时的相电流一样，这时锁定力矩大，但是发热和功耗增加；一般的驱动器在脉冲停止后自动半流（相对驱动器设定的相电流的一半）。该驱动器的接线图如图 8-21 所示。

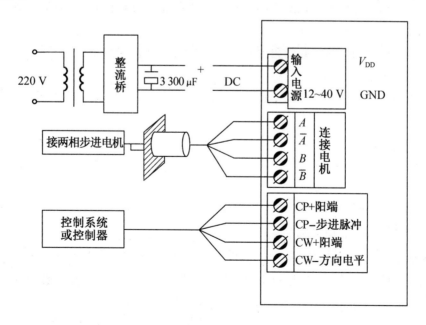

图 8-21　驱动器接线图

在图 8 - 21 中:

电源接线:V_{DD}为直流电源正端(不大于 40 V DC);GND 为直流电源地线(与输入信号 CW - ,CP - 不共地)。

电机接线:$A +$,$A -$ 接电机线 A 相,$B +$,$B -$ 接电机线 B 相。

控制信号:CP + ,CW + 为输入控制信号的公共阳端;CW - 为方向控制信号输入端; CP - 为脉冲信号输入端。

8.4　步进电动机的选用

选择步进电动机应首先结合其不同类型的特点及所驱动负载的要求。反应式步进电动机步距角较小,启动和运行频率较高,但断电时无定位力矩,需带电定位。永磁式步进电动机步距角较大,启动和运行频率较低,断电后有一定的定位力矩,但需要双极性脉冲励磁。混合式步进电动机结构较复杂,需双极性脉冲供电,兼有反应式和永磁式步进电动机的优点。

确定所选用的步进电动机类型后需要确定以下项目:

(1)步距角:结合每脉冲负载需要的转角或直线位移及传动比加以考虑。

(2)最大静转矩:考虑步进电动机的带载运行能力和运行的稳定性,一般选择电动机的最大静转矩不小于负载转矩的 2 ~ 3 倍。

(3)结合负载启动与运行条件选择步进电动机的启动与运行频率。

(4)确定电动机电压、电流、机座号与安装方式。

(5)根据所选步进电动机产品选择驱动电源。

步进电动机使用中需注意的事项如下:

(1)电机启动与运行频率均不能超出对应的极限频率,启动与停车时需要渐进的频率升降过程,防止失步或滑动制动。

(2)负载应在电动机的负载能力范围之内。电动机运行中尽量使负载均衡,避免由于突变而引起动态误差。

(3)注意电动机静态工作情况。步进电动机静态时电流较大,发热比较严重,应注意避免电动机过热。

(4)步进电动机运行中出现失步现象时,应注意仔细检查具体故障原因。负载过大或负载波动、驱动电源不正常、步进电动机自身故障、工作方式不当及工作频率偏高或偏低均有可能导致失步。

例 8 - 2　某系统的转盘驱动,要求实现 90°的转动定位,试选择驱动步进电动机。

解　(1)圆盘的转动惯量 J_0

已知圆盘质量 $m = 200$ g,外径 $R_0 = 0.088$ m,内径 $r_0 = 0.007\ 5$ m,可求得圆盘的转动惯量 J_0 为

$$J_0 = \frac{1}{2} \cdot m \cdot (R_0^2 + r_0^2) = \frac{1}{8} \times 0.2 \times (0.176^2 + 0.15^2) \approx 1.34 \times 10^{-3} \text{ kg} \cdot \text{m}^2$$

(2)轮毂的转动惯量 J_1

已知轮毂质量 $M = 100$ g,外径 $R_0 = 0.036$ m,内径 $r_0 = 0.007\ 5$ m,可求得轮毂的转动惯

量 J_1 为

$$J_1 = \frac{1}{2} \cdot M \cdot (R_1^2 + r_0^2) = \frac{1}{8} \times 0.1 \times (0.036^2 + 0.15^2) \approx 2.98 \times 10^{-4} \text{ kg} \cdot \text{m}^2$$

（3）角速度以及角加速度

转盘转动时，要求转盘动作在 0.4 s 内完成，其中加减速时间 t_0，t_2 各 0.1 s，高速运动时间为 $t_1 = 0.2$ s，可知

$$\omega_{max} = \frac{n \cdot 2\pi}{360 \times 0.2} = \frac{60 \cdot 2\pi}{360 \times 0.2} = 5.24 \text{ rad/s}$$

$$a = \frac{\omega_{max}}{t_0} = \frac{5.24}{0.1} = 52.4 \text{ rad/s}^2$$

取步进电动机额定转速为

$$N = 50 \text{ r/min}$$

（4）转矩计算

不考虑系统摩擦、阻尼转矩，仅考虑惯性转矩，有

$$T = (J_1 + J_0)\alpha = 0.085\,8 \text{ N} \cdot \text{m}$$

（5）电机选型

选用 42 系列步进电动机，配带一级 $1:5$ 减速器，此时电机最高转速为 250 r/min，结合该电动机的矩频特性曲线，如图 8 − 22 所示。

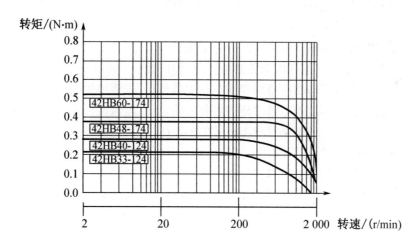

图 8 − 22 某系列电机矩频特性曲线

为了保证电机的正常运行，一般选取电机转矩为折算的负载转矩的三倍，此时的电机保持转矩 $T_A > \dfrac{0.085\,8}{5} \times 3 = 0.051\,5$，所以可以选用 42HB33 − 124 型电机（步距角 $1.8°$，额定电流 1.2 A，电机转矩 0.22 N·m）。选取对应的步进电机驱动器，如图 8 − 23 所示。

根据需要，步进电动机的驱动器接线图如图 8 − 24 所示。

图8-23 某步进电机驱动器

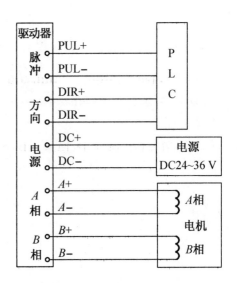

图8-24 步进电机接线图

习题与思考题

8-1 简述步进电动机的特点、结构和工作原理。

8-2 三相步进电动机"单三拍""双三拍"和"六拍"的含义是什么?

8-3 步进电动机的驱动电路可以分为哪几种?

8-4 单电压驱动、双电压驱动各自的特点是什么?

8-5 画出单电压驱动的电路原理图和有关的电压、电流波形。

8-6 画出双电压驱动的电路原理图和有关的电压、电流波形。

8-7 画出斩波驱动的电路原理图和有关的电压、电流波形。

8-8 斩波驱动的特点是什么?

8-9 简述环形分配器的作用和分类。

8-10 硬环形分配器和软环形分配器的各自优缺点是什么?

8-11 步进电动机的选择步骤是什么?

第 9 章　直流自动调速系统

在前面介绍的直流电动机和交流电动机调速的原理和方法,仅局限在开环系统的概念上。开环系统的结构和控制简单,但其往往不能满足高要求的生产机械的需要,因此对于某些要求较高的直流和交流传动系统,必须采用闭环的形式。闭环调速系统可分为有静差和无静差、单闭环和多闭环等类型。本章主要对有静差和无静差的单闭环直流自动调速系统的原理、特性和规律作简单的介绍。

9.1　直流调速系统动态性能指标

生产机械对调速系统性能的要求包括稳态(静态)和动态性能指标。关于调速系统的稳态性能指标本书已在 3.4 节中给以说明,本节介绍调速系统的动态性能指标中的跟随性能指标和抗扰性能指标。

9.1.1　跟随性能指标

在给定速度的作用下,系统输出速度的变化情况可用跟随性能指标来描述。当给定速度变化方式不同时,输出速度的响应也不一样。通常以阶跃响应作为典型的跟随过程。一般希望在阶跃响应中输出速度与其稳态值的偏差越小越好,达到稳态值的时间越短越好。具体的跟随性能指标有下列各项。

1. 上升时间 t_r

在典型的阶跃响应跟随过程中,输出速度从零起第一次上升到稳态值所经历的时间称为上升时间,它表示动态响应的快速性,如图 9 – 1 所示。对于无振荡系统,常把响应曲线由稳态值的 10% 上升到稳态值的 90% 所经历的时间作为上升时间。

2. 超调量 $\sigma\%$

在典型的阶跃响应跟随过程中,输出速度超出稳态值的最大偏离量与稳态值之比,用百分数表示,叫作超调量,即

$$\sigma\% = \frac{n_{max} - n_\infty}{n_\infty} \times 100\%$$

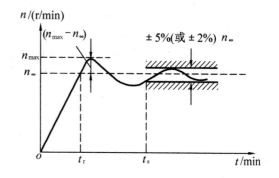

图 9 – 1　跟随性能指标

超调量反映系统的相对稳定性。超调量越小,则相对稳定性越好,即动态响应比较平稳。

3. 调节时间 t_s

调节时间又称过渡过程时间,它衡量系统整个调节过程的快慢。原则上它应该是从给定量阶跃变化起到输出量完全稳定下来为止的时间。对于线性控制系统来说,理论上要到 $t = \infty$ 才真正稳定,但是由于存在非线性因素实际系统并不是这样。因此,一般在阶跃响应

曲线的稳态值附近,取 ±5%(或 ±2%)的范围作为允许误差带,以响应曲线达到并不再超出该误差带所需的最短时间,定义为调节时间,如图 9-1 所示。

9.1.2 抗扰性能指标

调速系统在稳态运行中,如果受到扰动,经历一段动态过程后,总能达到新的稳态。除了稳态误差以外,在动态过程中输出量变化有多少? 在多么长时间内能恢复稳定运行? 这些问题标志着调速系统抵抗扰动的能力。一般以系统稳定运行中突加一个使输出量降低的负扰动 N 以后的过渡过程作为典型的抗扰过程,如图 9-2 所示。抗扰性能指标定义如下。

1. 动态速度降落 Δn_{max}

系统稳定运行时,突加一个约定的标准的负扰动量,在过渡过程中所引起的输出速度最大降落值 Δn_{max} 叫作动态速度降落,用输出速度原稳态值 n_1 的百分数来表示。输出速度在动态降落后逐渐恢复,达到新的稳态速度 n_2,$(n_1 - n_2)$ 是系统在该扰动作用下的稳态降落。动态降落一般都大于稳态降落(即静差)。

2. 恢复时间 t_v

从阶跃扰动作用开始,到输出速度基本上恢复稳态,距新稳态速度 n_2 之差进入

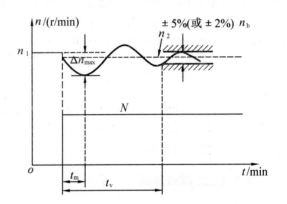

图 9-2 突加扰动时抗扰性能指标

某基准量 n_b 的 ±5%(或 2%)范围之内所需的时间,定义为恢复时间 t_v(图 9-2)。其中 n_b 称为抗扰指标中输出速度的基准值,视具体情况选定。为什么不用稳态速度作为基准呢? 这是因为动态降落本身就很小,倘若动态速度降落小于 5%,则按进入 ±5% n_2 范围来定义的恢复时间只能为零,就没有什么意义了。

实际调速系统对于各种动态指标的要求各有不同。例如,可逆轧机需要连续正反向轧制许多道次,因而对转速的动态跟随性能和抗扰性能要求较高,而一般的不可逆调速系统则主要要求一定的转速抗扰性能,其跟随性能好坏问题不大。工业机器人和数控机床用的位置随动系统要有较严格的跟随性能,而大型天线随动系统则对抗扰性能也有一定的要求。多机架的连轧机是要求高抗扰性能的调速系统,如果 Δn_{max} 和 t_v 较大,会产生拉钢或堆钢现象,严重影响产品质量,甚至造成事故;至于转速的跟随性能,只希望没有超调,过渡过程慢些没有什么关系,有时还故意限制加速度,使启动、制动过程更加平缓。总之,一般来说,调速系统的动态性能指标以抗扰性能为主,而随动系统的动态指标则以跟随性能为主。

9.2 可控直流电源

通过前面对直流电动机调速方法的介绍可知,调压调速具有良好性能,在自动控制的直流调速系统中往往以调压调速为主。

变压调速是直流调速系统的主要方法,调节电枢供电电压需要有专门的可控直流电源。常用的可控直流电源有以下三种:

(1)旋转变流机组。用交流电动机和直流发电机组成机组,获得可调的直流电压。

（2）静止式可控整流器。用静止式的可控整流器获得可调的直流电压。

（3）直流斩波器或脉宽调制变换器。用恒定直流电源或不控整流电源供电，利用电力电子开关器件斩波或进行脉宽调制，产生可变的平均电压。

下面分别对各种可控直流电源及由它供电的直流调速系统作概括性的介绍。

9.2.1　旋转变流机组

图 9 - 3 所示为旋转变流机组和由它供电的直流调速系统原理图。由交流电动机（异步机或同步机）拖动直流发电机 G 实现变流，由 G 给需要调速的直流电动机 M 供电，调节 G 的励磁电流 i_f 即可改变其输出电压 U，从需调节电动机的转速 n。这样的调速系统简称 G - M 系统，国际上通称 Ward-Leonard 系统。为了给 G 和 M 提供励磁电源，通常专设一台直流励磁发电机 GE，可装在变流机组同轴上，也可另外单用一台交流电动机拖动。

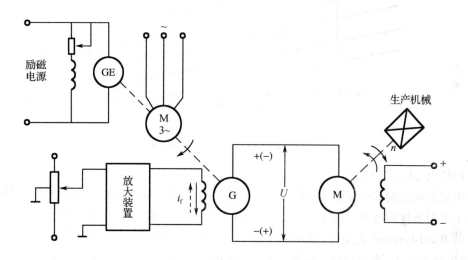

图 9 - 3　旋转变流机组和由它供电的直流调速系统（G - M 系统）原理图

对系统的调速性能要求不高时，i_f 可直接由励磁电源供电；要求较高的闭环调速系统，一般都应通过放大装置进行控制，如交磁放大机、磁放大器、晶体管电子放大器等。改变 i_f 的方向时，U 的极性和 n 的转向都跟着改变，所以 G - M 系统的可逆运行是很容易实现的。图 9 - 4 所示为采用变流机组供电时电动机可逆运行的机械特性。由图可见，无论正转减速还是反转减速时都能够实现回馈制动，因此 G - M 系统是可以在允许转矩范围之内四象限运行的系统。图 9 - 4 右上角是表示四象限运行的示意图。

机组供电的直流调速系统在 20 世纪 60 年代以前曾广泛地使用着，但该系统需要旋转变流机组，至少包含两台与调速电动机容量相当的旋转电机，还要一台励磁发电机，因此设备多，体积大，费用高，效率低，安装须打地基，运行有噪声，维护不方便。为了克服这些缺点，在 20 世纪 60 年代以后开始采用各种静止式的变压或变流装置来替代旋转变流机组。

9.2.2　静止式可控整流器

采用闸流管或汞弧整流器的离子拖动系统是最早应用静止式变流装置供电的直流调速系统。它虽然克服了旋转变流机组的许多缺点，而且还大大缩短了响应时间，但闸流管容量小，汞弧整流器造价较高，维护麻烦，万一水银泄漏，将会污染环境，危害人身健康。

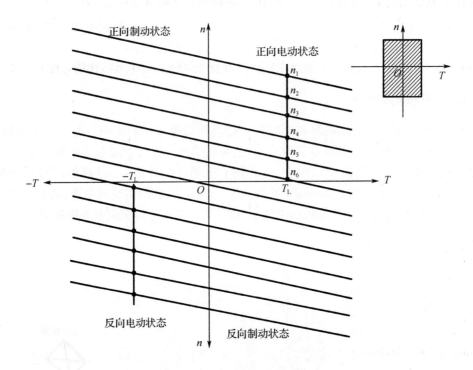

图9-4 G-M系统的机械特性

1957年,晶闸管(俗称可控硅整流元件,简称"可控硅")问世,到了20世纪60年代,已生产出成套的晶闸管整流装置,逐步取代了旋转变流机组和离子拖动变流装置,使变流技术产生了根本性的变革。图9-5所示是晶闸管-电动机调速系统(简称V-M系统,又称静止的Ward-Leonard系统)的原理图。图中VT是晶闸管可控整流器,通过调节触发装置GT的控制电压U_c来移动触发脉冲的相位,即可改变整流电压U_d,从而实现平滑调速。和旋转变流机组及离子拖动变流装置相比,晶闸管整流装置不仅在经济性和可靠性上都有很大提高,而且在技术性能上也显示出较大的优越性。晶闸管可控整流器的功率放大倍数在10^4以上,其门极电流可以直流用电子控制,不再像直流发电机那样需要较大功率的放大器。在控制作用的快速性上,变流机组是秒级,而晶闸管整流器是毫秒级,这将会大大提高系统的动态性能。

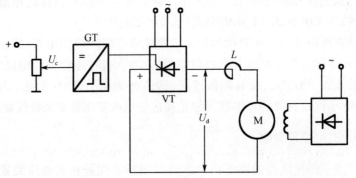

图9-5 晶闸管-电动机调速系统(V-M系统)原理图

晶闸管整流器也有它的特点。首先,由于晶闸管的单向导电性,它不允许电流反向,给系统的可逆运行造成困难。由半控整流电路构成的 V - M 系统只允许单象限运行(图 9 - 6(a)),全控整流电路可以实现有源逆变,允许电动机工作在反转制动状态,因而能获得二象限运行(图 9 - 6(b))。必须进行四象限运行时(图 9 - 6(c)),只好采用正、反两组全控整流电路,所用变流设备需增加一倍。

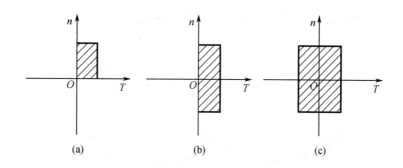

图 9 - 6　V - M 系统的运行范围

(a)单象限运行;(b)二象限运行;(c)四象限运行

晶闸管的另一个问题是对过电压、过电流和过高的 du/dt 与 di/dt 都十分敏感,其中任一指标超过允许值都可能在很短的时间内损坏器件,因此必须有可靠的保护电路和符合要求的散热条件,而且在选择器件时还应留有适当的余量。现代的晶闸管应用技术已经成熟,只要器件质量过关,装置设计合理,保护电路齐备,晶闸管装置的运行是十分可靠的。

最后,谐波与无功功率造成的“电力公害”是晶闸管可控整流装置进一步普及的障碍。当系统处于深调速状态,即在较低速运行时,晶闸管的导通角很小,使得系统的功率因数很低,并产生较大的谐波电流,引起电网电压波形畸变,殃及附近的用电设备,这就是所谓的“电力公害”。在这种情况下,必须添置无功补偿和谐波滤波装置。

9.2.3　直流斩波器或脉宽调制变换器

在干线铁道电力机车、工矿电力机车、城市电车和地铁电机车等电力牵引设备上,常采用直流串励或复励电动机,由恒压直流电网供电。过去用切换电枢回路电阻来控制电机的启动、制动和调速,在电阻中耗电很大。为了节能,并实行无触点控制,现在多改用电力电子开关器件,如快速晶闸管、GTO 和 IGBT 等。采用简单的单管控制时,称作直流斩波器,后来逐渐发展成采用种种脉冲宽度调制开关的电路,统称脉宽调制变换器。

直流较波器 - 电动机系统的原理图示于图 9 - 7(a),其中 VT 用开关符号表示任何一种电力电子开关器件,VD 表示续流二极管。当 VT 导通时,直流电源电压 U_s 加到电动机上;当 VT 关断时,直流电源与电机脱开,电动机电枢经 VD 续流,两端电压接近于零。如此反复,得到电枢端电压波形 $u = f(t)$,如图 9 - 7(b)所示,好像是电源电压 U_s 在 t_{on} 时间内被接上,又在 $(T - T_{on})$ 时间内被斩断,故称“斩波”。这样,电动机得到的平均电压为

$$U_d = \frac{t_{on}}{T} U_s = \rho U_s \qquad (9 - 1)$$

式中　T——功率开关器件的开关周期,s;

t_{on}——开通时间,s;

ρ——占空比,$\rho = t_{on}/T = t_{on}f$,其中 f 为开关频率。

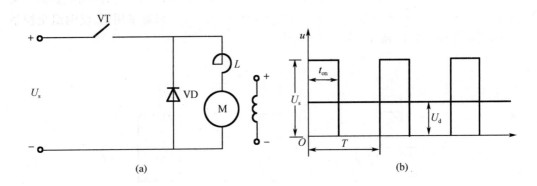

图9-7　直流斩波器-电动机系统的原理图和电压波形
(a)原理图;(b)电压波形

图9-8(a)给出了一种可逆脉宽调速系统的基本原理图(略去续流二极管)由 $VT_1 \sim VT_4$ 四个电力电子开关器件构成桥式(或称 H 形)可逆脉冲宽度调制(Pulse Width Modulation,PWM)变换器。VT_1 和 VT_4 同时导通或关断,VT_2 和 VT_3 同时通断,使电动机 M 的电枢两端承受电压 $+U_s$ 或 $-U_s$。改变两组开关器件导通的时间,也就改变电压脉冲的宽度,得到电动机两端电压波形如图9-8(b)所示。

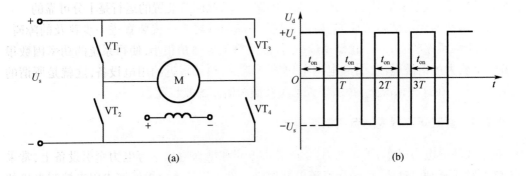

图9-8　桥式可逆脉宽调速系统基本原理图和电压波形
(a)基本原理图;(b)电压波形

如图用 t_{on} 表示 VT_1 和 VT_4 导通的时间,开关周期 T 和占空比 ρ 的定义和上面相同,则电动机电枢端电压平均值为

$$U_d = \frac{t_{on}}{T}U_s - \frac{T - t_{on}}{T}U_s = \left(\frac{2t_{on}}{T} - 1\right)U_s = (2\rho - 1)U_s \qquad (9-2)$$

上述所介绍的三种可控电源中,旋转变机组如今已很少采用,静止式可控整流器主要用于大功率直流电动机的驱动,中小功率直流电动机的驱动主要用脉宽调制变换器。

9.3　单闭环直流传动控制系统

常见的单闭环直流调速系统的框图如图9−9所示。单闭环直流调速系统常分为有静差调速系统和无静差调速系统两类：单纯由被调量负反馈组成的按比例控制的单闭环系统属有静差的自动调节系统，简称有静差调速系统；而按积分（或比例积分）控制的系统，则属无静差调速系统。

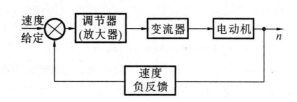

图9−9　单闭环调速系统框图

9.3.1　有静差调速系统

1. 有静差调速系统的基本组成和工作原理

图9−10所示为一典型的晶闸管−直流电动机有静差调速系统的原理图，其中，放大器为比例放大器（或比例调节器），直流电动机 M 由晶闸管可控整流器经过平波电抗器 L 供电。

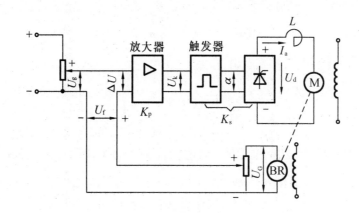

图9−10　晶闸管直流调速系统原理图

整流器整流电压 U_d 可由控制角 α 来改变，在这里整流器的交流电源省略未画出。触发器的输入控制电压为 U_k。为使速度调节灵敏，使用放大器把输入信号 ΔU 加以放大，ΔU 为给定电压 U_g 与速度反馈信号 U_f 的差值，即

$$\Delta U = U_g - U_f \tag{9-3}$$

ΔU 又称偏差信号。速度反馈信号电压 U_f 与转速 n 成正比，即

$$U_f = \gamma n \tag{9-4}$$

其中，γ 为转速反馈系数。

放大器的输出

$$U_k = K_p \Delta U = K_p (U_g - U_f) = K_p (U_g - \gamma n) \tag{9-5}$$

其中，K_p 为放大器的电压放大倍数。

把触发器和可控整流器看成一个整体，设其等效放大倍数为 K_s，则空载时，可控整流器

的输出电压为

$$U_d = K_s U_k = K_s K_p (U_g - \gamma n) \tag{9-6}$$

对于电动机电枢回路,若忽略晶闸管的管压降 ΔE,则有

$$U_d = K_e \Phi n + I_a R_\Sigma = C_e n + I_a R_\Sigma \tag{9-7}$$

式中 $C_e = K_e \Phi$;

R_Σ——电枢回路的总电阻, $R_\Sigma = R_x + R_a$;

R_x——可控整流电源的等效内阻(包括整流变压器和平波电抗器等的电阻);

R_a——电动机的电枢电阻。

联立求解式(9-6)和式(9-7),可得带转速负反馈的晶闸管-电动机有静差调速系统的机械特性方程

$$n = \frac{K_0 U_g}{C_e(1+K)} - \frac{R_\Sigma}{C_e(1+K)} I_a = n_{0f} - \Delta n_f \tag{9-8}$$

式中 K_0——从放大器输入端到可控整流电路输出端的电压放大倍数, $K_0 = K_p K_s$;

K——闭环系统的开环放大倍数, $K = \dfrac{\gamma}{C_e} K_p K_s$。

由图 9-10 可看出,如果系统没有转速负反馈(即开环系统)时,则整流器的输出电压

$$U_d = K_p K_s U_g = K_0 U_g = C_e n + I_a R_\Sigma$$

由此可得开环系统的机械特性方程

$$n = \frac{K_0 U_g}{C_e} - \frac{R_\Sigma}{C_e} I_a = n_{0K} - \Delta n_K \tag{9-9}$$

比较式(9-8)与式(9-9),不难看出:

(1)在给定电压一定时,有

$$n_{0f} = \frac{K_0 U_g}{C_e(1+K)} = \frac{n_{0K}}{1+K} \tag{9-10}$$

即闭环系统的理想空载转速降低到开环时的 $\dfrac{1}{1+K}$ 倍。为了使闭环系统获得与开环系统相同的理想空载转速,闭环系统所需要的给定电压 U_g 要比开环系统高 $(1+K)$ 倍。因此,仅有转速负反馈的单闭环系统在运行中,若突然失去转速负反馈,就可能造成严重的事故。

(2)如果将系统闭环与开环的理想空载转速调得一样,即 $n_{0f} = n_{0K}$,则

$$\Delta n_f = \frac{R_\Sigma}{C_e(1+K)} I_a = \frac{\Delta n_K}{1+K} \tag{9-11}$$

即在同样负载电流下,闭环系统的转速降仅为开环系统转速降的 $\dfrac{1}{1+K}$ 倍,从而大大提高了机械特性的硬度,使系统的静差度减少。

(3)在最大运行转速 $n_{\max}$ 和低速时最大允许静差度 S_2 不变的情况下,开环系统和闭环系统的调速范围分别为

开环:

$$D = \frac{n_{\max} S_2}{\Delta n_{NK}(1 - S_2)}$$

闭环：

$$D_f = \frac{n_{max}S_2}{\Delta n_{Nf}(1-S_2)} = \frac{n_{max}S_2}{\dfrac{\Delta n_{NK}}{1+K}(1-S_2)} = (1+K)D \qquad (9-12)$$

即闭环系统的调速范围为开环系统的$(1+K)$倍。

　　由上可见,提高系统的开环放大倍数 K 是减小静态转速降落、扩大调速范围的有效措施。但是放大倍数也不能过分增大,否则系统容易产生不稳定现象。

　　现在分析这种系统转速自动调节的过程。在某一个规定的转速下,给定电压 U_g 是固定不变的。假设电动机空载运行($I_a \approx 0$)时,空载转速为 n_0,测速发电机有相应的电压 U_{BR},经过分压器分压后,得到反馈电压 U_f,给定量 U_g 与反馈量 U_f 的差值 ΔU 加进比例调节器(放大器)的输入端,其输出电压 U_k 加入触发器的输入电路,可控整流装置输出整流电压 U_d 供给给电动机,产生空载转速 n_0。当负载增加时,I_a 加大,由于 $I_a R_\Sigma$ 的作用,使电动机转速下降($n < n_0$),测速发电机的电压 U_{BR} 下降,使反馈电压 U_f 下降到 U_f'。但这时给定电压 U_g 并没有改变,于是偏差信号增加到 $\Delta U' = U_g - U_f'$,使放大器输出电压上升到 U_k'。它使晶闸管整流器的控制角 α 减小,整流电压上升到 U_d',电动机转速又回升到近似等于 n_0。但电动机的转速绝不可能等于 n_0,因为,如果回升到 n_0,那么,反馈电压也将回升到原来的数值 U_f,而偏差信号又将下降到原来的数值 ΔU,也就是放大器输出的控制电压 U_k 没有增加,因而晶闸管整流装置的输出电压 U_d 也不可能增加,也就无法补偿负载电流 I_a 在电阻 R_Σ 上的电压降落,电动机转速又将下降到原来的数值。这种维持被调量(转速)近于恒值不变,但又具有偏差的反馈控制系统通常称为有差调节系统(即有差调速系统)。系统的放大倍数越大,准确度就越高,静差度就越小,调速范围就越大。

　　图 9-10 中的放大器可采用单管直流放大器、差动式多级直流放大器或直流运算放大器。目前在调速系统中应用最普遍的是直流运算放大器,在运算放大器的输出端与输入端之间接入不同阻抗网络的负反馈,可实现信号的组合和运算,通常称为"调节器",常用的有 P,PI,PID,PD 等调节器。在有差调速系统中用的是比例调节器,即 P 调节器。

　　转速负反馈调速系统能克服扰动作用(如负载的变化、电机励磁的变化、晶闸管交流电源电压的变化等)对电动机转速的影响。只要扰动引起电动机转速的变化能为测量元件——测速发电机等所测出,调速系统就能产生作用来克服它。换句话说,只要扰动是作用在被负反馈所包围的环内,就可以通过负反馈的作用来减少扰动对被调量的影响,但是必须指出,测量元件本身的误差是不能补偿的。例如,当测速发电机的磁场发生变化时,则 U_G 就要变化,通过系统的作用,会使电动机的转速发生变化。因此,正确选择与使用测速发电机是很重要的。如用他励式测速发电机时,应使其磁场工作在饱和状态或者用稳压电源供电,也可选用永磁式的测速发电机(当安装环境不是高温,没有剧烈振动的场合),以提高系统的准确性。在安装测速发电机时还应注意轴的对中,不偏心,否则也会对系统带来干扰。

9.3.2　无静差调速系统

　　图 9-11 所示为一常用的具有比例积分调节器的无静差调速系统。这种系统的特点是:静态时系统的反馈量总等于给定量,即偏差等于零。要实现这一点,系统中必须接入无差元件,它在系统出现偏差时动作以消除偏差,当偏差为零时停止动作。图中,PI 调节器是

一个典型的无差元件。下面先介绍 PI 调节器,然后再分析系统工作原理。

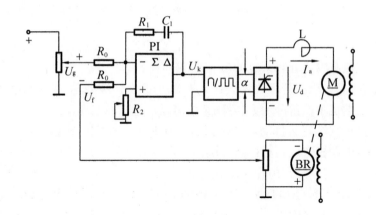

图 9-11   具有比例积分调节的无静差调速系统

1. 比例积分(PI)调节器

把比例运算电路和积分运算电路组合起来就构成了比例积分调节器,简称 PI 调节器,如图 9-12(a)所示。由图可知,$U_o = -I_1R_1 - \dfrac{1}{C_1}\int I_1 dt$,又 $I_1 = I_i = \dfrac{U_i}{R_0}$,故

$$U_o = -\frac{R_1}{R_o}U_i - \frac{1}{R_0 C_1}\int U_i dt \tag{9-13}$$

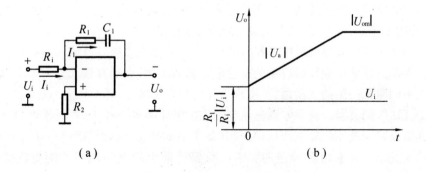

图 9-12   比例积分(PI)调节器
(a)电路;(b)时间特性

由此可见,PI 调节器的输出由两部分组成,第一部分是比例部分,第二部分是积分部分。由零初始状态和阶跃输入下,输出电压的时间特性如图 9-12(b)所示,这里 U_o 用绝对值表示,当突加输入信号 U_i 时,开始瞬间电容 C_1 相当于短路,反馈回路中只有电阻 R_1。此时相当于比例调节器,它可以毫无延迟地起调节作用,故调节速度快;而后随着电容 C_1 被充电而开始积分,U_o 线性增长,直到稳态。在稳态时,C_1 相当于开路,极大的开环放大倍数使系统基本上达到无静差。

采用比例积分调节器的自动调速系统,综合了比例和积分调节器的特点,既能获得较高的静态精度,又能具有较快的动态响应,因而得到了广泛的应用。

2. 采用 PI 调节器的无静差调速系统

在图 9-11 中,由于有比例积分调节器的存在,只要偏差 $\Delta U = U_g - U_f$ 不等于零,系统就会起调节作用;当 $\Delta U = 0$ 时, $U_g = U_f$, 则调节作用停止。调节器的输出电压 U_k 由于积分作用,保持在某一数值,以维持电动机在给定转速下运转,系统可以消除静态误差,故该系统是一个无静差调速系统。

系统的调节作用是:当电动机负载增加时,如图 9 - 13(a)中的 t_1 瞬间,负载突然由 T_{L1} 增加到 T_{L2}, 则电动机的转速将由 n_1 开始下降而产生转速偏差 Δn, 见图 9 - 13(b),它通过测速机反馈到 PI 调节器的输入端产生偏差电压 $\Delta U = U_g - U_f > 0$, 于是开始了消除偏差的调节过程。首先,比例部分调节作用显著,其输出电压等于 $\dfrac{R_1}{R_0}\Delta U$, 使控制角 α 减小,可控整流电压增加 ΔU_{d1}, 见图 9 - 13(c)之曲线①。由于比例输出没有惯性,故这个电压使电动机转速迅速回升。偏差 Δn 越大, ΔU_{d1} 也越大,它的调节作用也就越强,电动机转速回升也就越快。而当转速回升到原给定值 n_1 时, $\Delta n = 0$, $\Delta U = 0$, 故 ΔU_{d1} 也等于零。

积分部分的调节作用是:积分输出部分的电压等于偏差电压 ΔU 的积分,它使可控整流电压增加的

$$\Delta U_{d2} \propto \int \Delta U \mathrm{d}t\,, \text{或} \dfrac{\mathrm{d}(\Delta U_{d2})}{\mathrm{d}t} \propto \Delta U, \text{即} \Delta U_{d2} \text{的增长率}$$

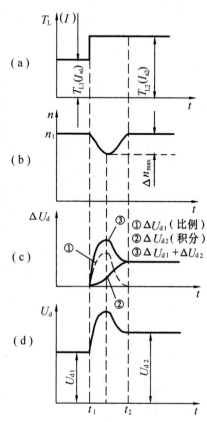

图 9 - 13　负载变化时 PI 调节器
对系统的调节作用

与偏差电压 ΔU(或偏差 Δn)成正比。开始时 Δn 很小, ΔU_{d2} 增加很慢;当 Δn 最大时, ΔU_{d2} 增加得最快。在调节过程中的后期 Δn 逐渐减少了, ΔU_{d2} 的增加也逐渐减慢了,一直到电动机转速回升到 n_1, $\Delta n = 0$ 时, ΔU_{d2} 就不再增加了,且在以后就一直保持这个数值不变,见图 9 - 13(c)之曲线②。

把比例作用与积分作用合起来考虑,其调节的综合效果见图 9 - 13(c)之曲线③,可知,不管负载如何变化,系统一定会自动调节。在调节过程的开始和中间阶段,比例调节起主要作用,它首先阻止 Δn 的继续增大,而后使转速迅速回升;在调节过程的末期, Δn 很小时,比例调节的作用不明显了,而积分调节作用就上升到主要地位,依靠它来最后消除转速偏差 Δn, 使转速回升到原值。这就是无静差调速系统的调节过程。

可控整流电压 U_d 等于原静态时的数值 U_{d1} 加上调节过程进行后的增量($\Delta U_{d1} + \Delta U_{d2}$), 如图 9 - 13(d)所示。可见,在调节过程结束时,可控整流电压 U_d 稳定在一个大于 U_{d1} 的新的数值 U_{d2} 上。增加的那一部分电压(即 ΔU_d)正好补偿由于负载增加引起的那部分主回路压降($I_{a2} - I_{a1}$) R_Σ。

无静差调速系统在调节过程结束以后,转速偏差 $\Delta n = 0$(PI 调节器的输入电压 ΔU 也等于零),这只是在静态(稳定工作状态)上无偏差,而动态(如当负载变化时,系统从一个稳态变到另一个稳态的过渡过程)上却是有偏差的。在动态过程中最大的转速降落 Δn_{max} 叫作动态速降(如果是突卸负载,则有动态速升),它是一个重要的动态指标。因有些生产机械不仅有静态精度的要求,而且有动态精度的要求,例如,热连轧机一般要求静差率小于

$0.2\% \sim 0.5\%$,动态速降小于 $1\% \sim 3\%$,动态恢复时间小于 $0.2 \sim 0.3$ s(图中的 $t_1 - t_2$)。如果超过这些指标,就会造成两个机架间的堆钢和拉钢现象,影响产品质量,严重的还会造成事故。

这个调速系统在理论上讲是无静差调速系统,但是由于调节放大器不是理想的,且放大倍数也不是无限大,测速机也还存在误差,因此实际上这样的系统仍然是有一点静差的。

这个系统中的 PI 调节器是用来调节电动机转速的,因此,常把它称为速度调节器(ASR)。

在晶闸管－电动机调速系统中,还常用电压负反馈及电流正反馈来代替由测速机构成的速度负反馈,组成电压负反馈及电流正反馈的自动调速系统。为了在电动机堵转时不会使电动机和晶闸管烧坏,也常采用具有转速负反馈带电流截止负反馈的调速系统,获得所谓"挖土机特性"。但必须注意,为了提高保护的可靠性,在这种系统的主回路中还必须接入快速熔断器或过流继电器,以防止在电流截止环节出故障时把晶闸管烧坏。在允许堵转的生产机械中,快速熔断器或过流继电器的电流整定值一般应大于电动机的堵转电流,使电动机在正常堵转时,快速熔断器或过流继电器不动作。

9.4　晶闸管－电动机直流传动控制系统稳态分析

稳态参数计算是自动控制系统设计的第一步,它决定了控制系统的基本构成环节,称为原始系统。有了原始系统之后,再通过动态参数设计,就可使系统臻于完善。

例9-1　用线性集成电路运算放大器作为电压放大器的转速负反馈闭环控制有静差直流调速系统如图9-14所示,主电路是由晶闸管可控整流器供电的 V－M 系统。已知数据如下:

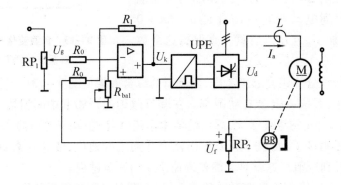

图9-14　转速负反馈闭环控制有静差直流调速系统原理图

电动机的额定数据为:10 kW,220 V,55 A,$1\,000$ r/min,电枢电阻 $R_a = 0.5\ \Omega$;

晶闸管触发整流装置:三相桥式可控整流电路,整流变压器 Y/Y 连接,二次线电压 $U_{21} = 230$ V,电压放大系数 $K_s = 44$;

V－M 系统电枢回路总电阻 $R = 1.0\ \Omega$;

测速发电机:永磁式,额定数据为 23.1 W,110 V,0.21 A,$1\,900$ r/min;

直流稳态电源 ± 15 V。

若生产机械要求调速范围 $D = 10$,静差率 $S \leqslant 5\%$,试计算调速系统的稳态参数(暂不考虑电动机的启动问题)。

解　(1)为满足调速系统的稳态性能指标,额定负载时的稳态速降应为

$$\Delta n_{\mathrm{f}} = \frac{n_{\mathrm{N}}S}{D(1-S)} \leqslant \frac{1\ 000 \times 0.05}{10 \times (1-0.05)}\ \mathrm{r/min} = 5.26\ \mathrm{r/min}$$

(2)求闭环系统应有的开环放大系数。先计算电动机的电动势系数

$$C_{\mathrm{e}} = \frac{U_{\mathrm{N}} - I_{\mathrm{N}}R_{\mathrm{a}}}{n_{\mathrm{N}}} = \frac{220 - 55 \times 0.5}{1\ 000}\ \mathrm{V \cdot min/r} = 0.192\ 5\ \mathrm{V \cdot min/r}$$

则开环系统额定速降为

$$\Delta n_{\mathrm{K}} = \frac{I_{\mathrm{N}}R}{C_{\mathrm{e}}} = \frac{55 \times 1.0}{0.192\ 5}\ \mathrm{r/min} = 285.7\ \mathrm{r/min}$$

闭环系统的开环放大系数应为

$$K = \frac{\Delta n_{\mathrm{K}}}{\Delta n_{\mathrm{f}}} - 1 \geqslant \frac{285.7}{5.26} - 1 = 54.3 - 1 = 53.3$$

(3)计算转速反馈环节的反馈系数和参数。转速反馈系数 α 包含测速发电机的电动势系数 C_{eBR} 和其输出电位器 RP_2 的分压系数 α_2,即

$$\alpha = \alpha_2 C_{\mathrm{eBR}}$$

根据测速发电机的额定数据,有

$$C_{\mathrm{etg}} = \frac{110\ \mathrm{V}}{1\ 900\ \mathrm{r/min}} = 0.057\ 9\ \mathrm{V \cdot min/r}$$

试取 $\alpha_2 = 0.2$。如测速发电机与主电动机直接连接,则在电动机最高速转 $1\ 000\ \mathrm{r/min}$ 时,转速反馈电压为

$$U_{\mathrm{f}} = \alpha_2 C_{\mathrm{eBR}} \times 1\ 000\ \mathrm{r/min} = (0.2 \times 0.057\ 9 \times 1\ 000)\ \mathrm{V} = 11.58\ \mathrm{V}$$

稳态时 ΔU 很小,U_{g} 只要略大于 U_{f} 即可。现有直流稳态电源为 $\pm 15\ \mathrm{V}$,完全能够满足给定电压的需要。因此,取 $\alpha_2 = 0.2$ 是正确的。于是,转速反馈系数的计算结果是

$$\alpha = \alpha_2 C_{\mathrm{eBR}} = 0.2 \times 0.057\ 9\ \mathrm{V \cdot min/r} = 0.011\ 58\ \mathrm{V \cdot min/r}$$

电位器 RP_2 的选择方法如下:为了使测速发电机的电枢压降对转速检测信号的线性度没有显著影响,取测速发电机输出最高电压时,其电流约为额定值的 20%,则

$$R_{\mathrm{RP2}} \approx \frac{C_{\mathrm{eBR}}n_{\mathrm{N}}}{0.2I_{\mathrm{NBR}}} = \frac{0.057\ 9 \times 1\ 000}{0.2 \times 0.21}\ \Omega = 1\ 379\ \Omega$$

此时 RP_2 所消耗的功率为

$$W_{\mathrm{RP2}} = C_{\mathrm{eBR}}n_{\mathrm{N}} \times 0.2I_{\mathrm{NBR}} = (0.057\ 9 \times 1\ 000 \times 0.21)\ \mathrm{W} = 2.43\ \mathrm{W}$$

为了不致使电位器温度很高,实选电位器的瓦数应为所消耗功率的一倍以上,故可将 RP_2 选为 $10\ \mathrm{W}, 1.5\ \mathrm{k}\Omega$ 的可调电位器。

(4)计算运算放大器的放大系数和参数。根据调速指标要求,前已求出闭环系统的开环放大系数应为 $K \geqslant 53.3$,则运算放大器的放大系数 K_{p} 应为

$$K_{\mathrm{p}} = \frac{K}{\dfrac{\alpha K_{\mathrm{s}}}{C_{\mathrm{e}}}} \geqslant \frac{53.3}{\dfrac{0.011\ 58 \times 44}{0.192\ 5}} = 20.14$$

实取 $K_{\mathrm{p}} = 21$。

图 9 – 15 中运算放大器的参数计算如下:根据所用运算放大器的型号,取 $R_0 = 40\ \mathrm{k}\Omega$,则 $R_1 = K_{\mathrm{p}}R_0 = 21 \times 40\ \mathrm{k}\Omega = 840\ \mathrm{k}\Omega$。

关于动态参数设计等后续相关内容已超出本书范围,请参见有关运动控制系统书籍。

习题与思考题

9-1　在晶闸管电动机直流系统中,电动机的额定转速为 900 r/min,最低转速为 100 r/min,主回路参数决定的额定转速降为 $\Delta n_N = 60$ r/min,要求静差率 $S = 0.1$,试问开环系统能否满足要求?

9-2　某调速系统的调速范围是 150~1 500 r/min,要求静差率 $S = 0.05$,系统允许的转速降是多少? 如果开环系统的转速降是 80 r/min,则闭环系统的开环放大倍数应为多大?

9-3　为什么积分控制的调速系统是无静差的? 积分调节器的输入偏差电压 $\Delta U_i = 0$ 时,输出电压是多少? 它取决于哪些因素?

9-4　如果测速发电机励磁电流变化,转速闭环调速系统能否抑制这种扰动,为什么?

9-5　如果转速闭环调速系统的转速反馈线断了,电动机还能否调速? 如果在电动机运行中,转速反馈线突然断了,会发生什么现象?

9-6　已知某晶闸管 - 电动机调速系统,直流电动机 $P_N = 10$ kW,$U_N = 220$ V,$I_N = 55$ A,$R_a = 0.5$ Ω,$n_N = 1\ 000$ r/min,晶闸管整流装置 $K_s = 44$,主回路总电阻 $R_\Sigma = 1$ Ω。测速发电机 $P_N = 22$ W,$U_N = 110$ V,$I_N = 0.2$ A,$n_N = 1\ 900$ r/min。设计要求调速范围 $D = 10$,静差率 $S \leqslant 0.05$。

(1)计算开环系统的转速降和调速要求所允许的转速降;

(2)采用转速负反馈组成闭环系统,试画出系统的静态结构图;

(3)计算转速反馈系数;

(4)计算所需放大器的放大倍数。

附　　录

附录 A　常用电气图形符号新旧对照表

表 A-1　常用电气图形符号新旧对照表①

名　称	图形符号		名　称	图形符号	
	新标准	旧标准		新标准	旧标准
一般三极电源引入开关			可变电阻器		同新标准
低压断路器			电容器		同新标准
位置开关 常开触头			可变电容器		同新标准
位置开关 常闭触头			极性电容器		
位置开关 复合触头			电感器		同新标准
熔断器			带磁心的电感器		同新标准
启动按钮			原电池或蓄电池		

---

① 新符号依据国家标准 GB 4728—84 和 GB 4728—85。

表 **A-1**(续1)

名　称		图形符号		名　称	图形符号	
		新标准	旧标准		新标准	旧标准
按钮	停止按钮			灯		
	复合按钮			桥式整流装置		
接触器	线圈			电磁铁		
	动合触头			串励直流电动机		
	动断触头			并励直流电动机		
速度继电器	动合触头			它励直流电动机		
	动断触头			复励直流电动机		
时间继电器	线圈		同新标准	直流发电机		
	延时闭合的动合触头			三相笼型异步电动机		

表 **A**–**1**(续2)

名　称		图形符号		名　称	图形符号	
		新标准	旧标准		新标准	旧标准
	延时断开的动断触头			三相绕线式异步电动机		
	延时闭合动断触头			半导体二极管		
	延时断开的动合触头			PNP型三极管		
	延时闭合和延时断开的动合触头			NPN型三极管		
	延时闭合和延时断开的动断触头			稳压管		
热继电器	发热元件			晶闸管		

表 A－1(续3)

名 称		图形符号		名 称	图形符号	
		新标准	旧标准		新标准	旧标准
热继电器	常闭触头			发光二极管		
中间继电器	线圈		同新标准	光电二极管		
	动合触头			电抗器		
	动断触头			双绕组变压器		
压力继电器				扬声器		或
电铃		优选 其他		受话器		或
液位继电器				温度继电器	或	或
电阻器			同新符号	蜂鸣器	优选形 其他形	

附录 B　电气设备常用基本文字符号

表 B-1　电气设备常用基本文字符号表①

名　称	新符号 单字母	新符号 双字母	旧符号	名　称	新符号 单字母	新符号 双字母	旧符号
放大器	A		FD	发电机			F
调节器	A		T	交流发电机	G	GA	JF
晶体管放大器	A	AD	BF	异步发电机	G	GA	YF
集成电路放大器	A	AJ		蓄电池	G	GB	
磁放大器	A	AM	CF	直流发电机	G	GD	ZF
电子管放大器	A	AV	GF	振荡器	G		
变换器	B		BH	励磁发电机	G	GF	LCF
压力变换器	B	BP	YB	水轮发电机	G	GH	SLF
位置变换器	B	BQ	WZB	永磁发电机	G	GM	YCF
测速发电机	B	BR	CSF	同步发电机	G	GS	TF
温度变换器	B	BT	WDB	汽轮发电机	G	GT	QLF
速度变换器	B	BV	SDB	信号器件	H		
自整角机	B		ZZJ	声响指示器	H	HA	
送话器	B		S	指示灯	H	HL	ZD
受话器	B		SH	电阻器、变阻器	R		R
拾声器	B		SS	电位器	R	RP	W
扬声器	B		Y	启动电阻器	R	RS	QR
耳机	B		EJ	制动电阻器	R	RB	ZDR
光电池	B			频敏电阻器	R	RF	PR
电容器	C		C	附加电阻器	R	RA	FR
单、双稳态元件	D			热敏电阻	R	RT	
二进制元件	D			压敏电阻	R	RV	YR
发热器件	E	EH		继电器	K		J
照明灯	E	EL	ZD	电压继电器	K	KV	YJ
避雷器	F		BL	电流继电器	K	KA	LJ
熔断器	F	FU	RD	时间继电器	K	KT	SJ
具有瞬时动作的限流保护器件	F	FA	GLJ	频率继电器	K	KF	PJ
				压力继电器	K	KP	YLJ
具有延时动作的限流保护器件	F	FR	RJ	控制继电器	K	KC	KJ
				信号继电器	K	KS	XJ

---

① 摘自 GB 7159—87。

表 B-1(续)

名　称	新符号 单字母	新符号 双字母	旧符号	名　称	新符号 单字母	新符号 双字母	旧符号
具有延时和瞬时动作的限流保护器件			FS	接地继电器		KE	JDJ
电感器			L	中间继电器		KA	ZJ
电抗器	L	LS	DK	接触器		KM	C
启动电抗器			QK	控制开关		SA	KK
电流调节器		LT		行程开关		ST	CK
电动机			D	按钮开关		SB	AN
直流电动机		MD	ZD	主令控制器	S	SL	LK
交流电动机		MA	JD	万能转换开关		SO	
同步电动机	M	MS	TD	微动开关		SS	WK
异步电动机		MA	YD	接近开关		SP	JK
笼型电动机		MC	LD	脚踏开关		SF	TK
刀开关		QK	DK	伺服电机		SM	
转换开关		QC	HK	变压器			B
隔离开关	Q	QS	GK	电力变压器		TM	LB
自动开关		QA	ZK	控制变压器		TC	KB
断路器		QF	DL	升压变压器		TU	SB
整流器			ZL	降压变压器		TD	JB
变流器	U		BL	自耦变压器	T	TA	OB
逆变器			NB	整流变压器		TR	ZB
变频器			BP	电炉变压器		TF	LB
二极管			D	稳压器		TS	WY
晶体管	V		BG	互感器			H
晶闸管			K	电流互感器		TA	LH
电子管		VE	G	电压互感器		TV	YH
电线			DX	脉冲变压器		TP	
天线			TX	力矩电动机	M	TM	DM
电缆	W	DL		接线柱			JX
母线			M	连接片		XB	LP
电磁铁		YA	DT	插头	X	XP	CT
电磁制动器		YB	ZDT	插座		XS	CZ
电磁离合器		YC	CLH	端子板		XT	JZ
电磁吸盘	Y	YH		测量仪表	P		CB
电动阀		YM		绕组			Q
电磁阀		YV	DCF	励磁绕组	W	WE	LQ
				控制绕组		WC	KQ

附录 C　电气设备常用辅助文字符号新旧对照

表 C-1　电气设备常用辅助文字符号新旧对照表

名称	文字符号		名称	文字符号		名称	文字符号	
	新符号	旧符号		新符号	旧符号		新符号	旧符号
高	H	G	红	RD	H	启动	ST	Q
低	L	D	绿	GN	L	制动	B	T
上	U	S	黄	YE	U	速度	V	SD
下	D	J	蓝	BL	A	向前	FW	XQ
正	F(FW)	Z	白	WH	B	向后	BW	XH
反	R	F	电流	A	L	时间	T	S
中	M	Z	电压	V	Y	自动	A	ZD
主	M	Z	直流	DC	ZL	手动	M	SD
辅	AUX	F	交流	AC	JL	转矩	T	M
大	L	D	控制	C	K	运行	RUN	
小	S	X	励磁	E	L	加速	ACC	SS
吸合	D	XH	反馈	FD	F	减速	DEC	JS
释放	L	SF	平均	ME	P	额定	RT	ED
左	L	Z	附加	ADD	FJ	负载	LD	FZ
右	R	Y	补偿	CO	B	测速	BR	CS
闭合	ON	B	等效	EQ	D	信号	S	X
断开	OFF	D	比较	CP	BJ	励磁	E	L
数字	D		延时	D	Y	并励	E	BL
同步	SYN	T	稳定	SD	W	串励	D	QL
异步	ASY	Y	动态	DY	DT	电枢	A	D
输出	OUT	SC	中线	N	N	分流器	DA	FL
输入	IN	SR	可调	ADJ		稳压器	VS	WY
接地	E		停止	STP	T	保护	P	

参 考 文 献

[1] 何建平,陆治国. 电气传动[M]. 重庆:重庆大学出版社,2002.

[2] 柴肇基. 电力传动与调速系统[M]. 北京:北京航空航天大学出版社,1992.

[3] 吴浩烈. 电机及电力拖动基础[M]. 重庆:重庆大学出版社,1996.

[4] 周顺荣. 电机学[M]. 北京:科学出版社,2002.

[5] 许小峰. 电机及拖动[M]. 北京:高等教育出版社,2000.

[6] 王艳秋. 电机及电力拖动[M]. 北京:化学工业出版社,2001.

[7] 范正翘. 电力传动与自动控制系统[M]. 北京:北京航空航天大学出版社,2003.

[8] 王岚. 机电接口技术[M]. 北京:中央广播电视大学出版社,2003.

[9] 张植保. 电机原理及其运行与维护[M]. 北京:化学工业出版社,2005.

[10] 麦崇滴. 电机学与拖动基础[M]. 广州:华南理工大学出版社,1998.

[11] 杨长能. 电力拖动基础[M]. 重庆:重庆大学出版社,1996.

[12] 郭镇明,丛望. 电力拖动基础[M]. 哈尔滨:哈尔滨工程大学出版社,1997.

[13] 郑朝科,唐顺华. 电力拖动基础[M]. 上海:同济大学出版社,1996.

[14] 李仁. 电器控制[M]. 北京:机械工业出版社,1999.

[15] 中国机械工业教育协会. 电力拖动与控制[M]. 北京:机械工业出版社,2001.

[16] 杨兴瑶. 电气传动及应用[M]. 北京:化学工业出版社,1994.

[17] 许建国. 拖动与调速系统[M]. 武汉:武汉测绘科技大学出版社,1999.

[18] 尚艳华. 电力拖动[M]. 北京:电子工业出版社,1997.

[19] 机械工程手册电机工程手册编辑委员会. 电机工程手册[K]. 北京:机械工业出版
社,1997.

[20] 邓则名,邝穗芳. 电器与可编程控制器应用技术[M]. 北京:机械工业出版社,1999.

[21] 马慎兴. 电气传动及应用[M]. 北京:煤炭工业出版社,1993.

[22] 邓星钟. 机电传动控制[M]. 武汉:华中科技大学出版社,2001.

[23] 陈绍华. 机械设备电器控制[M]. 广州:华南理工大学出版社,1998.

[24] 史国生. 交直流调速系统[M]. 北京:化学工业出版社,2004.

[25] 王立权. 机电控制与可编程序控制器[M]. 北京:中央广播电视大学出版社,2001.

[26] 熊葵容. 电器逻辑控制技术[M]. 北京:科学出版社,1998.

[27] 叶孔伟. 低压电气设备运行与维修[M]. 北京:电子工业出版社,1998.

[28] 佟为明,翟国富. 低压电器继电器及其控制系统[M]. 哈尔滨:哈尔滨工业大学出版社,2000.

[29] 林瑞光. 电机与拖动基础[M]. 杭州:浙江大学出版社,2002.

[30] 陈伯时. 电力拖动自动控制系统——运动控制系统[M]. 3版. 北京:机械工业出版
社,2003.

[31] 刘子林. 电机与电气控制[M]. 北京:电子工业出版社,2003.

[32] 张立勋. 机电系统建模与仿真[M]. 哈尔滨:哈尔滨工业大学出版社,2010.

[33] 张立勋. 机械电子学[M]. 哈尔滨:哈尔滨工程大学出版社,2008.